2022
Autodesk Revit
中文版实操实练

ACAA 主编
肖春红 编著

电子工业出版社·
Publishing House of Electronics Industry
北京·BEIJING

内 容 简 介

本书是 Autodesk Revit 2022 实战培训教程，主要讲解 Autodesk Revit 2022 的基本功能及实际应用。通过对本书的学习，读者可以灵活应用 Autodesk Revit 2022 进行建模和设计。

本书内容主要包括 BIM（建筑信息模型）基本理论、Autodesk Revit 2022 入门、对象编辑、插入管理、建筑专业模块、结构专业模块、暖通专业模块、给排水专业模块、电气专业模块、分析应用、视图应用、注释功能、统计应用、建筑表现、图纸的创建管理、协作功能模块、概念体量的应用、族的创建和应用等。通过对本书的学习，读者能够理解 Autodesk Revit 2022 的设计与管理思想，全面精通 Autodesk Revit 2022，为成为真正的 BIM 高手打下基础。

图书在版编目（CIP）数据

Autodesk Revit 2022 中文版实操实练 / ACAA 主编；肖春红编著. —北京：电子工业出版社，2022.3
ISBN 978-7-121-42675-9

Ⅰ. ①A… Ⅱ. ①A… ②肖… Ⅲ. ①建筑设计－计算机辅助设计－应用软件－教材 Ⅳ. ①TU201.4

中国版本图书馆 CIP 数据核字（2022）第 015960 号

责任编辑：高丽阳
印　　刷：三河市君旺印务有限公司
装　　订：三河市君旺印务有限公司
出版发行：电子工业出版社
　　　　　北京市海淀区万寿路 173 信箱　　邮编：100036
开　　本：787×1092　1/16　印张：31　字数：767 千字
版　　次：2022 年 3 月第 1 版
印　　次：2022 年 3 月第 1 次印刷
定　　价：108.00 元

凡所购买电子工业出版社图书有缺损问题，请向购买书店调换。若书店售缺，请与本社发行部联系，联系及邮购电话：（010）88254888，88258888。

质量投诉请发邮件至 zlts@phei.com.cn，盗版侵权举报请发邮件到 dbqq@phei.com.cn。

本书咨询联系方式：010-51260888-819，faq@phei.com.cn。

前　　言

本书是 Autodesk 公司授权培训中心的指定培训教材、Autodesk 公司的 Revit 等级考试指定用书。

在当前的经济环境下，工程建设行业的企业面临诸多挑战。面对激烈的竞争，企业必须证明其能够提供客户期望的价值才能够获得新的业务。这就意味着企业必须重新审视原有的工作方式，在交付项目的过程中提高整体效率。从大型总承包商到施工管理专家，再到业主、咨询顾问和施工行业从业人员，都希望采用各种新方法来提高工作效率，同时最大限度地降低设计和施工流程的成本。他们正在利用基于模型的设计和施工方法及建筑信息模型来改进原有工作方式。

近年来，BIM 技术在工程建设行业中的应用越来越广泛，其发展速度令人惊叹，国内很多设计单位、施工单位、业主单位都在积极推广 BIM 技术在本企业中的应用。由于 BIM 覆盖项目的全生命周期，涉及应用方向繁多，国内应用时间短，缺乏足够的标准及资源，企业在初期难以找到学习 BIM 技术的切入点。

目前在建或已建成的各种形态的建筑或多或少都有 BIM 软件的设计辅助，在各种 BIM 软件中，Revit 最为流行，使用最为广泛。Revit 是基于 BIM 建模技术的一款强大软件，从 BIM 技术发展开始至今，其一直是实现各种 BIM 作品的最主要的设计平台之一。因为 Revit 不仅功能强大，而且简单易学，它覆盖了从设计最初的建模到最终的成果表现的全部工具，而且具有强大的导入、导出功能，能良好地实现与各种软件的配合，Revit 本身就是一款能够精确描述对象的 CAD 类软件，具有高精度的建模尺寸，因此设计师无须进行二次建模便可以实际用于建造和生产。

本书基于国内这一现状，结合 BIM 在工程建设行业的应用实践和目前设计软件使用情况编写，旨在推进 BIM 技术的发展。

本书分为 19 章，第 1 章主要介绍 BIM 基础理论，第 2～4 章主要介绍 Revit 基础，第 5～9 章主要介绍各种专业模型的创建，第 10 章主要介绍基于 Revit 的分析功能，第 11、12 章主要介绍软件二维表达相关内容，第 13 章主要介绍 Revit 相关统计功能，第 14 章主要介绍建筑表现相关内容，第 15 章主要介绍图纸处理相关内容，第 16 章主要介绍 Revit 协同设计相关内容，第 17、18 章主要介绍体量和族相关内容，第 19 章主要介绍在施工和设计阶段 BIM 的应用。本书配套资源中包含丰富的案例，均与建筑问题相关。

限于编者的学识，书中难免存在错误及纰漏之处，请读者不吝指正。

编　者

2021 年 10 月

目　录

读者服务

微信扫码回复：42675

● 获取本书配套视频和其他配套素材

● 加入"办公软件"读者交流群，与更多读者互动

● 获取【百场业界大咖直播合集】（持续更新），仅需 1 元

第 1 章

BIM 基本理论

知识引导

　　本章主要讲解 BIM 的基本知识，让读者了解 BIM 的发展历史、使用价值和应用领域。

1.1　BIM 概述

　　BIM 是 Building Information Model 的缩写，即建筑信息模型，是由欧特克公司提出的一种新的流程和技术，是整合整个建筑信息的三维数字化新技术，是支持工程信息管理的最强大的工具之一。

　　从理念上说，BIM 试图将建筑项目的所有信息纳入到一个三维的数字化模型中。这个模型不是静态的，而是随着建筑生命周期的不断发展而逐步演进的，从前期方案到详细设计、施工图设计、建造和运营维护等各个阶段的信息都可不断集成到模型中，因此可说 BIM 模型就是真实建筑物在电脑中的数字化记录。当设计、施工、运营等各方人员需要获取建筑信息时，例如，需要图纸、材料统计、施工进度等，都可从该模型中快速提取出来。BIM 由三维 CAD 技术发展而来，但它的目标比 CAD 更为高远。如果说 CAD 是为了提高建筑师的绘图效率，BIM 则致力于改善建筑项目全生命周期的性能表现和信息整合。

　　从技术上说，BIM 不是像传统的 CAD 那样，将建筑信息存储在相互独立的成百上千的 DWG 文件中，而是用一个模型文件来存储所有的建筑信息。当需要呈现建筑信息时，无论是建筑的平面图、剖面图还是门窗明细表，这些图形或者报表都是从模型文件实时动态生成出来的，可理解成数据库的一个视图。因此，无论在模型中进行任何修改，所有相关的视图都会实时动态更新，从而保持所有数据一致和最新，从根本上消除 CAD 图形修改时版本不一致的现象。

　　当理解 BIM 时，要阐明如下几个关键理念：

　　（1）BIM 不等同于三维模型，也不仅仅是三维模型和建筑信息的简单叠加。虽然称 BIM 为建筑信息模型，但 BIM 实质上更关注的不是模型，而是蕴藏在模型中的建筑信息，以及如何在不同的项目阶段由不同的人来应用这些信息。三维模型只是 BIM 比较直观的一种表达方式。如前文所述，BIM 致力于分析和改善建筑在其全生命周期中的性能，并使原本离散的建筑信息能够更好地整合。

（2）BIM 不是一个具体的软件，而是一种流程和技术。BIM 的实现需要依赖于多种软件产品的相互协作。有些软件适用于创建 BIM 模型（如 Revit），而有些软件适用于对模型进行性能分析（如 Ecotect）或者施工模拟（如 Navisworks），还有一些软件可在 BIM 模型基础上进行造价概算或者设施维护，等等。一种软件不可能完成所有的工作，关键是所有的软件都应该能够依据 BIM 的理念进行数据交流，以支持 BIM 流程的实现。

（3）BIM 不仅是一种设计工具，更明确地说，BIM 不是一种画图工具，而是一种先进的项目管理理念。BIM 的目标是在整个建筑项目周期内整合各方信息，优化方案，减少错误，降低成本，最终提高建筑物的可持续性。尽管 BIM 软件也能用于输出图纸，并且熟练的 BIM 用户可获得比 CAD 方式更高的出图效率，但"提高出图速度"并不是 BIM 的出发点。

（4）BIM 不仅是一个工具的升级，而是整个行业流程的一次革命。BIM 的应用不仅会改变设计院内部的工作模式，也将改变业主、设计、施工方之间的工作模式。在 BIM 技术支撑下，设计方能够对建筑的性能有更多掌控，而业主和施工方也可更多、更早地参与到项目的设计流程中，以确保多方协作创建更好的设计，满足业主的需求。在美国，已经有一些项目开始采取 IPD 这样的新型协作模式；而在我国，随着民用建筑越来越多地开始采取总承包模式，设计和施工流程愈加整合，BIM 也更能发挥出它的价值。

由于 BIM 可将设计、加工、建造、项目管理等所有工程信息整合在统一的数据库中，所以它可提供一个平台，保证从设计、施工到运营的协调工作，使基于三维平台的精细化管理成为可能。

BIM 正在改变企业内部以及企业之间的合作方式。为了实现 BIM 的最大价值，设计人员需要重新思考各专业的设计范围和工作流程，通过协同工作实现信息资源的共享，减少传统模式下的项目信息丢失。

图 1-1 所示的图表证明了 BIM 技术影响设计和施工成本以及整个工程项目质量的能力。在设计阶段，影响成本、效益和建筑物性能的能力最强；反之，在施工阶段发生的设计变更造成的成本浪费最大。因此，在设计阶段，应用更多的 BIM 先进技术来提高设计质量，可更有效地提高对设计和施工成本的影响能力。也就是说，越早应用 BIM，项目的成功就越有保障。

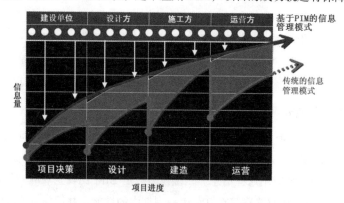

图 1-1 BIM 技术对项目的影响能力

1.2　BIM 的价值

为了更好地理解 BIM 的价值，可参看图 1-2。它是由 HOK 公司的 Patrick McLearny 先生创建的，因此被称为"McLearny 曲线"。

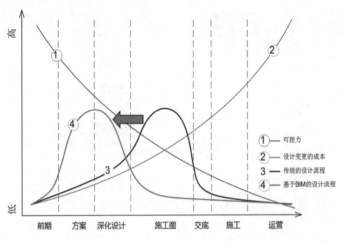

图 1-2　项目不同阶段 BIM 的影响能力

可以看到，随着项目的演进，设计师对项目的可控力（曲线①）愈加降低，而设计变更的成本（曲线②）愈加增大。传统设计流程（曲线③）中，设计师将大部分的时间精力都花在施工图阶段，但这时已经错过了优化项目的最佳时期。因此，理想的设计流程（曲线④）应当允许设计师将大部分精力放在方案和深化设计阶段，同时减少在枯燥的施工图阶段的时间投入。BIM 的应用正是为了满足这一目的，提高设计师对建筑项目的控制能力，帮助设计师创建性能更好、成本更低的成果。

BIM 不是一两个软件或者一两个企业就能够实现的，它需要项目建设的上下游产业链的共同变革。BIM 在工程建设项目中的价值链如图 1-3 所示。

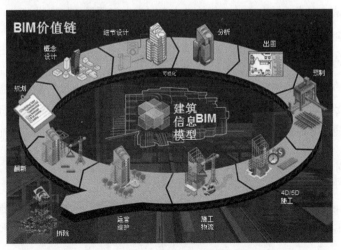

图 1-3　BIM 在工程建设项目中的价值链

BIM 作为一种三维数字化新技术,具体体现在如图 1-4 所示的几种设计模式中。

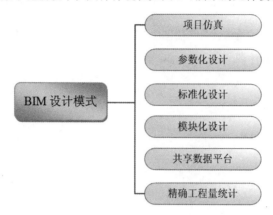

图 1-4 BIM 设计模式

1)项目仿真

项目仿真使业主等项目参与方可通过三维仿真、漫游等方式实现在计算机屏幕上动态地体验实地参观的效果。

2)参数化设计

在 BIM 设计中,项目模型将和数据库紧密关联,模型中的任何信息,将通过数值精确体现。设计也不再仅仅是绘图的过程,而是可通过修改相关的参数值来实现图纸的自动更新。

3)标准化设计

所谓标准化设计,就是将相关的设计规范和出图要求等集成到 BIM 项目的模板和族库当中,而各个专业通过项目模板和族库的共享,可轻易地实现设计的一致性。

4)模块化设计

模块化设计,则是指同种类型的项目,可通过制定项目模块来实现项目经验的传承。项目模块中包含以往的设计方式,可以通过参数的修改来实现类似项目的快速设计,并最大限度地保障以往的设计数据不丢失。

5)共享数据平台

传统设计中的专业提资主要是靠口头沟通和图纸实现的,因为每个专业均需向多个不同的专业提资,难免会出现疏漏和错误,而 BIM 的数据共享平台则严格保障了专业间提资的一致性,同时网络的发展也使得专业提资日趋实时化,这大大提高了专业沟通的效率和准确度,降低了沟通成本。

6)精确工程量统计

BIM 模型中包含的所有工程信息,都可通过软件自动统计。这既减轻了工程师的负担,也可较为精确地估计出材料和设备的数量和成本。

1.3　BIM 的应用领域

BIM 技术广泛应用于工程建设行业的各个阶段，从项目类型来说，BIM 技术覆盖了建筑、市政道路、水利水电、石油石化等不同类型项目，从项目全生命周期看，BIM 技术覆盖了从项目规划、概念设计、方案设计、初步设计、施工图设计、施工、物业运营、项目改造等方面。

第 2 章

Revit 入门

📑知识引导

　　本章主要讲解 Revit 软件的基本知识，使读者了解 Revit 操作环境以及如何设置系统参数、文件管理等知识，为后续系统学习打下基础。

2.1　操作环境

操作环境主要指 Revit 软件操作的基本界面、系统参数设置，本节将简要介绍。

✎【预习重点】

◎ 安装软件，熟悉软件操作界面

2.1.1　操作界面

　　Revit 操作界面是执行显示、编辑图形等操作的区域，完整的 Revit 操作界面，包括快速访问工具栏、应用程序菜单、功能区、"属性"选项板、项目浏览器、绘图区域、视图控制栏和状态栏，如图 2-1 所示。

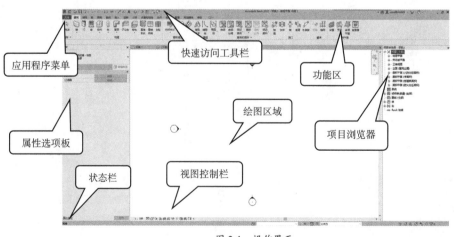

图 2-1　操作界面

1）功能区

打开文件后，功能区相关面板变为可执行界面，如图 2-2 所示，功能区提供项目或族所需的全部工具。

图 2-2 功能区

单击功能区面板下部倒三角符号可继续展开，如图 2-3 所示，展开后，如图 2-4 所示。

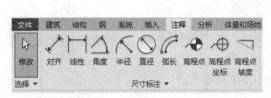

图 2-3 功能区下拉菜单

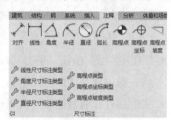

图 2-4 功能区下拉菜单内容

2）快速访问工具栏

快速访问工具栏包含一组常用的工具，用于快速执行，如图 2-5 所示。

图 2-5 快速访问工具栏

3）应用程序菜单

应用程序菜单包含主要的文件操作管理工具，包括新建文件、保存文件、导出文件、打印文件等，如图 2-6 所示。

4）"属性"选项板

"属性"选项板用于查看和修改图元属性特征，由四部分组成：类型选择器、编辑类型、属性过滤器和实例属性，如图 2-7 所示。

各选项说明如下：

- 类型选择器：绘制图元时，"类型选择器"会提示项目构件库中所有的族类型，并可通过"类型选择器"对已有族类型进行替换调整。
- 属性过滤器：在绘图区域选择多类图元时，可通过"属性过滤器"选择所选对象中的某一类对象。

图 2-6 应用程序菜单

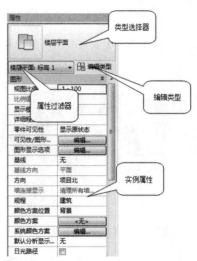

图 2-7 "属性"选项板

- "编辑类型"按钮：单击"编辑类型"按钮，展开新对话窗口，通过此对话窗口可调整所选对象类型参数。
- 实例属性：通过修改实例属性可改变图元的相应参数。

"属性"选项板为常用工具，通常情况下处于开启状态，"属性"选项板关闭后，有三种办法重新开启。

（1）单击"修改"选项卡→"属性"面板→ （属性）。

（2）单击"视图"选项卡→"窗口"面板→"用户界面"下拉列表→"属性"。

（3）在绘图区域中单击鼠标右键并单击"属性"。

5）项目浏览器

项目浏览器用于管理整个项目中所涉及的视图、明细表、图纸、族等对象，项目浏览器呈树状结构，如图 2-8 所示。

图 2-8 项目浏览器

6）绘图区域

绘图区域用于设计操作。

7）视图控制栏

视图控制栏用于控制当前视图显示样式，包括视图比例、详细程度、视觉样式、日光路径等，如图 2-9 所示。

1 : 100 ⊡ ⊟ ⊗ ⊙ ⊰ ⊱ ⊙ ⊙ ⊠ ⊞ ⊟

图 2-9 视图控制栏

各选项说明如下：

- 视图比例：可用视图比例对视图指定不同比例。
- 详细程度：Revit 系统设置"粗略""中等"或"精细"三种详细程度，通过指定详细程度，可控制视图显示内容的详细级别。
- 视觉样式：Revit 提供了线框、隐藏线、着色、一致的颜色、真实、光线追踪 6 种不同的视觉样式，通过指定视图视觉样式，可控制视图颜色、阴影等要素的显示。
- 日光路径：开启日光路径可显示当前太阳位置，配合阴影设置可对项目进行日光研究。
- 阴影设置：通过日光路径和阴影的设置，可对建筑物或场地进行日光影响研究。
- 视图裁剪：开启视图裁剪功能，可控制视图显示区域，视图裁剪又分为模型裁剪区域、注释裁剪区域，分别控制模型和注释对象的显示区域。
- 视图裁剪区域可见性：视图裁剪区域可见性设置主要控制该裁剪区域边界的可见性。
- 临时隐藏设置：临时隐藏设置分为按图元和按类别两种方式，可临时性隐藏对象。当关闭该视图窗口后，重新打开该视图，被临时隐藏的对象均会显示出来。
- 显示隐藏图元：开启该功能可显示所有被隐藏图元。被隐藏图元为深红色显示，选择被隐藏图元后，单击鼠标右键，可使用"取消在视图中隐藏"命令取消对此对象的隐藏。
- 临时视图属性：开启临时视图模式，可使用临时视图样板控制当前视图，在选择清除或"放弃视图属性"前，视图样式均为临时视图样板样式。
- 隐藏分析模型：通过隐藏分析模型可隐藏当前视图中的结构分析模型，不影响其他视图显示。
- 显示约束：开启显示约束后，可在视图中查看用户创建的所有约束关系。

8）状态栏

状态栏用于显示当前命令操作或功能所处状态，如图 2-10 所示。状态栏主要包括当前操作状态、工作集状态栏、设计选项状态栏、选择基线图元、链接图元、锁定图元和过滤等状态栏等。

图 2-10　状态栏

各选项说明如下：

- 当前操作状态：显示当前命令状态，提示下一步操作，如图 2-11 所示。
- 工作集状态栏：显示当前工作集状态，如图 2-12 所示。

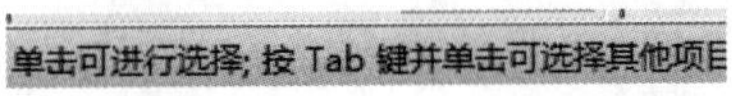

图 2-11　当前操作状态 　　　　图 2-12　工作集状态栏

- 设计选项状态栏：显示当前设计选项，如图 2-13 所示。
- 选择基线图元、链接图元、锁定图元、过滤等状态栏：几种命令操作的快捷方式，如图 2-14 所示。

图 2-13　设计选项状态栏 　　　　图 2-14　快捷方式

2.1.2 系统参数设置

系统参数设置主要为当前 Revit 软件进行系统设置，为后续操作奠定基础。系统参数设置包括常规、用户界面、图形、硬件、文件位置、渲染、检查拼写、SteeringWheels、ViewCube、宏 10 个选项设置。

📏【执行方式】

功能区："应用程序菜单"→"选项"

🖱【操作步骤】

按上述方式执行，打开如图 2-15 所示的对话框，即可对相关参数进行设置。

- **"常规"选项卡**：主要用于对系统通知时间、用户名、日志文件清理、工作共享更新频率、视图选项做相应设定，如图 2-15 所示。

图 2-15 "常规"选项卡

各选项说明如下：

➢ 保存提醒间隔：项目操作工作中系统自动提示保存时间间隔。

➢ "与中心文件同步"提醒间隔：项目操作工作中系统自动提示与中心文件同步的时间间隔。

➢ 用户名：系统操作人员标识。

➢ 日志文件清理：系统日志清理间隔设置。

➢ 工作共享更新频率：系统工作共享更新频率设置。

➢ 视图选项：设置默认视图规程。

● **"用户界面"选项卡**：主要用于对系统界面进行设置，如图 2-16 所示。

各选项说明如下：

➢ 工具和分析：系统各操作工具和分析工具界面设置。

➢ 快捷键：自定义系统快捷键。

➢ 双击选项：双击对象时启动命令设置。

➢ 工具提示助理：鼠标停留时显示命令提示的级别设置，默认为标准。

➢ 在首页启用最近使用文件列表：是否显示"最近使用文件"界面的设置。

➢ 功能区选项卡切换：退出选择或命令后的系统界面设置。

➢ 选择时显示上下文选项卡：勾选该选项后，选择对象时系统将提示所有操作命令。

➢ 视图切换：用 Ctrl 与 Tab 键组合切换对象。

➢ 视觉体验：提供"亮""暗"两种视图视觉主题。

➢ 使用硬件图形加速（若有）：选择是否使用硬件图形加速。

● **"图形"选项卡**：主要用于对图形图像显示进行设置，如图 2-17 所示。

图 2-16 "用户界面"选项卡

图 2-17 "图形"选项卡

各选项说明如下：

➢ 重绘期间允许导航：勾选后，无须等待软件完成图元绘制，就能够平滑和连续地导航。

➢ 在视图导航期间简化显示：勾选后，导航时显示简化后的效果，提高导航性能。

➢ 使用反走样平滑线条：勾选后显示效果更佳，但可能会使显示速度下降。

➢ 背景：用于设置背景显示颜色。

➢ 选择：设置选择对象提示颜色，如勾选半透明，选择对象即为半透明显示。

➢ 预先选择：通过 Tab 键可进行预先选择，此处设置预先选择对象颜色。

➢ 警告：当系统出现系统警告时，涉及警告的相关对象颜色设置。

➢ 正在计算：当系统处于计算状态时，涉及计算的相关对象设置。

➢ 临时尺寸标注文字外观：设置临时尺寸标注的外观。

➢ "硬件"选项卡：显示电脑的显卡信息。

• **"文件位置"选项卡**：用于设置系统文件相关参数，包括文件链接位置等，如图 2-18 所示。

各选项说明如下：

➢ 项目模板：设置新建文件时可选样板文件路径。

➢ 用户文件默认路径：设置默认文件管理相关路径。

➢ 族样板文件默认路径：设置族样板文件路径。

➢ 点云根路径：设置点云路径。

➢ 系统分析工作流：设置系统分析工作流相关文件的位置。

• **"渲染"选项卡**：主要用于对文件渲染相关参数进行设置，如图 2-19 所示。

图 2-18 "文件位置"选项卡

图 2-19 "渲染"选项卡

各选项说明如下：

➢ 其他渲染外观路径：用于定义渲染外观的自定义颜色、设计、纹理或凹凸贴图、贴花的图像文件。

➢ ArchVision Content Manager 位置：设置 ArchVision 的其他 RPC 内容的文件路径。

• **"检查拼写"选项卡**：主要用于对系统所涉及的文字拼写进行设置，如图 2-20 所示。各选项比较易懂，在此不再解释。

- **SteeringWheels 选项卡**：主要用于对项目导航控件进行设置，如图 2-21 所示。

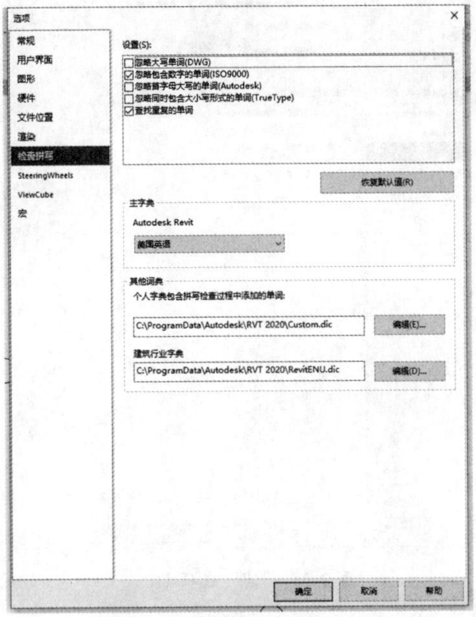

图 2-20　"检查拼写"选项卡 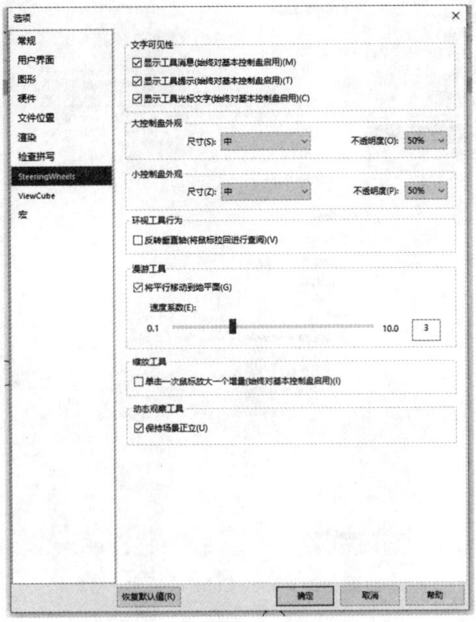　　　　　　　　　图 2-21　SteeringWheels 选项卡

各选项说明如下：

> 文字可见性：对控制盘工具消息、工具提示、光标文字可见性进行设置。

> 大/小控制盘外观：设置大、小控制盘的尺寸和不透明度。

> 环视工具行为：勾选"反转垂直轴"复选框后，向上拖曳光标时，目标视点将升高；向下拖曳光标时，目标视点将降低。

> 漫游工具：勾选"将平行移动到地平面"复选框可将移动角度约束到地平面。

> 速度系数：用于设置移动速度的大小。

> 缩放工具：勾选该选项后，允许通过单次单击缩放视图。

> 动态观察工具：勾选"保持场景正立"选项后，视图的边将始终垂直于地平面。

- **ViewCube 选项卡**：可用于设置 ViewCube 导航控件参数，如图 2-22 所示。

各选项说明如下：

> 显示 ViewCube：系统设置 ViewCube 外观，包括可见性、显示视图、显示视图位置、大小设置及不透明度设置。

> 拖曳 ViewCube 时：勾选该选项后，将捕捉到最近的 ViewCube 视图方向。

> 在 ViewCube 上单击时：在 ViewCube 上单击时，执行动作操作，包括视图更改时布满视图、切换视图时使用动画过渡、保持场景正立。

> 指南针：显示或隐藏 ViewCube 指南针。

- **"宏"选项卡**：用于对应用程序和文档安全性进行设置，如图 2-23 所示。各选项不再解释。

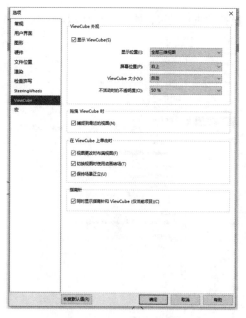

图 2-22　ViewCube 选项卡

图 2-23　"宏"选项卡

2.2　文件管理

本节主要介绍 Revit 文件管理的基本操作，主要有新建文件、打开已有文件等操作。

✏️【预习重点】

◎ 了解常用的几种文件管理方法，简单练习新建文件、打开文件、另存文件、退出等操作。

2.2.1　新建文件

📏【执行方式】

功能区：文件菜单→"新建"→📧（项目）

快捷键：Ctrl+N

🖱️【操作步骤】

（1）按上述方式执行，系统打开选择样板文件的提示框，如图 2-24 所示。

（2）在该对话框中选择相应项目文件后，单击"确定"按钮完成新文件的创建。

图 2-24　"新建项目"对话框

2.2.2　保存文件

✏️【执行方式】

功能区："应用功能菜单" → "保存"

快捷键：Ctrl+S

🖱️【操作步骤】

按上述方式执行，系统弹出提示框，提示保存路径，输入文件名称后单击"确定"按钮完成保存。

2.2.3　另存为

✏️【执行方式】

功能区："应用功能菜单" → "另存为" →🖼️（项目）

🖱️【操作步骤】

按上述方式执行后，系统将打开保存提示框，输入文件名称后单击"确定"按钮。

2.2.4　文件退出

✏️【执行方式】

功能区："应用功能菜单" → "关闭"

快捷键：Ctrl+F4

🖱️【操作步骤】

按上述方式执行后，若上次保存后文件无变化，则文件直接退出，若上次保存后文件发生变化，则提示是否保存。

2.3　基本绘图参数

在使用 Revit 进行项目设计时，需要对项目基本参数如单位进行设置。本节将对基本参数设置做简要介绍。

✏️【执行方式】

功能区："管理" → "设置"面板→ "项目单位"

快捷键：UN

🖱️【操作步骤】

按上述方式执行后，系统提示项目单位设置对话框，设置相应单位，如图 2-25 所示。

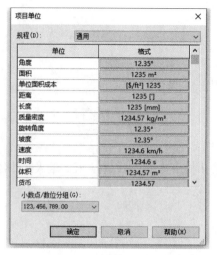

图 2-25 "项目单位"对话框

2.4 基本输入操作

熟练掌握 Revit 的输入操作方式，选择方便、便捷的操作，有利于提高项目设计效率。本节将主要介绍 Revit 的基本操作方法。

✎【预习重点】

◎ 了解菜单方式的交互操作和通过快捷键方式的操作，简单练习命令的重复、撤销、重做等操作。

2.4.1 绘图输入方式

Revit 提供菜单输入操作，大部分的操作也可通过快捷键方式操作。

1）菜单输入

菜单输入方式相对比较简单，选择相应菜单下的相应命令，根据命令提示即可完成操作。

2）快捷键

当使用鼠标停留在某一命令上时，系统会自动提示其快捷键，如图 2-26 所示，此时 WA 即为墙体组合快捷键。

图 2-26 快捷键提示

当按下 Alt 键时，系统会有如图 2-27 所示的提示，提示数字或字母即为该菜单快捷方式。

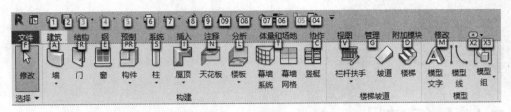

图 2-27　Alt 快捷方式提示

2.4.2　命令的重复、撤销、重做

1）命令的重复

按 Enter 键可重复调用上一次操作。

2）命令的撤销

在命令操作过程中取消或终止当前命令。

【执行方式】

功能区："快捷功能区"→"放弃"

快捷键：Esc 键

鼠标右键：取消

【操作步骤】

按上述方式执行后，系统执行命令撤销。

已被撤销的操作若需要恢复，可恢复撤销的最后一个命令。

【执行方式】

功能区："快捷功能区"→"重做"

快捷键：Ctrl+Y

【操作步骤】

按上述方式执行后，系统执行命令重做。

第 3 章

对象编辑

📓 知识引导

　　本章主要讲解在 Revit 软件中创建相关专业模型构件时，如何对已创建的构件进行选择和修改，以满足项目的设计要求。

3.1 选择对象

使用鼠标和键盘，在软件项目中可选择需要编辑的对象。

✎【预习重点】

◎ 单选、框选操作，Tab 键的使用。

3.1.1 选择设定

在用鼠标选择或框选项目中的图元时，可先对选择进行相关设定，设定需要选择的图元种类和状态。根据具体要求启用和禁用这些设定，设定适用于所有打开的视图。

📏【执行方式】

功能区："选择"面板→"选择 ▾"下拉菜单

🖱【操作步骤】

按上述方式执行，弹出选择设定下拉菜单，如图 3-1 所示。

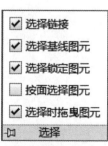

图 3-1　选择设定下拉菜单

各项说明如下：

- 选择链接：启用后可选择链接的文件或链接文件中的图元，如 Revit 文件、CAD 文件等。
- 选择基线图元：启用后可选择基线中包含的图元。禁用后仍可捕捉并对齐至基线中的图元。
- 选择锁定图元：启用后可选择被锁定到某一位置且无法移动的图元。
- 按面选择图元：启用后可通过单击内部面而不是边来选择图元。
- 选择时拖曳图元：启用后无须先选择图元即可对其进行拖曳，适用于模型和注释类别图元。

3.1.2　单选

通过鼠标对单一图元进行选择。

【操作步骤】

（1）在绘图区域中将光标移动到图元上或图元周边时，该图元的轮廓将会高亮显示。状态栏上显示图元的说明。鼠标停住不动，图元说明会在光标处提示中显示，如图 3-2 所示。

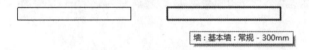

图 3-2　预选择

（2）在上述状态下，单击鼠标左键完成选择。配合 Ctrl 键可对多个对象进行选择。

3.1.3　框选

【操作步骤】

（1）将光标放在要选择的图元一侧，按住鼠标左键对角拖曳光标以形成矩形边界，绘制选择框。从左到右拖曳光标，形成的矩形边界为实线框，软件仅选择完全位于选择框边界内的图元；从右到左拖曳光标，形成的矩形边界为虚线框，软件选择全部或部分位于选择框边界内的图元。

（2）框选多种类别图元后，上下文选项卡的选择面板中出现"过滤器"按钮，单击该按钮，会弹出"过滤器"对话框，如图 3-3 所示。

（3）在该对话框的"类别"选项组下，可根据实际情况，勾选要选择的图元类别。

图 3-3　"过滤器"对话框

3.1.4 Tab 键的应用

当鼠标所处位置周边有多个图元时，例如，墙或线连接成一个连续的链，可通过 Tab 键切换选择所需要的图元类型或整条墙链。

🖱️【操作步骤】

将光标移动到绘图区域，高亮显示链中的一个图元，按 Tab 键，软件将以高亮方式显示预选择对象，单击鼠标左键选定该预选择对象。

3.2 删除和放弃命令类

在选择对象时，可通过删除和放弃命令来调整选择的对象。

✎【预习重点】

◎ 删除和放弃的方法。

3.2.1 删除

📏【执行方式】

鼠标：用右键菜单删除

快捷键：Delete 或 Backspace

🖱️【操作步骤】

选择一个或多个图元后，使用 Delete 或 Backspace 键，可将所选对象删除。

也可在选择对象后，单击鼠标右键，然后执行"删除"命令进行删除操作。

3.2.2 放弃

📏【执行方式】

功能区：快捷功能区→"放弃"按钮

快捷键：Ctrl+Z

🖱️【操作步骤】

按上述方式执行，软件自动执行放弃操作，如图 3-4 所示。

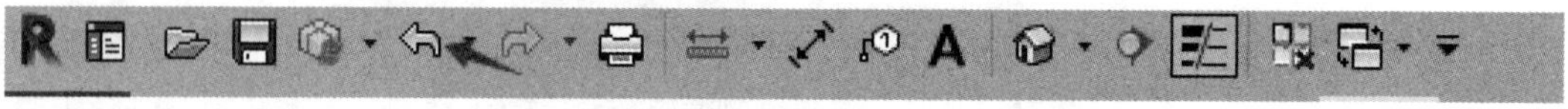

图 3-4 "放弃"命令

3.3　修改对象命令类

选择图元后，通过使用修改面板中的工具来实现对图元对象的调整。

✎【预习重点】

◎ 重点掌握对齐、镜像、复制、移动、修剪等命令的使用。

3.3.1　对齐

使用"对齐"工具可将图元与选定图元对齐，常用于对齐墙、梁和线等图元。

📏【执行方式】

功能区："修改"选项卡→"修改"面板→"对齐"按钮

快捷键：AL

🖱【操作步骤】

（1）按上述方式执行。

（2）设置"对齐"选项栏选项。

- 勾选"多重对齐"表示将多个图元与某一图元对齐。
- 对齐墙时，可使用"首选"选项下拉列表中的选择对齐方式。包括"参照墙面""参照墙中心线""参照核心层表面""参照核心层中心"4 个选项。

（3）执行对齐操作。单击对齐参照位置，如墙边、轴网等相关图元线条。单击需要对齐的对象的相关线条，会将选定的图元与参照位置对齐。单击锁定符号可锁定图元对齐关系。

3.3.2　偏移

使用"偏移"工具可将选定模型线、详图线、墙或梁等对象沿法向移动指定的距离。

📏【执行方式】

功能区："修改"选项卡→"修改"面板→"偏移"按钮

快捷键：OF

🖱【操作步骤】

（1）选择需要偏移的对象。

在绘图区域中，用鼠标选择需要偏移的图元。

（2）按上述方式执行。

（3）设置"偏移"选项栏参数，偏移方式包括数值方式和图形方式，通过勾选"复制"选项可创建所选图元的副本。

（4）执行偏移操作。

选择数值方式时，可在偏移选项中设置偏移距离，单击偏移基点完成偏移命令；

选择图形方式时，通过单击偏移基点和偏移终点确定偏移距离和方向完成偏移命令。

3.3.3 镜像

使用"镜像"工具可反转选定图元，或者生成图元的一个镜像副本。

【执行方式】

功能区："修改"选项卡→"修改"面板→"镜像-拾取轴|镜像-绘制线"按钮

快捷键：MM/DM

【操作步骤】

（1）选择镜像对象。

在绘图区域中，用鼠标选择需要镜像的图元。

（2）按上述方式执行。

单击"修改"面板中的"镜像-拾取轴"按钮或"镜像-绘制轴"按钮。

（3）设置"对齐"选项栏参数。

勾选选项栏中的"复制"复选框可生成被镜像图元的副本。

（4）执行镜像操作。

若选择"镜像-拾取轴"命令，选择代表镜像轴的线作为镜像轴线，完成镜像操作。

若选择"镜像-绘制轴"命令，在绘图区域中绘制一条临时镜像轴线，完成镜像操作。

3.3.4 移动

使用"移动"工具可对选定的图元移动到指定的位置。

【执行方式】

功能区："修改"选项卡→"修改"面板→"移动"按钮

快捷键：MV

【操作步骤】

（1）选择需要移动的对象。

在绘图区域中，用鼠标选择需要移动的图元。

（2）按上述方式执行。

（3）设置"移动"选项栏参数。

- 约束：勾选"约束"选项可限制图元沿所选的图元法向和切向方向移动。
- 分开：勾选"分开"选项可在移动前中断所选图元和其他图元之间的关联。

（4）执行移动操作。

在绘图区域中单击一点以作为移动的基点，沿着指定的方向移动光标，光标会捕捉到特殊的捕捉点，此时绘图区会显示临时尺寸标注作为参考；如果要更为精确地进行移动，输入图元要移动的距离值，再次单击以作为移动的终点，完成移动操作。

3.3.5　复制

使用"复制"工具来复制生成选定图元副本并将它们放置在当前视图中指定的位置。

【执行方式】

功能区："修改"选项卡→"修改"面板→"复制"按钮

快捷键：CO

【操作步骤】

（1）选择需要复制的对象。

在绘图区域中，用鼠标选择需要复制的图元。

（2）按上述方式执行。

（3）设置"复制"选项栏参数。

- 约束：勾选"约束"选项，可限制图元沿所选的图元垂直或共线的矢量方向移动。
- 分开：勾选"分开"选项，可在移动前中断所选图元和其他图元之间的关联。
- 多个：勾选"多个"选项，可连续放置多个图元。

（4）执行复制操作。

在绘图区域中单击一点以作为复制图元开始移动的基点，将光标从原始图元上移动到要放置副本的区域，单击以放置图元副本，或输入关联尺寸标注的值。若勾选多个，则可连续放置图元。完成后按 Esc 键退出复制命令。

3.3.6　旋转

使用"旋转"工具可使图元围绕某一特定轴线旋转到指定的位置。

【执行方式】

功能区："修改"选项卡→"修改"面板→"旋转"按钮

快捷键：RO

【操作步骤】

（1）选择需要旋转的对象。

在绘图区域中，用鼠标选择需要移动的图元。

（2）按上述方式执行。

（3）设置"旋转"选项栏参数。

- 分开：勾选"分开"选项可在旋转前中断所选图元和其他图元之间的关联。
- 复制：勾选"复制"选项可在旋转时创建旋转对象副本。
- 角度：设置旋转角度。
- 旋转中心：单击此按钮可重新设置旋转中心。

（4）执行旋转操作。

单击确定旋转基准线位置，按照顺、逆时针左、右滑动鼠标开始旋转，旋转时，会显示临时角度标注，并出现预览，通过键盘输入角度值，按 Enter 键完成旋转。完成后按 Esc 键退出旋转命令。

3.3.7　修剪/延伸

关于修剪和延伸共有 3 种工具，即修剪/延伸为角、修剪/延伸单个图元、修剪/延伸多个图元。

【执行方式】

功能区：

"修改"选项卡→"修改"面板→"修剪|延伸为角"按钮

"修改"选项卡→"修改"面板→"修剪|延伸单个图元"按钮

"修改"选项卡→"修改"面板→"修剪|延伸多个图元"按钮

快捷键：TR（"修剪/延伸为角"）

【操作步骤】

（1）按上述方式执行。

（2）修剪/延伸为角，分别选择需要修改的图元和被修剪成角的图元，单击部分为保留部分。

（3）修剪/延伸单个图元，先选择用作边界的参照图元，后选择要修剪或延伸的图元。如果此图元与边界或投影交叉，则保留所单击的部分，而修剪边界另一侧的部分。

（4）修剪/延伸多个图元，先选择用作边界的参照，后选择要修剪或延伸的图元。对于与边界交叉的任何图元，保留所单击的部分，修剪边界另一侧的部分。

（5）完成后按 Esc 键退出修剪/延伸命令。

3.3.8　拆分

通过"拆分"工具,可将图元分割为两个单独的部分,拆分包括"拆分图元"和"用间隙拆分"。

【执行方式】

功能区:

"修改"选项卡→"修改"面板→"拆分图元"按钮

"修改"选项卡→"修改"面板→"用间隙拆分"按钮

快捷键:SL(拆分图元)

【操作步骤】

(1)按上述方式执行。

(2)设置"拆分"选项栏选项。

- 删除内部线段:若选择拆分图元工具,选项栏上出现该选项。勾选此项后,软件会删除墙或线上所选点之间的线段。
- 连接间隙:若选择用间隙拆分工具,选项栏上出现此选项,在"连接间隙"后的文本框中输入间隙值。

(3)单击拆分位置。

在图元上要拆分的位置单击。选择"删除内部线段",则还需单击另一点作为拆分终点。

3.3.9　阵列

通过"阵列"工具,可创建多个图元的多个相同实例。

【执行方式】

功能区:"修改"选项卡→"修改"面板→"阵列"按钮

快捷键:AR

【操作步骤】

(1)选择需要陈列的对象。

在绘图区域中,用鼠标选择需要阵列的图元。

(2)按上述方式执行。

(3)在选项栏中设定相关参数,如图 3-5 所示。

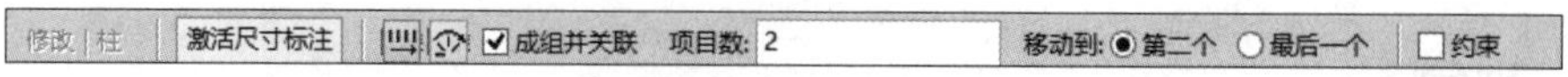

| 修改 | 柱 | 激活尺寸标注 | ⫶⫶ ⟳ ☑成组并关联 项目数: 2 | 移动到: ◉第二个 ○最后一个 □约束 |

图 3-5　阵列命令选项栏

- 阵列方式：包括线性阵列和径向阵列，⫶⫶表示线性阵列，⟳表示径向阵列。
- 成组并关联：将阵列的成员包括在一个组中。如果未选择此选项，软件将会创建指定数量的副本，而不会使它们成组。
- 项目数：指定阵列中所有选定图元的副本总数。
- 移动到第二个：指定阵列中每个成员间的间距。
- 移动到最后一个：指定阵列的整个跨度。阵列成员会在第一个成员和最后一个成员之间以相等间隔分布。
- 约束：用于限制阵列成员沿着与所选的图元法向或切向移动。

（4）执行阵列操作。

在绘图区域中单击以指明测量的起点，再次单击以确定第二个图元或最后一个图元位置，可在临时尺寸标注中输入所需距离。单击或按 Enter 键完成阵列。

（5）完成后按 Esc 键退出阵列命令。

3.3.10　缩放

通过"缩放"工具，可按照相应比例缩放指定的图元。

📏 【执行方式】

功能区："修改"选项卡→"修改"面板→"缩放"按钮

快捷键：RE

🖱 【操作步骤】

（1）选择需要缩放的对象。

在绘图区域中，用鼠标选择需要缩放的图元。

（2）按上述方式执行。

（3）设置"缩放"选项栏参数。

缩放方式包括数值方式和图形方式。

（4）执行缩放操作。

选择数值方式时，可在缩放选项中设置缩放比例，单击缩放原点，完成操作；

选择图形方式时，单击缩放原点分别指定两点以确定缩放基准尺寸和缩放后的尺寸，完成操作。

（5）完成后按 Esc 键退出缩放命令。

3.3.11　选择框快速隔离图元

通过选择框快速隔离选定的图元，可提供仅包含选择图元的三维视图和文档。

📏【执行方式】

功能区："修改|<图元>"→"视图"面板→🔲（选择框）

快捷键：BX

🖱️【操作步骤】

（1）选择需要隔离的图元。

在任意视图的绘图区域中，选择要隔离的图元。在选择的图元中，必须至少有一个图元在模型中具有三维表示，如图 3-6 所示。

（2）按上述方式执行。选定的图元在当前或默认的三维视图中打开，如图 3-7 所示。

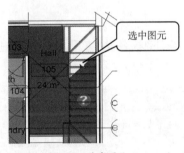

图 3-6　选中图元

图 3-7　隔离图元

（3）拖动该控制柄可调整选择框范围，如图 3-8 所示。

（4）若需切换至完整三维视图，在视图属性面板中，取消"剖面框"的勾选，如图 3-9 所示。

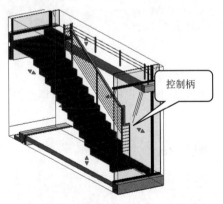

图 3-8　调整范围

图 3-9　剖面框

第 4 章

插入管理

📓 知识引导

　　本章主要讲解在 Revit 软件中如何链接、导入外部文件，以及在创建模型时相关族的载入方式方法。

4.1　链接

通过链接可将外部独立文件引用到新的文件中。当外部文件发生变化时，建立链接的文件可与之同步更新。相关操作面板如图 4-1 所示。

图 4-1　"链接"面板

✏️【预习重点】

◎ 链接 Revit 及管理链接。

4.1.1　链接 Revit 文件

通过链接可从外部将创建好的文件引用到当前项目中来，以便进行相关协调操作工作。

📏【执行方式】

功能区："插入"选项卡→"链接"面板→"链接 Revit"按钮

🖱️【操作步骤】

（1）按上述方式执行，弹出"导入/链接 RVT"对话框，如图 4-2 所示，选择需要链接的文件。

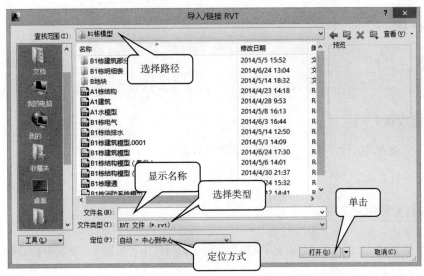

图 4-2　导入/链接 RVT 对话框

（2）导入设置。

在"定位"下拉列表中，选择项目的定位方式，如图 4-3 所示。

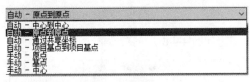

图 4-3　定位设置

各选项说明如下：

- 自动-中心到中心：Revit 以自动方式将链接模型中心放置到当前项目模型的中心。在当前视图中可能看不到此中心点。
- 自动-原点到原点：Revit 以自动方式将链接模型原点放置在当前项目的原点上。
- 自动-通过共享坐标：Revit 以自动方式根据导入的几何图形相对于两个文件之间共享坐标的位置，放置此导入的几何图形。如果当前没有共享坐标，Revit 会提示选用其他的方式。
- 自动-项目基点到项目基点：Revit 以自动方式根据导入的几何图形相对于两个文件之间的共享坐标，放置此导入的几何图形。如果当前没有共享坐标，Revit 会提示选用其他的方式。
- 手动-原点：以手动方式以链接模型原点为放置点将文件放置在指定位置。
- 手动-基点：以手动方式以链接文件基点为放置点将文件放置在指定位置。仅用于带有已定义基点的 AutoCAD 文件。
- 手动-中心：以手动方式以链接模型中心为放置点将文件放置在指定位置。

（3）导入文件。

单击 打开(0) 导入 Revit 文件，完成文件的链接。

4.1.2 链接 IFC 文件

【执行方式】

功能区："插入"选项卡→"链接"面板→"链接 IFC"按钮

【操作步骤】

（1）按上述方式执行，打开"打开 IFC 文件"对话框。

（2）在"打开 IFC 文件"对话框中，选择 IFC 文件，单击"打开"按钮。

4.1.3 链接 CAD 文件

通过链接 CAD 文件，可将已有的 CAD 文件引用到项目中，链接文件格式包括 DWG、DXF、DGN、SAT、SKP、3DM 等。

【执行方式】

功能区："插入"选项卡→"链接"面板→"链接 CAD"按钮

【操作步骤】

（1）按上述方式执行，弹出如图 4-4 所示的对话框。

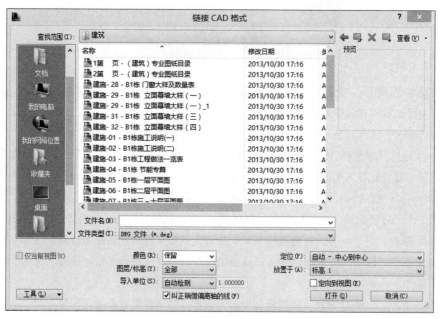

图 4-4 "链接 CAD 格式"对话框

在弹出的对话框中，选取目标文件，文件类型默认为 DWG 文件（*.dwg）。

（2）导入设置。

- 颜色：包含保留、反选、黑白三种选项，通常使用保留原有颜色。
- 定位：具体使用方法与链接 Revit 文件一致。
- 图层|标高：包含全部、可见、指定三种选项，通过此选项筛选需要导入的对象。
- 放置于：选择放置标高。
- 导入单位：设置导入单位，须与导入文件单位一致。
- 定向到视图：该选项默认处于未选择状态。将当前视图设置为"正北"，而"正北"已转离"项目北"，则清除此选项可将 CAD 文件与"正北"对齐。如果选择此选项，则 CAD 文件将与"项目北"对齐，不考虑视图的方向。
- 纠正稍微偏离轴的线：对导入文件进行纠偏操作。该选项默认处于选择状态，可自动更正稍微偏离轴小于 0.1° 的线，并且有助于避免从这些线生成的 Revit 图元出现问题。

（3）链接文件。

单击 打开(O) 链接 DWG 文件完成。导入的文件成组块状。

4.1.4　链接 DWF 文件

在创建施工图文档时，可将 Revit 图纸视图导出为 DWF 格式供查看和标记，标记链接到 Revit 进行修改，与 DWF 文件的标记保持同步。

【执行方式】

功能区："插入"选项卡→"链接"面板→"链接 DWF 标记"按钮

【操作步骤】

（1）按上述方式执行。

（2）找到已标记的 DWF 文件并选择，单击打开。

（3）单击标记对象，在属性框中修改状态和注释属性。

（4）修改完成后，保存当前项目。

4.1.5　链接点云文件

为了提供更为精确的建筑或场地现有条件，可将点云文件链接到项目中作为视觉参照。由于点云文件的数据量大，通常将点云文件采用链接的方式链接到项目中。

【执行方式】

功能区："插入"选项卡→"链接"面板→"链接点云"按钮

【操作步骤】

（1）按上述方式执行。

（2）选择链接点云文件。

（3）设置点云定位方式。

（4）单击打开，完成点云文件的链接。

4.1.6 链接协调模型

通过链接协调模型可以将 Navisworks NWD、NWC 格式文件作为链接文件，并将其作为 Revit 模型的参考，为设计提供关联环境。

【执行方式】

功能区："插入"选项卡→"链接"面板→"链接协调模型"按钮

【操作步骤】

（1）按上述方式执行，弹出协调模型对话框。

（2）单击"添加"按钮，选择链接文件。

（3）设置定位方式。

（4）单击确定，完成 Navisworks 文件的链接。

4.1.7 贴花的放置

使用贴花工具可将标志、绘画和广告牌等图像放置到建筑模型的水平表面或圆筒形表面上，设定相关参数后进行渲染。

【执行方式】

功能区："插入"选项卡→"链接"面板→"贴花"下拉菜单

【操作步骤】

（1）设置贴花类型。

在放置贴花之前，需要创建相应的贴花类型，设置相关参数。

选择下拉菜单中的"贴花类型"命令，弹出"贴花类型"对话框，如图 4-5 所示。

单击 按钮新建贴花，弹出"新贴花命名"对话框，输入名称后单击"确定"按钮，弹出参数设置信息，如图 4-6 所示。

首先单击"源"后面的 按钮，找到图像所在的位置，单击确定后载入图像。

设置图像的亮度、反射率、透明度等相关参数后，单击确定完成创建工作。

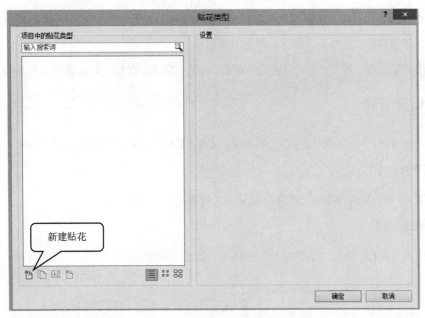

图 4-5 "贴花类型"对话框（1）

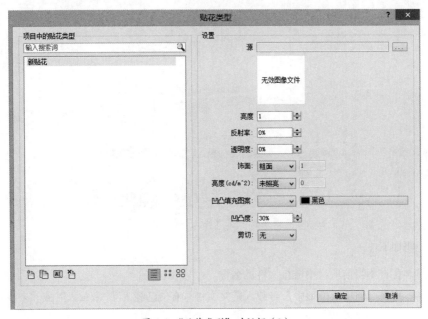

图 4-6 "贴花类型"对话框（2）

（2）放置贴花。

选择"贴花"下拉菜单中的"放置贴花"命令，视图处于三维视图模式，在选项栏中输入贴花的宽度与高度值（具体设定值视项目而定），如图 4-7 所示。

图 4-7 "放置贴花"选项栏

完成尺寸输入后，将鼠标移动到绘图区域，软件会自动捕捉到离鼠标位置距离最近的墙面或某一表面，单击鼠标放置贴花，按 Esc 键退出当前命令。

在视图控制栏中，将显示方式选择为"真实"模式，贴花会以真实的效果显示在当前项目中。

4.1.8 链接管理

通过链接管理器可对链接到项目中的 Revit 文件、CAD 文件、DWF 标记等图元进行管理。

【执行方式】

功能区："插入"选项卡→"链接"面板→"管理链接"按钮

【操作步骤】

按上述方式执行，弹出"管理链接"对话框，如图 4-8 所示。

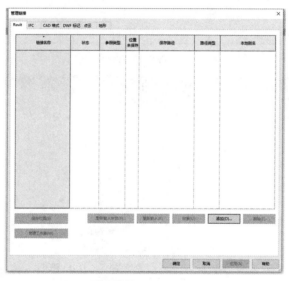

图 4-8 "管理链接"对话框

各列说明如下：

- 链接名称：指当前项目中链接文件的名称。
- 状态：指在当前项目模型中是否载入链接文件。有"已载入""未载入"或"未找到"三种状态。
- 参照类型：将模型链接到另一个项目中时此链接模型的类型，有"附着"和"覆盖"两种类型。
- 位置未保存：指链接文件的位置是否保存在共享坐标系中。
- 保存路径：指链接文件在计算机上的位置。
- 路径类型：指链接文件的保存路径是相对、绝对还是 Revit 服务器路径。
- 本地别名：如果链接模型是中心模型的本地副本，则指链接模型的位置。

单击链接管理中的某一链接文件，可激活对话框中下方的功能按钮，针对选择的文件进行重新载入、卸载、删除等操作，单击确定完成链接管理。

4.2　导入

导入功能可将外部文件导入当前项目中，与链接方式不同，导入图元会与原文件失去关联关系。

✎【预习重点】

◎ 导入 CAD，导入与链接的区别。

4.2.1　导入 CAD 文件

通过该功能可将现有的 DWG 文件导入当前项目中。

📏【执行方式】

功能区："插入"选项卡→"导入"面板→"导入 CAD"按钮

🖱【操作步骤】

（1）按上述方式执行，弹出"导入 CAD 格式"对话框，如图 4-9 所示。

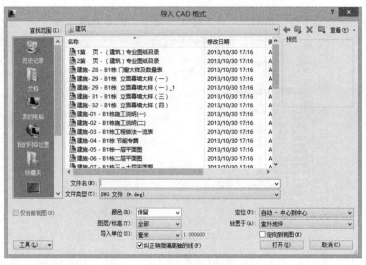

图 4-9　"导入 CAD 格式"对话框

（2）选取需要导入的 DWG 文件，其参数设置和链接 CAD 文件参数一致，单击"打开"按钮完成 DWG 文件的导入。

4.2.2　导入 gbXML 文件

通过该功能可将 gbXML 文件导入 Revit 项目中，用于辅助设计 HVAC（暖通）系统。

【执行方式】

功能区："插入"选项卡→"导入"面板→"导入 gbXML"按钮

【操作步骤】

（1）按上述方式执行，弹出导入对话框。

（2）选择要导入项目中的 gbXML 文件，完成导入。

4.2.3　从文件插入对象

通过该功能可将在其他项目中创建的明细表样板、绘图视图和二维详图等文件导入当前项目中。

【执行方式】

功能区："插入"选项卡→"导入"面板→"从文件插入"下拉菜单→"插入文件中的视图"或"插入文件中的二维图元"

以下以"插入文件中的视图"按钮说明。

【操作步骤】

（1）按上述方式执行。

（2）选择 Revit 项目文件，单击"打开"按钮，弹出"插入视图"对话框，如图 4-10 所示。

图 4-10　"插入视图"对话框

在左侧的列表中选择要插入的视图，单击"确定"按钮。

操作执行完成后，项目浏览器中创建了一个新的明细表视图，该明细表视图具有已保存的原明细表的全部格式，以及自定义的参数字段。

4.2.4　导入 PDF 文件

通过该功能可将外部的 PDF 文件导入当前项目中。

【执行方式】

功能区："插入"选项卡→"导入"面板→"PDF"按钮

【操作步骤】

（1）按上述方式执行。

（2）选择 Revit 项目文件，单击"打开"按钮，弹出"导入图像"对话框，选择要插入的 PDF 文件，单击"确定"按钮。

4.2.5　图像的导入和管理

通过该功能可将 BMP、JPG 等图像导入项目中，用作背景图像或创建模型时所需的视觉辅助。

【执行方式】

功能区："插入"选项卡→"导入"面板→"图像|图像管理"按钮

【操作步骤】

（1）按上述方式执行。弹出"导入图像"视图，在计算机中选择需要插入的图像，单击"打开"按钮，在平面视图中的绘图区域，单击完成放置。

（2）单击 插入 面板下的 （图像管理）按钮，弹出"管理图像"对话框，如图 4-11 所示。在图像管理中可查看当前插入的所有图像信息，选择图像后可进行删除、重新载入等操作。

图 4-11　"管理图像"对话框

4.3 族载入

族是创建 Revit 项目模型的基础。本节介绍如何将外部族文件载入项目中。

✏️ 【预习重点】

◎ 族概念、族分类和族库管理。

4.3.1 从库中载入族

族以 rfa 格式存储在计算机中,创建 Revit 项目时,可将需要的族文件载入到项目中。

📏 【执行方式】

功能区:"插入"选项卡→"从库中载入"面板→"载入族"

🖱️ 【操作步骤】

(1)按上述方式执行,弹出"载入族"对话框,如图 4-12 所示。

(2)选择需要导入项目中的族文件,单击"打开"按钮将族从库中载入项目中。

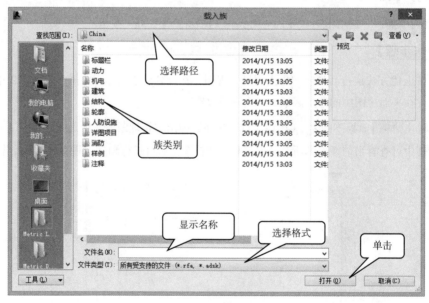

图 4-12 "载入族"对话框

4.3.2 作为组载入对象

在 Revit 项目文件中,可将现有的模型文件(.rvt)当作组载入当前的项目中。

📏 【执行方式】

功能区:"插入"选项卡→"从库中载入"面板→"作为组载入"

【操作步骤】

（1）按上述方式执行，弹出"将文件作为组载入"对话框，如图 4-13 所示。

图 4-13 "将文件作为组载入"对话框

（2）选择需要导入的项目文件（rvt 格式）或组文件（rvg 格式），单击"打开"按钮载入。

（3）在项目浏览器的"组"分支下，将显示已载入的模型文件，如图 4-14 所示，选择并拖曳到绘图区域可完成组的插入。

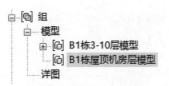

图 4-14 项目浏览器的"组"分支

4.3.3 加载 Autodesk 族

启动 Revit 软件族管理器，并将软件自带的族载入到项目中。

【执行方式】

功能区："插入"选项卡→"从库中载入"面板→"加载 Autodesk 族"

【操作步骤】

（1）按上述方式执行，弹出"加载 Autodesk 族"对话框，如图 4-15 所示。

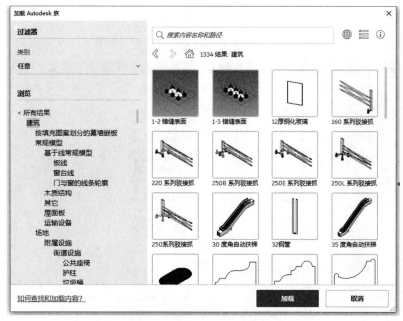

图 4-15　"加载 Autodesk 族"对话框

（2）在族管理器中选择需要载入到项目中的族，单击加载，将其加载到项目中。

第5章

建筑部分

知识引导

　　本章主要讲解 Revit 软件在建筑模块中的相关操作，包括标高、轴网、建筑柱、墙体、门、窗、幕墙、楼板、洞口、楼梯等对象的实际操作。

5.1　标高

标高是屋顶、楼板和天花板等图元的参照基准，用于确定模型主体之间的定位关系。

【预习重点】

◎　创建标高，修改标高属性。

5.1.1　标高的创建

标高是模型创建的基准，用于确定构件的竖向关系。

【执行方式】

功能区："建筑"选项卡→"基准"面板→"标高"

快捷键：LL

【操作步骤】

（1）展开项目浏览器中的"立面（建筑立面）"，双击进入立面视图，如图 5-1 所示，默认设置标高 1、标高 2。

（2）按上述方式执行。

图 5-1　设置标高

（3）选择标高类型。

在属性框下拉菜单中选取标高类型，如图 5-2 所示，零标高层选择"正负零标高"，零标高以上选择"上标头"，零标高以下选择"下标头"。

（4）设置标高类型参数。

单击属性框中的"编辑类型"按钮，打开"类型属性"对话框，如图 5-3 所示，在该对话框中可修改标高的参数信息。

图 5-2　标高类型选择器　　　　　图 5-3　"类型属性"对话框

参数说明如下：

- 基面：若选择"项目基点"，则表示在某一标高上显示的高程是基于项目原点的。若选择"测量点"，则表示显示的高程是基于固定测量点的。
- 线宽：即设置标高类型的线宽、粗细程度。
- 颜色：即设置标高线条的颜色，目的在创建的过程中能更好地区分和发现标高。
- 线型图案：即设置标高线的图案，可选择已有的，也可自定义。
- 符号：即确定标高线的标头是否显示编号中的标高号。
- 端点 1 处的默认符号：默认情况下，在标高线的左端点放置编号。
- 端点 2 处的默认符号：默认情况下，在标高线的右端点放置编号。

（5）设置放置标高选项栏。

- 创建平面视图：勾选创建平面视图可创建标高，同时创建相应平面视图。
- 平面视图类型：通过平面视图类型设置可设置新创建的平面视图类型。
- 偏移量：设置实际绘制标高与绘制参照线之间的距离。

（6）单击基准面板中的"标高"按钮，弹出"绘制标高"上下文选项卡，如图 5-4 所示，选择
"绘制"面板中的"直线"命令，将鼠标移动到绘图区域，输入新建标高的高度值，按 Enter 键后
水平拖动鼠标至标高的另一端点，单击完成创建。

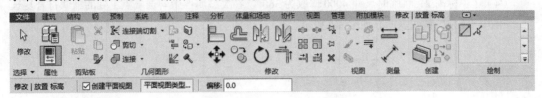

图 5-4 "绘制标高"上下文选项卡

5.1.2 标高的修改

当楼层标高数量较多时，可采取复制、阵列等方式快速创建，同时可对标高形式进行修改。

🖱 【操作步骤】

选择标高，各符号的含义如图 5-5 所示。

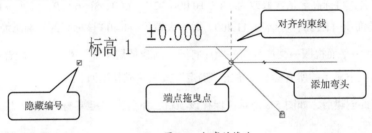

图 5-5 标高的修改

隐藏编号勾选框，取消勾选后隐藏该符号。

在对齐约束锁定的情况下，拖曳端点空心圆圈，对齐约束线上的所有标高将同时被拖动；若
只拖动某一标高的长度，需解锁对齐约束，再进行拖曳。

在某些情况下，需要对标高的端点符号进行转折处理，可单击图 5-5 所示的添加弯头符号，完
成转折后如图 5-6 所示。

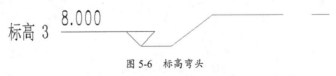

图 5-6 标高弯头

注意：通过复制和阵列方式创建的标高，标高会自动进行编号。绘制标高标头为蓝色，而复
制阵列标头为黑色。默认情况下，绘制标高会同时产生平面视图，复制和阵列标高不产生平面视
图，平面视图需通过视图菜单相关命令创建。

↘ 实操实练-01 标高的创建

（1）新建项目，选择建筑样板，单击进入软件绘制界面。

（2）在项目浏览器下，展开立面结构树，双击东立面名称进入东立面视图。

（3）选中正负零标高，勾选该标高左端点显示出的复选框□，按 Esc 键退出。

（4）选中标高 2，将临时尺寸 4000 修改为 3600。在类型属性中勾选端点 1 处的默认符号复选框。单击"确定"按钮返回，如图 5-7 所示。

图 5-7 修改标高高度

（5）选择标高 2，单击"复制"按钮，勾选"约束"和"多个"复选框。在标高 2 上单击点作为复制的起点，向上滑动鼠标，用键盘输入距离 3000，然后按 Enter 键。分别输入 3000、600、950、250，每次输入后都按 Enter 键完成。

（6）双击标高名，将标高名依次修改为：1F_±0.000、2F_3.600、3F_6.600、屋顶_9.600、女儿墙_10.200、玻璃装饰顶_11.150、大墙顶_11.400。并为大墙顶_11.400 该标高的两端添加弯头。

（7）按照 视图→平面视图→楼层平面的顺序打开"新建楼层平面"对话框，配合使用 Shift 和 Ctrl 键选中对话框中显示的所有标高，单击"确定"按钮完成并返回。

（8）完成标高的创建后，如图 5-8 所示。保存该项目，命名为"建筑-标高"。

图 5-8 完成标高的创建

5.2 轴网

轴网与标高作用相似，用于确定模型主体之间的平面定位关系。

✏ 【预习重点】

◎ 创建轴网，修改轴网属性。

5.2.1　轴网的创建

轴网是模型创建的基准，用于定位柱、墙体等模型对象。

【执行方式】

功能区："建筑"选项卡→"基准"面板→"轴网"

快捷键：GR

【操作步骤】

（1）切换视图至相关标高楼层平面，如图 5-9 所示。

图 5-9　切换至相关标高楼层平面

（2）执行上述方式，在"放置轴网"上下文选项卡中，选择"绘制"面板中的"直线"命令，如图 5-10 所示。

图 5-10　"放置轴网"上下文选项卡

（3）选择轴网类型。

在"属性"对话框中，单击下拉菜单，选取轴网类型，如图 5-11 所示。

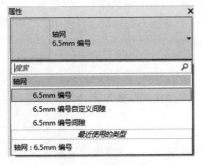

图 5-11　轴网类型选择器

（4）设置轴网类型参数。

选定相关轴网类型，单击属性框中的"编辑类型"按钮，打开"类型属性"对话框，如图 5-12 所示，在该对话框中可设置轴网的颜色、符号等参数。

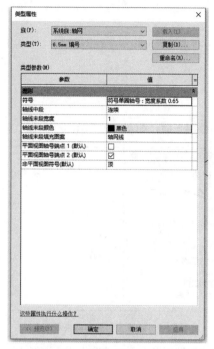

图 5-12 "类型属性"对话框

各项说明如下：

- 符号：用于显示轴线端点的符号。

- 轴线中段：设置轴网中段的类型，有"连续""无""自定义"3 种类型。

- 轴线末段宽度：表示连续轴线的线宽。

- 轴线末段填充图案：若轴线中段选择为"自定义"类型，则使用填充图案表示轴网中段的样式。

- 平面视图轴号端点 1（默认）：在平面视图中，控制显示轴网起点编号设置。

- 平面视图轴号端点 2（默认）：在平面视图中，控制显示轴网终点编号设置。

- 非平面视图符号（默认）：在立面视图和剖面视图中，控制轴网上编号的显示位置。有"顶""底""两者""无"4 种选项。

（5）设置轴网选项栏。

- 偏移量：轴网与绘制参照线之间的距离。

（6）绘制轴网。

在绘图区域，单击确定轴网的起点，再次单击确定轴网的终点，按 Esc 键退出绘制状态。

　　轴网也可通过拾取线命令快速创建。选择"建筑"选项卡的"基准"面板中的"轴网"按钮，在上下文选项卡中，选择"绘制"面板中的"拾取线"命令，如图 5-13 所示。

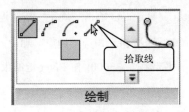

图 5-13　轴网绘制工具

将鼠标移动到绘图区域，拾取线对象，单击生成新的轴网，如图 5-14 所示。

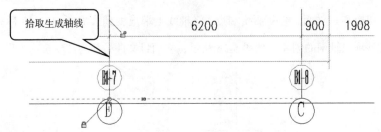

图 5-14　拾取方式完成轴网

5.2.2　轴网的修改

　　轴网的修改方式和标高基本相同，可采取复制、阵列等方式快速创建轴网。

【操作步骤】

　　选择某一轴网，修改该轴网的类型属性，各符号所表示的意义如图 5-15 所示。

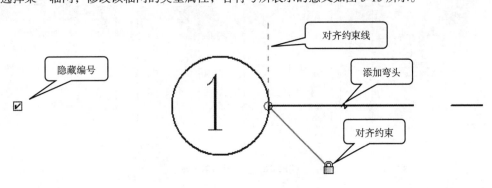

图 5-15　轴网的修改

实操实练-02　轴网的创建

　　（1）打开"建筑-标高"项目，在项目浏览器下，展开楼层平面结构树，双击 1F_±0.000 名称进入标高 1 楼层平面视图。

（2）单击"建筑"选项卡的"基准"面板中的"轴网"按钮，在绘图区域中绘制纵向轴线，按 Esc 键两次退出绘制状态，选中该轴线，在"类型属性"对话框中，将轴线中段设置为连续，勾选"平面视图轴号端点 1（默认）"复选框。单击"确定"按钮返回。

（3）选择 1 号轴网，单击"复制"按钮，勾选"约束"和"多个"复选框。在该轴线上单击作为复制的起点，向右滑动鼠标，用键盘输入 3000，按 Enter 键结束。分别输入 1800、3600、4800、1800，并以 Enter 键结束。

（4）双击轴线圈中的轴号，修改纵向轴线的轴号为 1、1/1、2、3、4、1/4。

（5）参照纵向轴线绘制方式，绘制横向轴线。

（6）将视图切换到东立面，拖曳轴线端点，将轴线上端拖曳到大墙顶_11.400 标高线之上。

（7）完成对该项目轴网的创建，如图 5-16 所示，将项目文件另存为"建筑-轴网"。

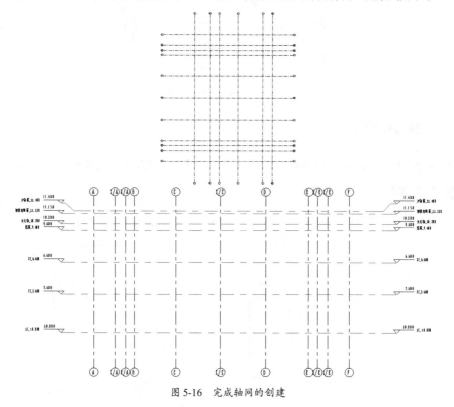

图 5-16　完成轴网的创建

5.3　建筑柱

在 Revit 中，柱包含结构柱和建筑柱两大类，本节主要介绍建筑柱的功能。

✎【预习重点】

◎ 建筑柱的载入，建筑柱的放置。

5.3.1　建筑柱的类型

在 Revit 软件中柱特指建筑柱，建筑柱主要起装饰作用。建筑柱类型包括倒角柱、欧式柱、中式柱、现代柱、圆柱、圆锥形柱等。

5.3.2　建筑柱的载入与属性调整

在项目中载入需要的柱类型，调整柱的参数信息来满足设计的要求。

【执行方式】

功能区：“建筑”选项卡→“构建”面板→“柱”面板下拉菜单→“建筑柱”

【操作步骤】

（1）按上述方式执行。

（2）按照上述执行方式，软件进入后放置柱模式，单击“载入族”按钮，如图 5-17 所示。

图 5-17　“载入族”按钮

在“载入族”对话框中，选择族文件，单击“打开”按钮，完成柱的载入，如图 5-18 所示。

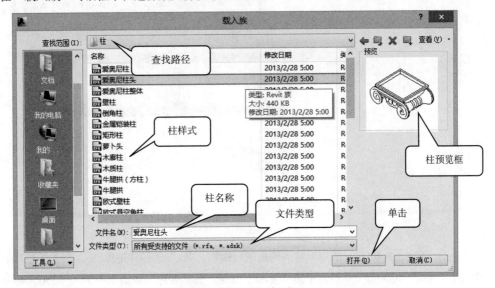

图 5-18　“载入族”对话框

单击属性框中的类型选择下拉菜单，将显示载入的族，如图 5-19 所示。

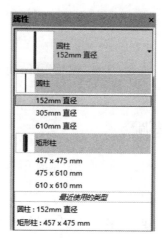

图 5-19 柱类型选择器

将柱载入项目之后，可对柱的类型属性进行调整。

保持放置柱的状态，在"类型选择"下拉菜单中选择一种类型的柱，如 610mm×610mm 的矩形柱，单击属性框中的"编辑类型"按钮，弹出如图 5-20 所示的"类型属性"对话框。

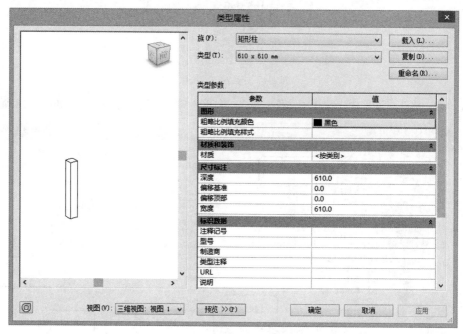

图 5-20 "类型属性"对话框

以创建 350mm×400mm 的矩形柱为例来进行调整，"族"选择"矩形柱"，在"类型"下拉菜单中没有"350×400mm"类型，单击"复制"按钮，在"名称"对话框中输入"350×400mm"，如图 5-21 所示。

图 5-21　"名称"对话框

输入完成后单击"确定"按钮返回类型属性对话框,在类型栏自动显示尺寸值为"350×400mm"。设置类型参数,各参数说明如下:

- 粗略比例填充颜色:指在粗略平面视图中填充样式的颜色。
- 粗略比例填充样式:指在粗略平面视图中,柱内显示的截面填充图案样式。
- 材质:为柱赋予材质,单击该行后面的 按钮添加。
- 深度:放置时柱的默认深度。
- 偏移基准:设置柱基准的偏移量,默认为 0。
- 偏移顶部:设置柱顶部的偏移量,默认为 0。
- 宽度:放置时柱的默认宽度。

设置柱的实例属性,如图 5-22 所示。

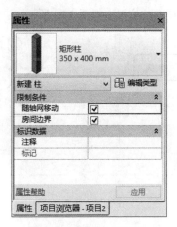

图 5-22　"属性"对话框

各参数说明如下:

- 随轴网移动:确定柱在放置后是否随轴网移动。
- 房间边界:确定放置的柱是否作为房间的边界。

5.3.3　建筑柱的布置和调整

在完成柱的类型属性和实例属性设置后,将柱放置到项目中。

【执行方式】

功能区:"建筑"选项卡→"构建"面板→"柱"面板下拉菜单→"建筑柱"

【操作步骤】

（1）按上述方式执行。

（2）在类型选择器下选择柱类型。

（3）设置柱选项栏。

选项栏中的参数设置，如图 5-23 所示。

图 5-23 "放置柱"选项栏

相关说明如下：

- 放置后旋转：确定放置柱后可继续进行旋转操作。
- 高度|深度：设置柱的布置方式，并设置深度或高度值。
- 房间边界：确定放置的柱是否为房间的边界。

（4）放置柱。

在绘图区域，将鼠标光标移动到轴网交点上，相应的轴网高亮显示，单击鼠标放置柱，选择放置的柱，通过临时尺寸标注可调整柱位置，如图 5-24 所示。

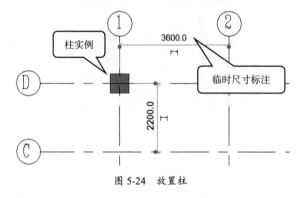

图 5-24 放置柱

➥ 实操实练-03 柱的布置

（1）打开"建筑-轴网"项目，在项目浏览器下，展开楼层平面结构树，双击 1F_±0.000 名称进入标高 1 楼层平面视图。

（2）单击"建筑"选项卡"柱"下拉列表中的"建筑柱"按钮，在类型选择器中选择矩形柱，在类型属性参数中复制创建尺寸为 250mm×250mm 的矩形柱，材质与外墙一致。单击"确定"按钮保存修改并返回，如图 5-25 所示。

材质和装饰	外墙材质	⇧
材质	外墙材质	
尺寸标注		⇧
深度	250.0	
偏移基准	0.0	
偏移顶部	0.0	
宽度	250.0	

图 5-25 "建筑柱类型属性"对话框

（3）在类型选择器列表中选择矩形柱 250mm×250mm，设置底部标高为 1F_±0.000，底部偏移为 −500.0，顶部标高为 2F_±3.600，单击"应用"按钮，如图 5-26 所示。

限制条件		⇧
底部标高	1F_±0.000	
底部偏移	-500.0	
顶部标高	2F_3.600	
顶部偏移	0.0	
随轴网移动	☑	
房间边界	☑	

图 5-26 "建筑柱实例属性"对话框

（4）在轴线 2-D、3-D 交点处分别放置该柱，选中 2-D 轴线交点上的柱，通过临时尺寸标注修改柱中心到轴线 2、轴线 D 的距离分别为 25mm、325mm。选中 3-D 轴线交点上的柱，通过临时尺寸标注修改柱中心到轴线 3、轴线 D 的距离分别为 25mm、325mm。

（5）按照上述步骤继续复制创建其他柱。

（6）框选当前视图中的所有建筑柱，可配合使用过滤器进行过滤。单击"镜像-拾取轴"按钮，然后单击轴线 1\C，完成柱的镜像。

（7）选择当前视图中的所有建筑柱，复制到剪贴板并使用"与选定的标高对齐"工具，创建其他标高层中的建筑柱。修改复制的建筑柱的限制条件。

（8）完成对该项目柱的布置，如图 5-27 所示，将项目文件另存为"建筑-柱"。

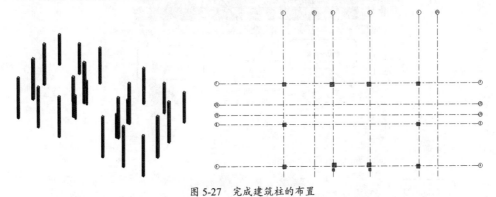

图 5-27 完成建筑柱的布置

5.4 墙体

在轴网和标高的基础上，可在项目中绘制特定类型墙体，包括垂直墙、倾斜墙、椎形墙。

✏️ 【预习重点】

◎ 创建墙体，修改墙体类型属性。

5.4.1 墙体的构造

本节将详细介绍墙体构造内容，包括墙体的功能、材质、厚度等设置。

📏 【执行方式】

功能区："建筑"选项卡→"构建"面板→"墙"下拉菜单→"墙：建筑"

快捷键：WA

🖱️ 【操作步骤】

（1）按上述方式执行。

（2）基本墙的构造设置。

在"属性"对话框族类型选择器中选择族类型，单击编辑类型，打开如图 5-28 所示的"编辑部件"对话框，系统默认的墙体已有部分主要结构，在此基础上可插入功能结构层，以完善墙体的实际构造。

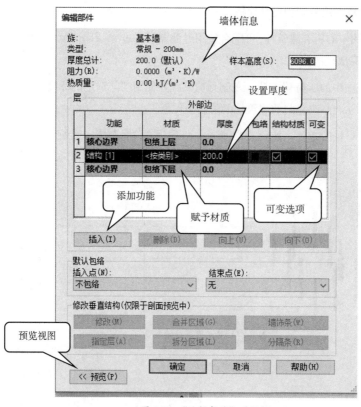

图 5-28 "编辑部件"对话框

单击功能板块序号，单击"插入"按钮，在选择行的上方添加新行，内容如图 5-29 所示。

	功能	材质	厚度	包络	结构材质
1	结构 [1]	<按类别>	0.0	☑	☐

图 5-29　墙体构造层设置

单击功能板块下的"结构[1]"按钮，可在功能下拉选项中选择其功能类型，如图 5-30 所示。

图 5-30　墙体构造层功能

按照此方式继续添加墙体的构造功能。单击下方的"向上""向下"按钮调整功能所处的位置，如果需要删除，在选择状态下单击"删除"按钮。

在完成功能的添加后，可为每个功能层赋予对应的材质，单击材质面板下每行后面的 … 按钮，弹出"材质浏览器"对话框，如图 5-31 所示。

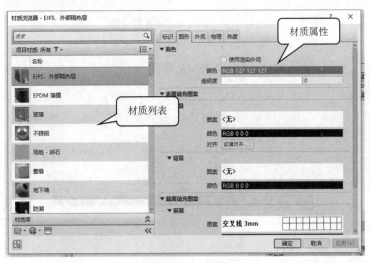

图 5-31　"材质浏览器"对话框

在材质项目列表中选取结构功能对应的材质，如需添加新材质，可单击下方的 🔵▾ 按钮添加。选择材质后，在右侧的材质属性框中就会显示当前材质的各种参数信息，包括颜色、外观、物理特征等，部分参数可自行设置，设置完成后单击"确定"按钮，完成材质添加。

通过结构功能厚度框可以输入数据控制功能层厚度，当所有的厚度值都输入完成后，"墙体信息厚度总计"栏会显示当前墙体的总厚度值。单击"确定"按钮，完成基本墙体的构造设置。

（3）叠层墙的构造设置。

叠层墙是基本墙体叠加形成的复合墙体。

在"墙体类型"下拉菜单中选择"外部 - 砌块勒脚砖墙",单击编辑类型,弹出如图 5-32 所示的对话框。

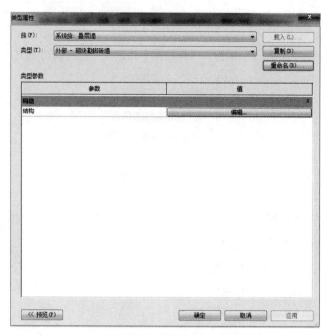

图 5-32　叠层墙"类型属性"对话框

单击"复制"按钮,并为新创建的墙体类型命名。

单击"编辑部件"对话框中结构所对应的编辑按钮,如图 5-33 所示。

图 5-33　叠层墙构造设置

　　单击"插入"按钮，并在名称列表中选择相应的墙体对象作为本复合墙体的子墙体，同时，设置子墙体相应参数，如高度、偏移等。单击"预览"按钮，可对新创建的复合墙体类型剖面进行预览，如图 5-34 所示。

　　单击"确定"按钮，完成叠层墙的构造设置。

5.4.2　建筑墙的创建

　　墙体可使用墙创建工具创建。

【执行方式】

　　功能区："建筑"选项卡→"构建"面板→"墙"下拉菜单→"墙：建筑"

　　快捷键：WA

【操作步骤】

　　（1）按上述方式执行。

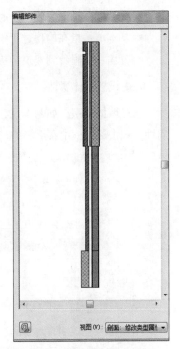

图 5-34　叠层墙构造预览

　　在"建筑"选项卡"构建"面板的"墙"下拉列表中包含建筑墙、结构墙、面墙、墙饰条、墙分隔缝 5 种类别，如图 5-35 所示。

　　（2）族类型选择器中选择相关类型，如图 5-36 所示。

图 5-35　墙下拉菜单

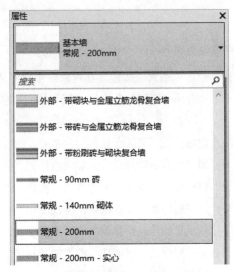

图 5-36　墙类型选择器

　　（3）建筑墙的类型选择。

　　选择建筑墙类型，在"属性框类型"下拉列表中，可见如图 5-36 所示的建筑墙，分为叠层墙、基本墙、幕墙三种类型，各个类型说明如下：

- 叠层墙：指由叠放在一起的两面或多面子墙组成的组合墙体。
- 基本墙：指在构建过程中一般的垂直结构构造墙体，其使用频率很高。
- 幕墙：指附着到建筑结构，不承担建筑的楼板或屋顶荷载的一种外墙。

（4）设置墙体属性。

选择墙体类型，如基本墙，其属性设置包括类型属性设置和实例属性设置，首先设置其类型属性。单击属性框中右上侧的"编辑类型"按钮，弹出"类型属性"对话框，如图 5-37 所示。

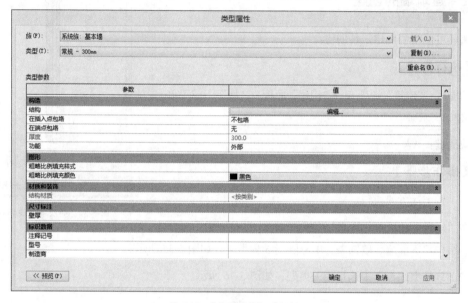

图 5-37 "类型属性"对话框

主要参数说明如下：

- 结构：单击"编辑"按钮，在对话框中设置墙体的结构、材质、厚度等信息。
- 在插入点包络：设置插入点墙的层包络，可包络复杂的插入对象，如非矩形对象、门、窗等。
- 在端点包络：设置墙端点处的层包络。
- 厚度：通过结构功能的设置，显示墙体的具体厚度值。
- 功能：可将创建的墙体设置为外墙、内墙、挡土墙、基础墙、核心竖井等类别。
- 粗略比例填充样式：设置粗略比例视图中墙的填充样式类型。
- 粗略比例填充颜色：设置粗略比例视图中墙的填充颜色，可选择不同的颜色予以区分。
- 结构材质：根据结构功能样式的添加和材质的赋予，显示材质的类型。
- 壁厚：墙体在尺寸标注时的具体厚度。
- 注释记号：注释相关信息作为备注。
- 类型注释：标注墙类型的常规注释。
- 部件说明：基于当前所选部件代码的部件说明。
- 部件代码：从层级列表中选择的统一格式的部件代码。

- 类型标记：用于指定项目中特定的墙体。
- 防火等级：用于设置墙体的防火等级级别。
- 成本：建造墙体的材料成本。
- 传热系数：用于计算热传导，通常用到流体和实体之间的对流和阶段变化。
- 热阻：用于测量对象或材质抵抗热流量的温度差。
- 热质量：用于测量对象或材质抵抗热流量的质量。
- 吸收率：用于测量对象吸收辐射的能力，等于吸收的辐射通量与入射通量的比率。
- 粗糙度：用于测量表面的纹理程度。
- 幕墙：表示是否可在墙体中插入幕墙系统。

完成墙体的类型属性设置后，通过单击左下角的"预览"按钮查看墙体的实例样式，单击"确定"按钮，完成类型属性的设置。

选择设置好的类型属性的墙体，在属性框中来设置当前的实例属性，如图 5-38 所示。

图 5-38　"墙实例属性"对话框

实例属性部分参数说明如下：

- 定位线：墙体在指定平面的定位线。
- 底部约束：墙体底部的起始位置，一般为某层标高。

- 底部偏移：墙体距墙体底部限制标高的距离。
- 已附着底部：指墙体底部是否附着到另一个模型构件，如楼板。
- 底部延伸距离：当墙层可延伸时，墙层底部移动的距离。
- 顶部约束：墙体顶部的高度约束限定，一般为某层标高。
- 无连接高度：绘制墙体时，从其底部到顶部的测量高度值。
- 顶部偏移：墙体距墙体顶部限制标高的距离。
- 已附着顶部：指墙体顶部是否附着到另一个模型构件，如屋顶、天花板等。
- 顶部延伸距离：墙层顶部移动的距离。
- 房间边界：决定墙体是否成为房间边界的一部分。
- 与体量相关：当前创建的墙体图元是从体量图元创建的。
- 横截面：指定墙体的横截面类型，可选项包括垂直、倾斜、椎体，当该选项设置为倾斜时，可以设置墙体倾斜角度，当该选项设置为椎体时，可设置墙体内角和外角。
- 结构：当前墙体为结构墙，便于进行明细表统计时的分类。
- 启用分析模型：勾选后可创建相应分析模型。
- 结构用途：当前创建的墙体的结构用途，承重或非承重。
- 长度：指墙体的长度。
- 面积：指墙体的面积。
- 体积：指墙体的体积。
- 注释：在此添加用于描述当前实例墙体的特殊注释。
- 标记：将各种特定的数值应用于项目中各墙体的标签。
- 备注：在此添加当前实例墙体的其他信息。

（5）设置墙体绘制选项栏。

- 链：勾选与否表示是否绘制一系列在端点处连接的墙分段。勾选后可连续绘制，并形成墙链。
- 偏移量：以指定墙的定位线与光标位置或选定的线或面之间的偏移。
- 半径：用于表示绘制弧形墙体时的半径数值。

（6）绘制墙体。

在"放置 墙"选项卡的"绘制"面板中选择绘制工具，如图 5-39 所示。

图 5-39 "放置 墙"选项卡

单击确定墙体的起点，拖曳鼠标，单击确定墙体的终点，沿顺时针方向绘制墙体。勾选选项控中的"链"复选框，可在当前的绘制状态下，以墙体的终点作为下一段墙体的起点，继续绘制下一段墙体。绘制完成后，按 Esc 键退出当前命令。

5.4.3　墙体的连接关系

Revit 软件提供了平接、斜接、方接三种墙体连接方式，墙体默认的连接方式为平接。

【执行方式】

功能区："修改"选项卡→"几何图形"面板→"墙连接"按钮

【操作步骤】

（1）按上述方式执行。

（2）单击墙连接位置。

（3）切换墙体连接方式及显示样式。

将鼠标放置在墙体连接位置，在选项栏对墙体连接方式调整，如图 5-40 所示。

图 5-40　墙连接选项栏

选择墙连接方式，使用"上一个""下一个"可切换连接方式可能出现的连接方式，如图 5-41 所示。

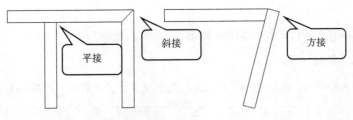

图 5-41　墙连接关系

使用"不清理连接"方式可在二维平面中显示连接交线。

（4）墙体不连接。

若要使这两面墙体不连接，选择墙体，在拖曳点单击鼠标右键，在命令栏中选择"不允许连接"命令，如图 5-42 所示。

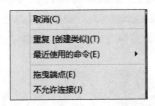

图 5-42　鼠标右键快捷菜单

在未连接状态下，墙体会出现"允许连接"符号，如图 5-43 所示，表示两面墙体未连接，单击允许连接符号，墙体重新回到连接状态。按 Esc 键退出当前命令。

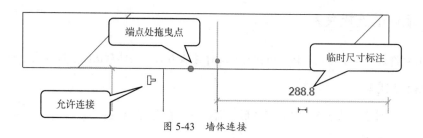

图 5-43　墙体连接

5.4.4　墙饰条的创建

通过该命令可沿墙体在墙面创建装饰类的饰条。

📏**【执行方式】**

功能区："建筑"选项卡→"构建"面板→"墙"下拉菜单→"墙：饰条"

🖱**【操作步骤】**

（1）切换操作视图。

在三维、立面、剖面三种视图模式下，可激活墙饰条工具。

（2）按上述方式执行。

（3）选择墙饰条类型。

在实例属性类型选择器中选择需要添加的墙饰条类型。

（4）属性参数设置。

在属性框中单击"编辑类型"按钮进入类型属性设置对话框，如图 5-44 所示。

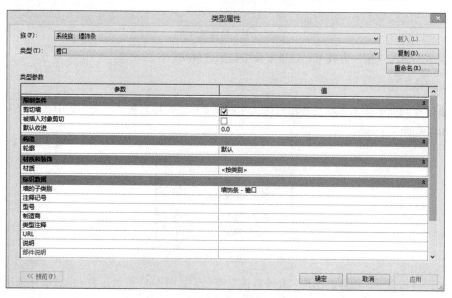

图 5-44　"墙饰条类型属性"对话框

在类型属性对话框中，设置饰条的材质、轮廓样式等参数，单击"确定"按钮，返回绘制状态。

（5）选择墙饰条布置方式。

墙饰条布置方式，包括水平和垂直两种方式，如图 5-45 所示。

（6）放置墙饰条。

在绘图区域中，鼠标处于放置状态，将光标放在墙饰条布置位置，单击鼠标放置，如图 5-46 所示。

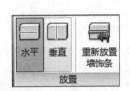

图 5-45 墙饰条布置方式

图 5-46 墙饰条放置后

如果需要对放置墙饰条进行调整，单击"放置"面板中的"重新放置墙饰条"按钮。将光标移到墙上所需的位置，单击以放置墙饰条。

放置完成后，若要调整某一墙饰条的位置高度，选择该墙饰条，在属性面板实例属性中设置"相对标高的偏移"项，如图 5-47 所示，单击"应用"按钮，完成该墙饰条的调整。

图 5-47 墙饰条实例属性对话框

5.4.5 墙分隔缝的创建

通过该命令可沿路径拉伸轮廓，在墙体上创建空心剪切，创建方法与墙饰条一致。

【执行方式】

功能区："建筑"选项卡→"构建"面板→"墙"下拉菜单→"墙：分隔缝"

【操作步骤】

（1）切换操作视图。

在三维模式、立面视图、剖面视图模式下，可激活墙分隔缝工具。

（2）按上述方式执行。

（3）选择分隔缝饰条类型。

在实例属性类型选择器中选择需要添加的分隔缝类型。

（4）属性参数设置。

在显示的属性框中单击"编辑类型"按钮进入墙分隔缝类型属性对话框，如图 5-48 所示。

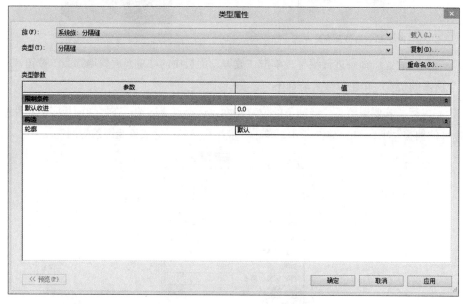

图 5-48　墙分隔缝类型属性对话框

在"类型属性"对话框中，设置分隔缝的各项参数，如材质、轮廓样式等，设置完成后单击"确定"按钮，返回绘制状态。

（5）选择分隔缝布置方式。

分隔缝布置方式包括水平和垂直两种方式，如图 5-49 所示。

图 5-49　分隔缝布置方式

（6）放置分隔缝

在绘图区域中，鼠标处于放置状态，将光标放在分隔缝位置，单击以放置分隔缝。

5.4.6　墙轮廓的编辑

在创建墙体时，墙的轮廓默认为矩形，如果设计其他轮廓的墙体，需要对墙体进行轮廓的编辑。

【执行方式】

功能区："修改墙"上下文选项卡→"模式"面板→"编辑轮廓"

【操作步骤】

（1）将视图切换到立面视图或剖面视图。

（2）选择墙体，单击"编辑轮廓"按钮进入编辑轮廓草图绘制状态，墙的轮廓线以洋红色的模型线显示，如图 5-50 所示。

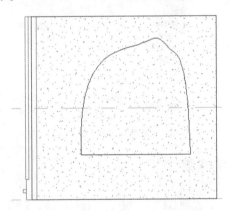

图 5-50　墙轮廓草图

（3）使用"修改"面板下"绘制"相关工具，将墙的轮廓修改为设计要求的轮廓形式，确保轮廓草图线闭合。单击上下文选项卡的"模式"面板中的"完成"按钮，墙轮廓修改完成。

（4）选择墙体，单击"模式"面板下的"重设轮廓"按钮可将墙体恢复到原始形状。

📖 提示

该命令不能编辑弧形墙的立面轮廓。若要在弧形墙上放置如洞口等，请使用墙洞口工具。

5.4.7　墙洞口的创建

通过使用墙洞口工具，可为墙体创建矩形洞口。

【执行方式】

功能区："建筑"选项卡→"洞口"面板→"墙洞口"

【操作步骤】

（1）将视图切换到立面或剖面视图。

（2）按上述方式执行。

（3）绘制墙洞口。

将鼠标光标移动到绘图区域，并将光标放在墙边缘，当高亮显示时单击。将鼠标光标移动到墙上，单击作为洞口的起点，沿斜下方向拖曳鼠标到洞口终点，完成洞口绘制。

（4）调整墙洞口位置和大小。

选择墙洞口，其属性对话框如图 5-51 所示。通过该对话框中的顶部偏移、底部偏移、无连接高度、底部限制条件、顶部约束等参数的设定，准确控制洞口大小和位置。

图 5-51 墙洞口实例属性对话框

➡ 实操实练-04 墙体的布置

（1）打开"建筑-柱"项目，在项目浏览器中展开楼层平面，双击 1F_±0.000 进入楼层平面视图。

（2）单击"建筑"选项卡中"墙"下拉列表中的"建筑墙"按钮，在类型选择器中选择常规墙体类型，在类型属性参数中复制创建尺寸厚度为 250mm 的别墅外墙。在"编辑部件"对话框中设置墙体的功能、厚度、材质等，如图 5-52 所示。

	功能	材质	厚度	包络	结构材质
1	面层 1 [4]	外墙材质	10.0	☑	☐
2	**核心边界**	**包络上层**	**0.0**		
3	结构 [1]	砌体-普通砖 75x225mm	250.0	☐	☑
4	**核心边界**	**包络下层**	**0.0**		
5	面层 2 [5]	内墙墙面	4.0	☑	☐

图 5-52 墙构造层设置

（3）设置墙体功能为外部，插入点及端点的包络均为外部。设置完成后单击"确定"按钮。

（4）在类型选择器中选择 250mm 别墅外墙，在属性框中设置定位线为核心层中心线，底部标高为 1F_±0.000，底部偏移 −300.0，顶部约束为女儿墙_10.200，如图 5-53 所示。单击"应用"按钮。

限制条件	˄
定位线	核心层中心线
底部限制条件	1F_±0.000
底部偏移	−300.0
已附着底部	▢
底部延伸距离	0.0
顶部约束	直到标高: 女儿墙_10.200
无连接高度	10500.0
顶部偏移	0.0
已附着顶部	▢
顶部延伸距离	0.0
房间边界	☑
与体量相关	▢

图 5-53　墙实例属性对话框

（5）勾选选项栏中的"链"复选框，如图 5-54 所示。

☑ 链　偏移量: 0.0	▢ 半径: 1000.0

图 5-54　墙放置选项栏

（6）单击轴线 1-D 的交点作为绘制墙体的起点，顺时针绘制别墅的外墙。

（7）按照上述步骤创建其他尺寸的墙体。

（8）完成对该项目墙体的绘制，如图 5-55 所示，将项目文件另存为"建筑-墙"。

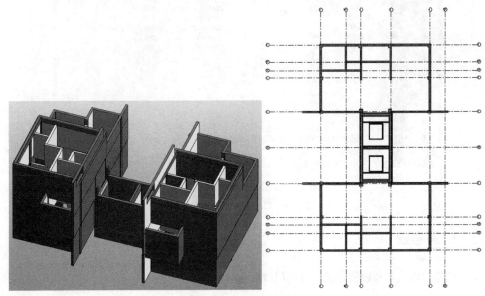

图 5-55　墙体布置完成

5.5 门

门是以墙为主体的标准族，须放置在墙体之上。

【预习重点】

◎ 门的载入，门的创建。

5.5.1 门的载入

门是基于墙体的主体族，通过载入族的方式可将项目需要的门族载入。

【执行方式】

功能区："建筑"选项卡→"构建"面板→"门"按钮

快捷键：DR

【操作步骤】

（1）按上述方式执行。

（2）在"放置门"选项卡中"模式"面板下单击"载入族"按钮，弹出"载入族"对话框，选择门族文件，如图 5-56 所示。

图 5-56 门"载入族"对话框

5.5.2 门的布置

载入门族并设置其参数信息后，可将门放置在墙体上。

【执行方式】

功能区："建筑"选项卡→"构建"面板→"门"按钮

快捷键：DR

【操作步骤】

（1）切换门布置操作视图。

（2）按上述方式执行。

（3）门的属性设置。

在类型选择器下拉菜单中选取门类型，单击"编辑类型"按钮，如图 5-57 所示，弹出门"类型属性"对话框，如图 5-58 所示。

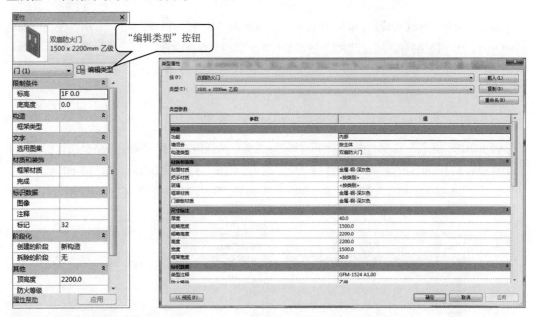

图 5-57　门实例属性类型选择器　　　　　　图 5-58　门"类型属性"对话框

调整门的构造、材质、尺寸等参数信息。

（4）门的布置。

调整完成参数后，将鼠标光标移动到绘图区域进行布置。

门是基于主体的构件族，将鼠标光标移动到墙体平面上时，会显示门的平面视图，单击左键，完成门的布置。

5.5.3　门的调整

门放置完成后，可调整门的位置、开门方向及门板的翻转方向。

【操作步骤】

选择已放置的门构件后软件会激活针对该门的设置符号，如图 5-59 所示。

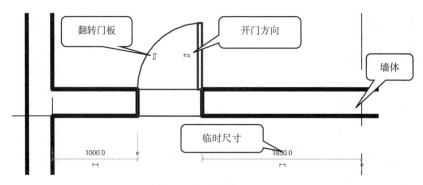

图 5-59　门的调整

通过临时尺寸标注可确定门的准确位置；通过单击"翻转门板"和"开门方向"按钮可调整门的方向，也可使用空格键进行切换，完成后按 Esc 键退出当前命令。

↘ 实操实练-05　门的添加

（1）打开"建筑-墙"项目，切换到标高 1 楼层平面视图。

（2）单击"建筑"选项卡中的"门"按钮，在类型选择器中选择单扇平开格栅门，创建尺寸为 1000mm×2100mm 的新类型。设置门框架、把手、贴面、门嵌板的材质，如图 5-60 所示。

材质和装饰		⋀
玻璃	别墅门玻璃	
框架材质	别墅门边框材质	
把手材质	金属 - 不锈钢，抛光	
贴面材质	别墅门边框材质	
门嵌板材质	别墅门边框材质	
尺寸标注		⋀
厚度	50.0	
粗略宽度	1000.0	
粗略高度	2100.0	
框架宽度	45.0	
高度	2100.0	
宽度	1000.0	

图 5-60　门参数调整

（3）移动鼠标光标至需要放置该类型门的墙平面上，通过鼠标选择放置位置，单击左键进行放置，通过修改临时尺寸值将放置的门调整到准确的位置，如图 5-61 所示。

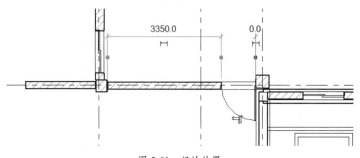

图 5-61　门的放置

（4）单击门控制柄来调整门垛位置及开门方向。

（5）按照上述步骤创建其他门的尺寸，设置相关参数，完成放置工作。

（6）将项目文件另存为"建筑-门"，完成对该项目门的放置，如图 5-62 所示。

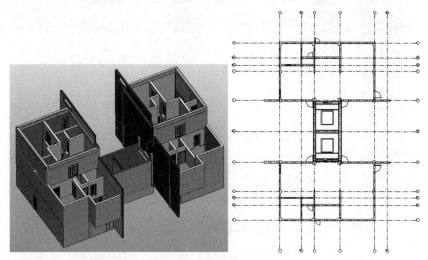

图 5-62　完成门的放置

5.6　窗

窗是基于主体的族，使用窗放置工具可在墙上放置窗。

✎【预习重点】

◎ 窗的载入、窗的创建。

5.6.1　窗的载入

窗的载入方法与门相同，可通过载入族的方式将项目需要的窗载入项目中。

📏【执行方式】

功能区："建筑"选项卡→"构建"面板→"窗"按钮

快捷键：WN

🖱【操作步骤】

（1）执行上述执行方式，在"放置窗"上下文选项卡"模式"面板单击"载入族"按钮，在"载入族"对话框中找到族文件，如图 5-63 所示。

（2）单击"打开"按钮，弹出如图 5-64 所示的"指定类型"选择面板，在该面板选择项目窗类型。

图 5-63　窗 "载入族" 对话框

图 5-64　指定载入族类型

（3）单击选择类型，单击 "确定" 按钮，将族文件载入当前项目中。

5.6.2　窗的布置

将窗族载入并设置其参数信息后，可将窗插入墙体。

【执行方式】

功能区："建筑" 选项卡→"构建" 面板→"窗" 按钮

快捷键：WN

【操作步骤】

（1）切换到操作视图。

窗的放置可在平面视图、三维视图、立面视图及剖面视图中完成。

（2）按上述方式执行。

（3）设置窗的属性。

在类型选择器下拉菜单中选取窗类型，单击 "编辑类型" 按钮，在窗 "类型属性" 对话框中，如

图 5-65 所示，调整窗的构造、材质、尺寸等参数信息，完成后单击"确定"按钮，返回放置状态。

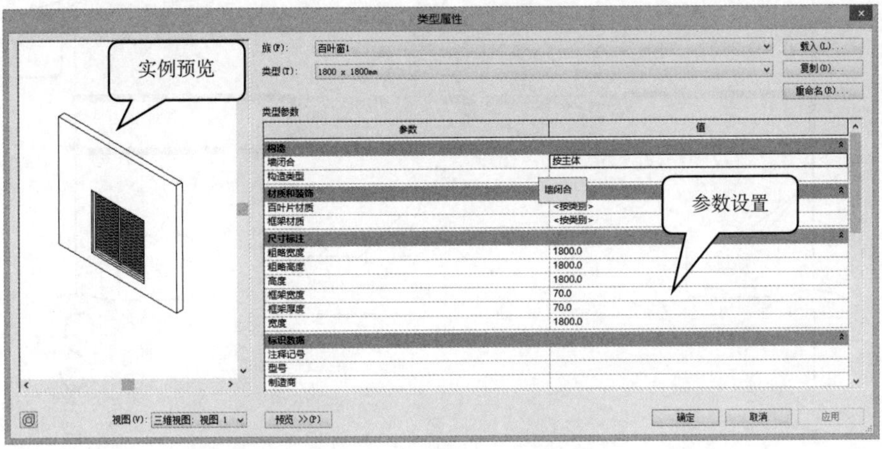

图 5-65　窗"类型属性"对话框

参数说明如下：

- 墙闭合：用于设置窗周围的层包络，替换主体设置。
- 构造类型：窗的构造类型。
- 百叶片材质：窗中百叶片的材质类型。
- 框架材质：窗外框架的材质类型设置。

（4）窗的布置。

将鼠标光标移至绘图区域进行放置，窗是基于主体的族，当鼠标光标移动到墙体平面上时，会显示窗的平面视图，单击鼠标完成放置。

5.6.3　窗的调整

将窗放置到墙体上后，可调整窗的准确位置，并进行翻转实例面操作。

【执行方式】

功能区："建筑"选项卡→"构建"面板→"窗"按钮

【操作步骤】

（1）选择放置的窗构件，软件会激活相应的设置参数，如图 5-66 所示。

（2）通过临时尺寸标注对窗进行精确定位。

（3）单击翻转符号调整窗的布置方位，也可使用空格键完成该操作。

（4）完成后按 Esc 键退出当前命令。

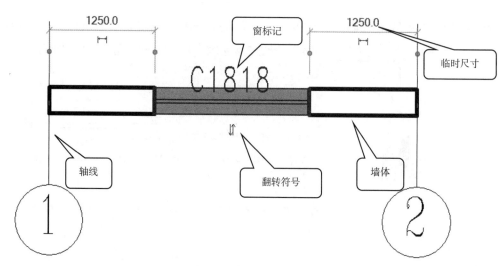

图 5-66 窗的放置

↘ 实操实练-06　窗的添加

（1）打开"建筑-门"项目，在项目浏览器下，展开楼层平面结构树，双击进入标高 1 平面视图。

（2）单击"建筑"选项卡中的"窗"按钮，在类型选择器中选择双层单列组合窗类型，在类型属性参数中复制创建尺寸为 1800mm×2250mm 的新类型。在"材质和装饰"栏下设置窗玻璃以及框架的材质，如图 5-67 所示，完成后单击"确定"按钮。

材质和装饰		
玻璃	别墅窗玻璃	
框架材质	别墅窗材质	
尺寸标注		
粗略宽度	1800.0	
粗略高度	2250.0	
高度	2250.0	
框架宽度	50.0	
框架厚度	80.0	
上部窗扇高度	600.0	
宽度	1800.0	

图 5-67 窗类型参数设置

（3）在属性框中设置窗的底高度为 900。将鼠标光标放置该类型窗的墙平面上，通过修改临时尺寸值将窗调整到准确的位置，如图 5-68 所示。

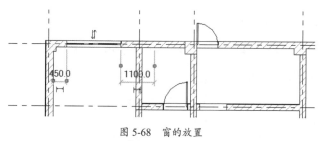

图 5-68 窗的放置

（4）单击窗控制柄来翻转窗的内外面方向。

（5）按照上述步骤完成其他类型窗的放置。

（6）完成对该项目窗的放置，如图 5-69 所示，将项目文件另存为"建筑-窗"。

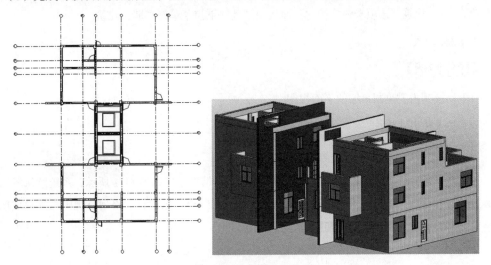

图 5-69　完成窗的放置

5.7　幕墙

幕墙是一种特殊的墙体，幕墙的绘制方式、幕墙门窗的添加均和基本墙体不同。

✎【预习重点】

◎ 幕墙绘制、网格划分、幕墙门窗添加等。

5.7.1　幕墙的分类

在 Revit 软件中，幕墙根据其绘制形式，分为线性幕墙和面幕墙。线性幕墙创建方式与基本墙体类似，面幕墙基于体量模型创建，可随体量模型面的变化而变化。图 5-70 所示为幕墙。

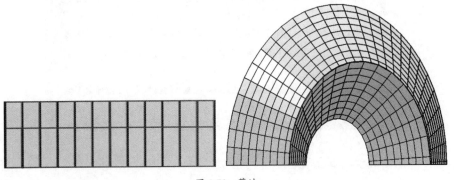

图 5-70　幕墙

5.7.2 线性幕墙的绘制

【执行方式】

功能区："建筑"选项卡→"构建"面板→"墙"下拉菜单→"墙：建筑"

快捷键：WA

【操作步骤】

（1）切换到需要绘制幕墙的平面视图。

（2）按上述方式执行。

（3）选择幕墙类型。

在属性框中，单击实例属性类型下拉菜单，选择幕墙类型，如图 5-71 所示，系统默认幕墙类型有三种，即幕墙、外部玻璃和店面。幕墙没有网格和竖梃，未设置网格划分规则。外部玻璃具有预设网格。店面具有预设网格和竖梃。

图 5-71　幕墙的类型

（4）幕墙属性设置。

单击属性框中的"编辑类型"按钮，弹出幕墙"类型属性"对话框，如图 5-72 所示。

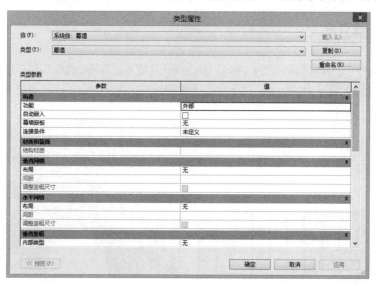

图 5-72　幕墙"类型属性"对话框

部分参数说明如下：

- 功能：指明墙体的功能，包括外部、内部、挡土墙、基础墙、檐底板、核心竖井。
- 自动嵌入：幕墙是否自动嵌入到墙体中。
- 幕墙嵌板：设置幕墙中需要插入的嵌板的族类型。
- 连接条件：控制某个幕墙图元类型中交点处的连接方式。
- 布局：沿幕墙长度设置幕墙网格线的自动垂直/水平布局方式。
- 间距：当"布局"设置为"固定距离"或"最大间距"时启用。间距值为固定值、最小值、最大值。
- 调整竖梃尺寸：启用该功能后，允许竖梃内部尺寸自动调整。
- 内部类型：指定内部竖梃的族类型。
- 边界 1 类型：指定左边界上竖梃的族类型。
- 边界 2 类型：指定右边界上竖梃的族类型。
- 壁厚：指幕墙的整体厚度值。

完成类型属性参数的设置后，设置实例属性参数，如图 5-73 所示。

图 5-73　幕墙实例"属性"对话框

部分参数说明如下：

- 房间边界：创建的幕墙是否为房间边界的一部分。
- 对正：网格间距无法平均分割幕墙图元面的长度时，为幕墙网格设置限制条件。
- 角度：幕墙网格旋转角度。
- 偏移量：从距离网格对正点的指定距离开始放置幕墙网格。

（5）绘制幕墙。

在"修改|放置墙"上下文选项卡"绘制"面板中，选取绘制方式，在绘图区域中指定位置单击作为幕墙的起点，拖曳鼠标到另一位置单击作为幕墙的终点，完成幕墙绘制。

5.7.3 幕墙系统的创建

【执行方式】

功能区："建筑"选项卡→"构建"面板→"幕墙系统"

【操作步骤】

（1）切换至相关操作视图，建议使用三维视图。

（2）按上述方式执行，选择要添加到幕墙的面，如图 5-74 所示。

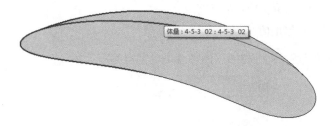

图 5-74　体量

当体量模型包含多个面，可使用 Tab 键切换选择，选择完面后，单击功能区的"创建系统"按钮，完成幕墙系统的创建，如图 5-75 所示。

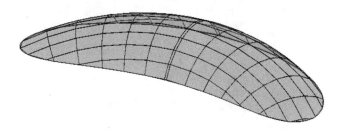

图 5-75　幕墙系统

5.7.4 幕墙网格的划分

幕墙绘制完成后，通过绘制幕墙网格，将幕墙划分为指定大小的网格。网格的绘制有手动和自动两种方式，当网格的间距不统一时，需手动布置网格。

1. 幕墙网格自动划分

【操作步骤】

（1）选择需要划分网格的幕墙图元。

（2）在幕墙属性中设置布局模式。

选择需要修改的幕墙，打开"类型属性"设置对话框，如图 5-76 所示。

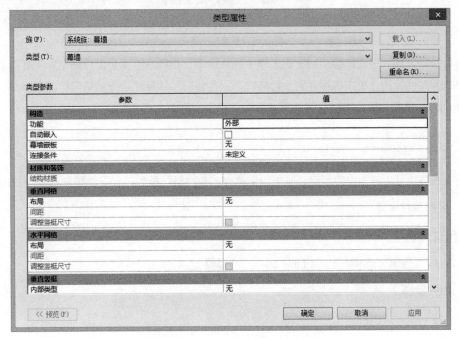

图 5-76　幕墙"类型属性"对话框

设置幕墙的布局模式和相关间距，如图 5-77 所示，单击"确定"按钮完成设置。

垂直网格		
布局	固定距离	
间距	1500.0	
调整竖梃尺寸	☑	
水平网格		
布局	固定距离	
间距	1800	
调整竖梃尺寸	☑	

图 5-77　幕墙类型参数设置

2．幕墙网格手动划分

【执行方式】

功能区："建筑"选项卡→"构建"面板→"幕墙网格"

【操作步骤】

（1）切换至相关操作视图，建议使用立面图或剖面图。

（2）网格划分。

按上述方式执行，在上下文选项卡的"放置"面板上出现 3 种划分方式，如图 5-78 所示。

图 5-78　网格划分方式

选取划分方式，将光标移动到绘图区域中的幕墙上，在幕墙上就会出现随鼠标光标移动的网格线和临时尺寸标注，单击鼠标左键进行放置，通过临时尺寸标注进行精确定位。选择某网格，可通过"添加/删除线段"来修改网格线。

5.7.5　竖梃的添加

基于网格线可生成相应的竖梃，竖梃的生成方式和网格线类似，有手动和自动两种方式。

1．竖梃属性设置

【执行方式】

功能区："建筑"选项卡→"构建"面板→"竖梃"

【操作步骤】

（1）按上述方式执行。

（2）类型属性设置。

在竖梃属性框下拉菜单中，选取竖梃类型，单击"编辑类型"按钮进入竖梃"类型属性"对话框，如图 5-79 所示。

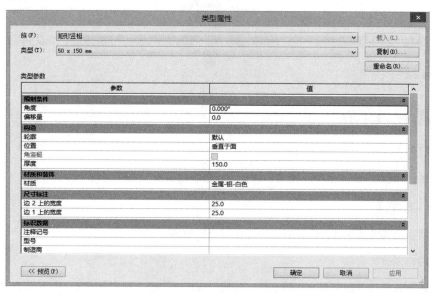

图 5-79　竖梃"类型属性"对话框

参数说明如下：

- 角度：设置旋转竖梃轮廓的角度值。
- 偏移量：设置竖梃距嵌板的偏移值。
- 轮廓：设置竖梃的轮廓，可自定义创建轮廓。
- 位置：旋转竖梃轮廓，"垂直于面""与地面平行"适用于倾斜的幕墙嵌板类型。
- 角竖梃：竖梃是否为角竖梃。
- 厚度：设置竖梃的厚度值。
- 材质：设置竖梃的材质类型。
- 边 2 上的宽度：设置右侧竖梃的宽度。
- 边 1 上的宽度：设置左侧竖梃的宽度。

在类型参数设置完成后，单击"确定"按钮完成竖梃属性设置。

2．手动添加

✎【执行方式】

功能区："建筑"选项卡→"构建"面板→"竖梃"

🖱【操作步骤】

（1）按上述方式执行。

（2）选择竖梃类型。

（3）选择竖梃添加方式并添加竖梃。

在上下文选项卡"放置"面板上包括三种添加方式，如图 5-80 所示。

图 5-80　竖梃添加方式

选取添加方式，将光标移动到绘图区域，拾取幕墙上的网格线，完成竖梃的添加。

3．自动添加

🖱【操作步骤】

（1）选择需要添加竖梃的幕墙。

（2）设置幕墙类型属性中竖梃的相关参数。

打开"类型属性"设置对话框，分别在垂直竖梃、水平竖梃下设置对应的参数值，如图 5-81 所示。

垂直竖梃		ᐱ
内部类型	矩形竖梃 : 50 x 150 mm	
边界 1 类型	矩形竖梃 : 50 x 150 mm	
边界 2 类型	矩形竖梃 : 50 x 150 mm	
水平竖梃		ᐱ
内部类型	矩形竖梃 : 50 x 150 mm	
边界 1 类型	矩形竖梃 : 50 x 150 mm	
边界 2 类型	矩形竖梃 : 50 x 150 mm	

图 5-81　幕墙竖梃设置

设置好参数后，单击"确定"按钮，完成竖梃的添加。

5.7.6　幕墙门、窗的添加

幕墙是一种特殊的墙体，普通门窗无法直接放置在幕墙上。幕墙门窗的放置方式相同，通过幕墙门窗嵌板替换默认嵌板完成。

🖱 【操作步骤】

（1）载入幕墙门窗嵌板族。

（2）划分幕墙嵌板。

在幕墙上绘制网格线，网格线将幕墙划分为多个嵌板，嵌板大小与即将放置的门窗尺寸相同。

（3）置换嵌板。

将光标移动到放置门窗位置的嵌板边界，通过使用 Tab 键切换，选择嵌板，在属性框实例类型下拉菜单中找到载入的幕墙门或幕墙窗族，单击"应用"按钮，完成幕墙门窗的添加，如图 5-82 所示。

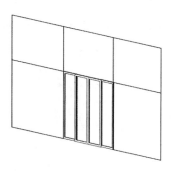

图 5-82　完成幕墙门窗的添加

↘ 实操实练-07　幕墙的创建与调整

（1）打开"建筑-屋顶"项目，在项目浏览器下，展开楼层平面结构树，进入标高 1 楼层平面视图。

（2）单击"建筑"选项卡中的"墙"按钮，在下拉菜单中选择建筑墙，在类型选择器中选择幕墙类型，在类型属性参数中设置幕墙的功能为外部，设置连接条件为垂直网格连续，如图 5-83 所示，完成后单击"确定"按钮。

构造	^
功能	外部
自动嵌入	☑
幕墙嵌板	无
连接条件	垂直网格连续

图 5-83　幕墙"类型属性"对话框

（3）在属性框中，设置幕墙的底部限制条件为 1F_±0.000，底部偏移值为 −300.0，顶部约束为玻璃装饰顶_11.150，顶部偏移为 0.0，如图 5-84 所示。

限制条件	^
底部限制条件	1F_±0.000
底部偏移	-300.0
已附着底部	
顶部约束	直到标高: 玻璃装饰顶_11.150
无连接高度	11450.0
顶部偏移	0.0
已附着顶部	
房间边界	☑
与体量相关	

图 5-84　幕墙实例属性对话框

（4）将光标移动到 2、3 轴线间，在外墙的一侧来绘制幕墙。

（5）使用"建筑"选项卡中的"幕墙网格"工具，对幕墙进行网格划分。

（6）使用"竖梃"按钮，根据划分好的网格线生成相应的竖梃。

（7）按照上述步骤继续绘制别墅另一边的幕墙。

（8）完成对该项目幕墙的创建，如图 5-85 所示，将项目文件另存为"建筑-外立面幕墙"。

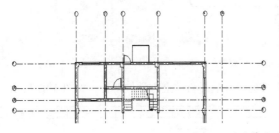 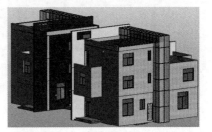

图 5-85　完成幕墙的创建

5.8　楼板

楼板是基于标高的系统族，可通过拾取墙或使用楼板草图作为边界绘制。

✏️【预习重点】

◎ 楼板的构造和创建。

5.8.1　楼板的构造

本节主要介绍楼板的构造，包括楼板的功能、材质和厚度设置等。

【执行方式】

功能区："建筑"选项卡→"构建"面板→"楼板"下拉菜单→"楼板：建筑"或"楼板：结构"

【操作步骤】

（1）按上述方式执行。

（2）选择楼板类型。

（3）对楼板构造进行设置。

在楼板属性对话框中单击编辑类型，打开"编辑部件"对话框，系统默认楼板已有部分结构，在此基础上可插入其他的功能结构层，以完善其实际构造，如图 5-86 所示。

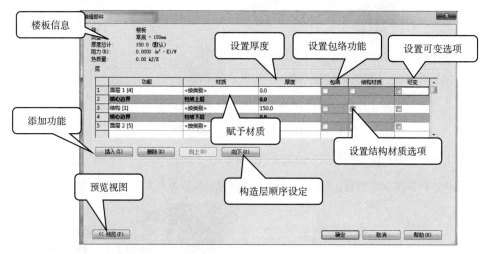

图 5-86 "编辑部件"对话框

单击功能板块前的序号，单击"插入"按钮，在选择行的上方添加新行，如图 5-87 所示。

	功能	材质	厚度	包络	结构材质
1	结构 [1]	<按类别>	0.0	☑	

图 5-87 添加楼板构造

单击功能层下拉菜单，在下拉选项中选择新功能类型，如图 5-88 所示。

图 5-88 楼板功能区的选择

构造层添加完成后，选中行，单击下方的"向上"或"向下"按钮调整功能所处的位置。

在完成功能的添加后，需要对每一项功能赋予相应的材质。单击"材质"面板下每行后面的 ⊡ 按钮，弹出"材质浏览器"对话框，如图 5-89 所示。

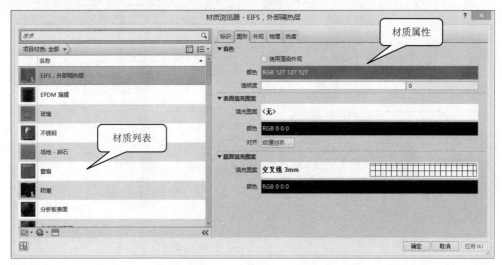

图 5-89　"材质浏览器"对话框

在材质项目列表中选取结构功能对应的材质，完成材质的添加。

5.8.2　楼板的创建

【执行方式】

功能区："建筑"选项卡→"构建"面板→"楼板"下拉菜单→"楼板：建筑"

【操作步骤】

（1）切换楼板绘制视图。

楼板是基于标高的系统对象，在项目浏览器楼层平面结构树下双击楼层标高，进入对应的楼层平面。

（2）设置楼板参数。

楼板的参数设置也包括类型属性和实例属性的设置，其中主要的参数有楼板的材质、厚度、功能以及自标高的高度偏移值等，如图 5-90 所示。

（3）绘制边界。

在"绘制"面板上选取绘制方式，在绘图区域绘制闭合楼板边界线，如图 5-91 所示。

如需在楼板上开洞，可在要开洞的位置绘制闭合内部边界，如图 5-92 所示。

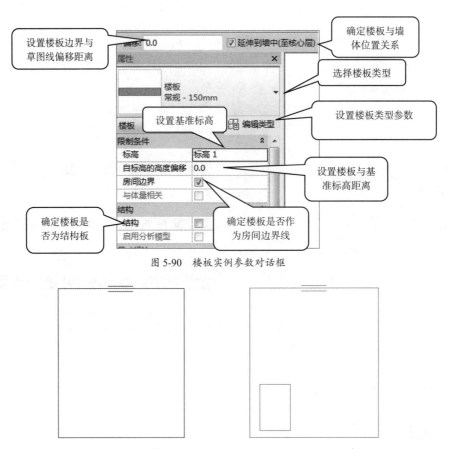

图 5-90　楼板实例参数对话框

图 5-91　楼梯草图线　　　　图 5-92　预留洞口楼板草图

（4）设置坡度。

坡度箭头用于设定楼板坡度。选择坡度箭头，在实例属性中设置相应的参数，如坡度、首高、尾高，如图 5-93 所示。

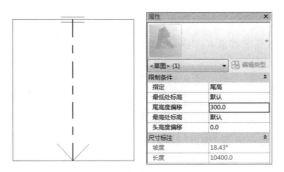

图 5-93　楼板坡度的设置

（5）设置楼板跨方向。

使用楼板跨方向符号调整楼板跨方向，如图 5-94 所示。

设置好跨方向后，单击按钮完成编辑状态，完成楼板的绘制。

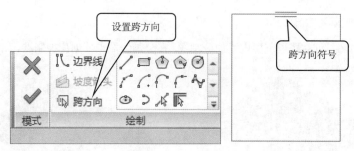

图 5-94　楼板跨方向设置

（6）编辑楼板。

完成楼板的生成后，可在平面视图以及三维视图中查看楼板的效果。若需要修改楼板，可选择楼板，在上下文选项卡"模式"面板中，单击"编辑边界"按钮，进入编辑模式，对楼板草图进行编辑。

5.8.3　楼板子图元的调整

【执行方式】

功能区：选择楼板→"修改"选项卡→"修改|楼板"→"形状编辑"面板

【操作步骤】

（1）修改子图元。

按上述方式执行，单击功能区中的"修改子图元"按钮，"形状编辑"面板，如图 5-95 所示。

图 5-95　"形状编辑"面板

楼板会以所组成的绿色点、线元素显示，如图 5-96 所示。

选择子图元，输入相对高程，调整楼板控制点高度，如图 5-97 所示。

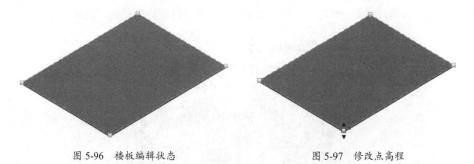

图 5-96　楼板编辑状态　　　　　　　　图 5-97　修改点高程

（2）添加点。

单击添加点，可在楼板范围内添加控制点，如图 5-98 所示。

（3）添加分割线。

单击添加分割线，可在楼板范围内添加分割线，在分割线端点处创建控制点，如图 5-99 所示。

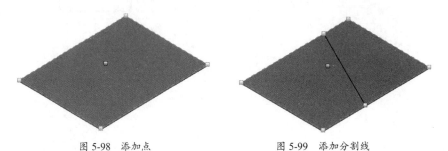

图 5-98　添加点　　　　　　　　　　图 5-99　添加分割线

（4）拾取支座。

通过拾取支座，如结构梁，软件会根据支座位置自动添加分割线，并对高程进行调整，确保将楼板与支座结合起来。

实操实练-08　楼板的创建

（1）打开"建筑-窗"项目，在项目浏览器中，双击进入标高 1 楼层平面视图。

（2）单击"建筑"选项卡中的"楼板"按钮，在下拉菜单中选择建筑楼板，在类型选择器中选择常规 –100mm 楼板类型，在类型属性参数中复制创建命名为"一层楼板"的新类型。将楼板功能设置为内部，并在结构编辑部件中设置楼板的各功能层及其对应的材质，如图 5-100 所示。

	功能	材质	厚度	包络	结构材质	可变
1	核心边界	包络上层	0.0			
2	结构 [1]	木地板	100.0	☐	☑	☐
3	核心边界	包络下层	0.0			

图 5-100　设置楼板构造

（3）在属性框中设置自标高的高度偏移值为 0，单击"应用"按钮。在绘制工具中选择直线工具，按照墙体边界绘制闭合的轮廓线，单击✔按钮。

（4）切换到三维模式查看完成后的楼板。按照上述步骤完成项目中其他楼板的绘制工作。

（5）完成对该项目楼板的创建，如图 5-101 所示，将项目文件另存为"建筑-楼板"。

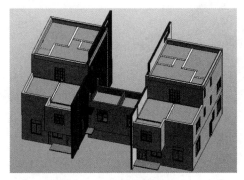

图 5-101　完成楼板的添加

5.9　洞口

使用"洞口"工具可为墙、楼板、天花板、屋顶、结构梁、支撑和结构柱等图元创建洞口。

✎【预习重点】

◎ 各洞口的特点和创建。

5.9.1　洞口的类型

如图 5-102 所示，"建筑"选项卡的"洞口"面板包含面洞口、竖井洞口、墙洞口、垂直洞口和老虎窗洞口 5 种类型。

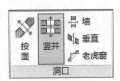

图 5-102　"洞口"面板

5.9.2　面洞口的特点和创建

通过面洞口工具可创建垂直于屋顶、楼板或天花板选定面的洞口。

📏【执行方式】

功能区："建筑"选项卡→"洞口"面板→"按面"

🖱【操作步骤】

（1）切换到需要创建面洞口的视图。

（2）按上述方式执行。

（3）在需要开洞的建筑构件中选择垂直面，软件自动切换到草图模式。

（4）绘制闭合洞口轮廓，如图 5-103 所示。

（5）完成洞口的创建，效果如图 5-104 所示。

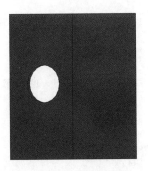

图 5-103　面洞口轮廓草图　　　　图 5-104　面洞口

5.9.3 垂直洞口的特点和创建

通过垂直洞口工具可剪切贯穿屋顶、天花板、楼板的洞口，洞口始终保持垂直方向。

📏【执行方式】

功能区："建筑"选项卡→"洞口"面板→"垂直"

🖱【操作步骤】

（1）将视图切换到楼层平面。

（2）按上述方式执行。

（3）选择建筑构件对象，软件自动切换到草图模式，利用"绘制"面板中的工具来绘制闭合洞口边界线，如图 5-105 所示。

（4）单击"完成"按钮，完成绘制，效果如图 5-106 所示。

 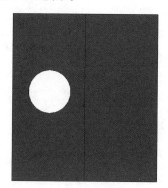

图 5-105　垂直洞口轮廓草图　　　　图 5-106　垂直洞口

📖 提示

　　如果创建的洞口要垂直于所选的面，使用"面洞口"工具。

　　如果创建的洞口垂直于某个标高，使用"垂直洞口"工具。

5.9.4 竖井洞口的特点和创建

通过竖井洞口工具可创建贯穿多个对象的洞口，可对楼板、天花板、屋顶进行剪切。

📏【执行方式】

功能区："建筑"选项卡→"洞口"面板→"竖井"

🖱【操作步骤】

（1）切换至楼层平面。

（2）按上述方式执行。

（3）设置洞口实例属性。

软件切换到草图编辑状态，在绘制洞口轮廓之前，先设置洞口的实例属性，如图 5-107 所示。

在属性框中"限制条件"面板下，设置好洞口的相关参数，其中包括顶、底部偏移、底部限制条件、顶部约束条件，软件会自动计算洞口高度。

（4）洞口的创建。

参数设置完成后，在草图编辑模式下创建闭合洞口轮廓，如图 5-108 所示，单击"完成"按钮完成竖井洞口的创建。

图 5-107　竖井洞口实例属性对话框

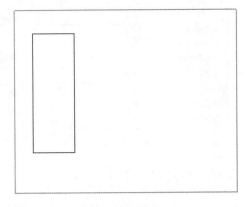

图 5-108　竖井洞口草图

将视图切换到三维模式下，可见竖井洞口剪切，洞口所经过的楼板、天花板、屋顶都进行了相应的剪切，如图 5-109 所示。

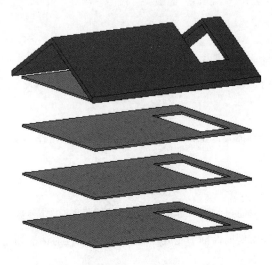

图 5-109　竖井洞口

（5）洞口的调整。

若创建的竖井洞口高度不能满足设计要求，可选择该洞口，通过编辑草图编辑洞口形状。

选择洞口后，在实例属性框中可继续设置其实例属性的限制条件，如图 5-110 所示。

也可通过洞口造型操纵柄拖动洞口的顶面和底面，如图 5-111 所示。

图 5-110　竖井洞口实例属性对话框

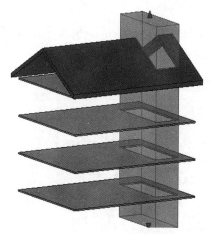

图 5-111　调整竖井洞口

5.9.5　墙洞口的特点和创建

通过墙洞口工具可在墙上剪切矩形洞口。

【执行方式】

功能区："建筑"选项卡→"洞口"面板→"墙"

【操作步骤】

（1）切换至平面视图、三维视图或楼层平面视图。

（2）按上述方式执行。

（3）绘制墙洞口。

以三维视图为例，选择需要添加洞口的墙面，在墙体上单击作为起点，然后拖曳鼠标，在洞口角点上单击，完成绘制。

（4）设置墙洞口参数。

墙洞口创建完成后，可通过临时尺寸标注精确设置洞口的尺寸参数，如图 5-112 所示。

洞口的高度设置可在实例属性框中完成。墙洞口实例属性对话框如图 5-113 所示。

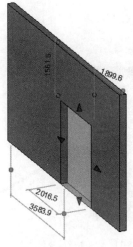

图 5-112 墙洞口

图 5-113 墙洞口实例属性对话框

在"限制条件"面板下，设置好洞口的相关参数，其中包括顶、底部偏移，底部限制条件以及顶部约束条件，软件会自动计算洞口高度。设置方法和竖井洞口一致。

5.9.6 老虎窗洞口的特点和创建

老虎窗洞口基于屋顶创建，相对较为复杂，牢记老虎窗绘制三大步骤可帮助读者尽快学习掌握，即绘制对象、处理对象关系、开洞。

📏【执行方式】

功能区："建筑"选项卡→"洞口"面板→"老虎窗"

🖱【操作步骤】

（1）创建主屋顶和次屋顶以及相关墙体。

使用迹线屋顶创建双坡形式的主屋顶和次屋顶，如图 5-114 所示。

调整次屋顶标高位置，如图 5-115 所示。

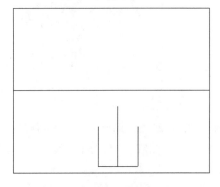

图 5-114 屋顶的创建

图 5-115 调整次屋顶标高位置

以次屋顶边界为墙面外边，绘制如图 5-116 所示的墙体。

墙体与屋顶的关系，如图 5-117 所示。

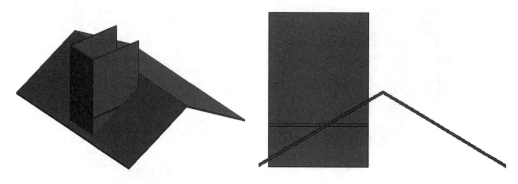

图 5-116　绘制相关墙体　　　　　　　　　图 5-117　墙体与屋顶的关系

（2）处理构件的相互关系。

选择墙体，单击附着，设置选项为底部，选择主屋顶，将墙体附着到主屋顶，如图 5-118 所示。

选择墙体，单击附着，设置选项为顶，选择次屋顶，将墙体附着到次屋顶，如图 5-119 所示。

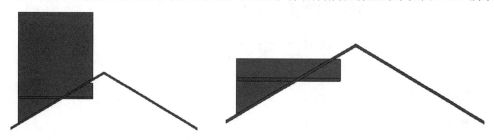

图 5-118　墙底部附着屋顶　　　　　　　　图 5-119　墙顶部附着屋顶

单击修改菜单下的屋顶连接，依次拾取次屋顶与主屋顶连接边、连接面，如图 5-120 所示。

（3）创建老虎窗洞口。

按上述方式执行，选择主屋顶，进入老虎窗洞口编辑模式，如图 5-121 所示。

图 5-120　屋顶连接　　　　　　　　　图 5-121　老虎窗洞口编辑面板

依次拾取墙体和次屋顶，软件自动生成相应草图线，如图 5-122 之左图所示。选择墙体处草图线，单击翻转，将草图线翻转到墙体内部边线，如图 5-122 之中间图所示。修剪草图线，以形成闭合区域，如图 5-122 之右图所示。

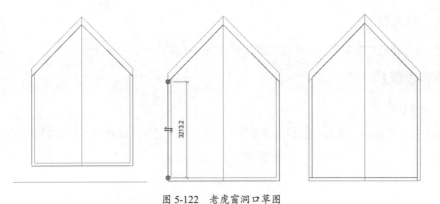

图 5-122　老虎窗洞口草图

单击"完成"按钮，如图 5-123 所示。

图 5-123　完成老虎窗洞口的创建

5.10　楼梯

在 Revit 软件中可按构件方式创建梯段构件、平台构件等多个构件，通过构件组合形成楼梯。

✎【预习重点】

◎ 楼梯绘制的基本方法。

5.10.1　楼梯的类型

楼梯的绘制可以通过楼梯梯段、平台、支座等构件装配组合，形成完整的楼梯，对于复杂的非常规楼梯，可以通过绘制楼梯草图，来完成楼梯的创建，具体创建工具如图 5-124 所示。

图 5-124　楼梯创建工具

5.10.2　楼梯的绘制

可通过定义楼梯梯段、平台等构件，组合成完整楼梯。

📏【执行方式】

功能区："建筑"选项卡→"楼梯坡道"面板→"楼梯"

🖱【操作步骤】

（1）设置楼梯属性。

按照上述步骤执行，进入"修改|创建楼梯"模式，在属性框选择楼梯类型，如图 5-125 所示。

图 5-125　楼梯实例属性对话框

单击属性框中的"编辑类型"按钮，弹出楼梯"类型属性"对话框，如图 5-126 所示，设置参数。

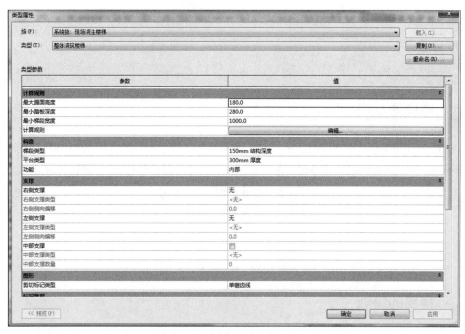

图 5-126　楼梯"类型属性"对话框

部分参数说明如下：

- 最大踢面高度：设置最大踢面高度值，通过计算规则，可计算实际踢面高度。
- 最小踏板深度：设置最小踏板深度值，通过计算规则，可计算梯段相关参数。
- 最小梯段宽度：设置最小梯段宽度值，通过计算规则，可计算梯段相关参数。
- 计算规则：单击"编辑"按钮以设置楼梯计算规则。
- 梯段类型：对梯段结构参数进行设置。
- 平台类型：对平台结构参数进行设置。
- 功能：设置楼梯使用功能。
- 右侧支撑：设置右侧梯边梁、支撑梁形式。
- 右侧支撑类型：设置右侧梯边梁、支撑梁类型。
- 右侧侧向偏移：设置右侧支撑侧向偏移量。
- 左侧支撑：设置左侧梯边梁、支撑梁形式。
- 左侧支撑类型：设置左侧梯边梁、支撑梁形式。
- 左侧侧向偏移：设置左侧支撑侧向偏移量。
- 中部支撑：设置中部支撑形式。
- 中部支撑类型：设置中部支撑类型。
- 中部支撑数量：设置中部支撑数量。
- 剪切标记类型：设置平面剪切标记符号类型参数。

类型属性设置完成后，单击"确定"按钮返回创建楼梯模式。设置实例参数，如图 5-127 所示。

图 5-127　楼梯实例属性对话框

部分参数说明如下：

- 所需踢面数：踢面数是根据标高间的高度计算出来的，如果需要其他值的踢面数，可自行设置，前提是要保证由此计算出的实际踢面高度值小于类型属性中的设定值。

（2）绘制楼梯。

各参数设置完成后，使用梯段绘制工具，单击楼梯的起始位置，拖动鼠标，这时软件会提示已创建的踢面数和剩余踢面数，如图 5-128 所示。

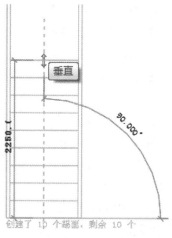

图 5-128　绘制楼梯

继续拖动，单击本梯段末端位置，完成梯段的绘制，软件自动生成该梯段构件的三维模型。继续绘制下一段梯段，直到软件提示已创建完所有踢面，剩余 0 个，如图 5-129 所示。

楼梯由梯段构件和平台构件组成，在编辑状态下，可对任意组成构件再次进行编辑。

图 5-129　楼梯绘制完成

如果需要对楼梯做修改和调整，可选择楼梯，单击"编辑楼梯"按钮进入楼梯编辑模式。

对于较复杂构件，在梯段创建过程中，可使用多种形式创建工具。

↘ 实操实练-09　楼梯的创建

（1）打开"建筑-窗"项目，在项目浏览器下，展开楼层平面结构树，进入标高 1 楼层平面视图。

（2）单击"建筑"选项卡中的"楼梯"按钮，在类型选择器中选择整体浇筑楼梯类型，在类型属性参数中计算规则下，修改最大踢面高度、最小踏板深度、最小梯段宽度分别为 190.0、220.0、800.0。设置楼梯的梯段类型以及平台类型，将楼梯功能设置为内部，如图 5-130 所示。

计算规则	⌃
最大踢面高度	190.0
最小踏板深度	220.0
最小梯段宽度	800.0
计算规则	编辑…
构造	⌃
梯段类型	150mm 结构深度
平台类型	300mm 厚度
功能	内部

图 5-130　设置楼梯类型属性

（3）在属性框中，设置楼梯的底部标高为 1F_±0.000，顶部标高为 2F_3.600。底部、顶部偏移均为 0。设置所需踢面数为 19，如图 5-131 所示。

（4）将鼠标光标移动到绘制楼梯的区域，单击绘制楼梯的起点，向上拖动鼠标，创建完成 5 个踢面后向左滑动鼠标继续创建 9 个踢面，向下滑动鼠标创建剩余的 5 个踢面。完成后，使用对齐工具将楼梯边界与墙边界对齐，单击✔按钮。

限制条件	⌃
底部标高	1F_±0.000
底部偏移	0.0
顶部标高	2F_3.600
顶部偏移	0.0
所需的楼梯高度	3600.0
多层顶部标高	无
结构	⌄
尺寸标注	⌃
所需踢面数	19
实际踢面数	19
实际踢面高度	189.5
实际踏板深度	220.0
踏板/踢面起始编号	1

图 5-131　楼梯实例属性对话框

（5）删除楼梯靠墙面一侧的栏杆扶手。

（6）按照上述步骤继续创建其他楼层的楼梯，如图 5-132 所示。

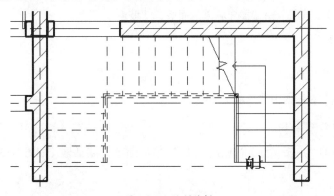

图 5-132　绘制楼梯

（7）完成对该项目楼梯的创建，如图 5-133 所示，将项目文件另存为"建筑-楼梯"。

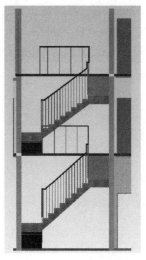

图 5-133　完成楼梯创建

5.11　坡道

坡道在 Revit 软件中属于系统族，可在平面视图或三维视图中创建。

✎ 【预习重点】

◎　绘制坡道的方法。

5.11.1　坡道的属性

坡道的创建和楼梯有相似之处，在绘制坡道的梯段之前，需要设置坡道的属性，包括类型属性和实例属性。

📏 【执行方式】

功能区："建筑"选项卡→"楼梯坡道"面板→"坡道"

🖱 【操作步骤】

（1）按上述方式执行。

（2）在"属性"对话框中选择坡道类型。

（3）设置坡道类型属性。

单击属性框中的"编辑类型"按钮进入坡道"类型属性"对话框，如图 5-134 所示。

图 5-134　坡道"类型属性"对话框

部分参数说明如下：

- 厚度：设置坡道的厚度。仅当"造型"属性设置为结构板时，厚度设置才会启用。
- 功能：指创建的当前坡道是建筑内部的还是外部的。
- 最大斜坡长度：指定创建的坡道中连续踢面高度的最大数量值。
- 坡道最大坡度：设置坡道的最大坡度值。
- 造型：设置坡道的造型为"实体"或"结构板"，造型为结构板时才能启用厚度设置。

（4）坡道实例属性设置。

类型属性设置完成后单击"确定"按钮返回，在属性框中继续设置实例属性，如图 5-135 所示。

图 5-135　坡道实例属性对话框

部分参数说明如下：

- 多层顶部标高：设置多层建筑中的坡道顶部。
- 宽度：设置坡道的宽度。

其他参数表示含义与楼梯实例参数相同。

5.11.2 坡道的绘制

🖊️ 【执行方式】

功能区："建筑"选项卡→"楼梯坡道"面板→"坡道"

🖱️ 【操作步骤】

（1）按上述方式执行。

（2）在"属性"对话框中选择坡道类型。

（3）完成属性参数设置后，绘制状态下，选择"绘制"面板上的"梯段"按钮，选择绘制方式，坡道的绘制有直线绘制和圆点-端点弧绘制两种方式，对应生成的坡道为直线坡道和环形坡道。

以直线坡道为例，设置好实例属性中的限制条件，在绘图区域单击作为坡道的起点，拖曳鼠标到坡道的末端并单击鼠标左键，完成坡道草图的绘制，草图由绿色边界、踢面和中心线组成，如图 5-136 所示。

图 5-136 坡道草图

单击完成编辑模式，完成坡道绘制，如图 5-137 所示。

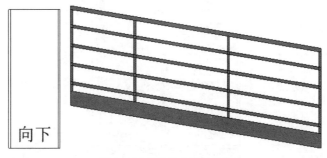

图 5-137 栏杆扶手绘制完成

5.11.3　坡道的调整

【操作步骤】

（1）选择需要修改的坡道，单击"模式"面板下的"编辑草图"按钮，进入绘制界面，修改坡道草图后完成。

（2）修改坡道造型。

通过坡道类型属性的坡道造型参数可将结构板改为实体样式，如图 5-138 所示。

图 5-138　修改坡道造型

5.12　栏杆扶手

栏杆在 Revit 软件中属于系统族，可在平面视图中通过绘制栏杆扶手路径来创建。

【预习重点】

◎ 栏杆的属性设置和绘制方法。

5.12.1　栏杆的主体

栏杆主体是指栏杆依附的主体对象，默认情况下为当前标高，在坡道、楼梯上绘制栏杆时，需要指定坡道、楼梯作为栏杆主体。

5.12.2　栏杆的属性

在绘制扶手前，需要设置栏杆属性设置，包括类型属性和实例属性。

【执行方式】

功能区："建筑"选项卡→"楼梯坡道"面板→"栏杆扶手"下拉菜单→"绘制路径"

【操作步骤】

（1）按上述方式执行。

（2）在类型属性中选择栏杆类型。

（3）单击属性框中的"编辑类型"按钮进入栏杆扶手"类型属性"对话框，如图 5-139 所示。

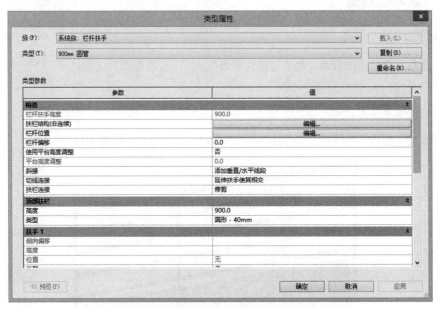

图 5-139　栏杆扶手"类型属性"对话框

部分参数说明如下：

- 栏杆扶手高度：设置栏杆扶手系统中最高扶栏的高度，由顶部扶栏高度值确定。
- 扶栏结构（非连续）：单击此选项后的"编辑"按钮，在对话框中设置扶手的名称、高度、偏移、轮廓、材质等结构参数信息，如图 5-140 所示。

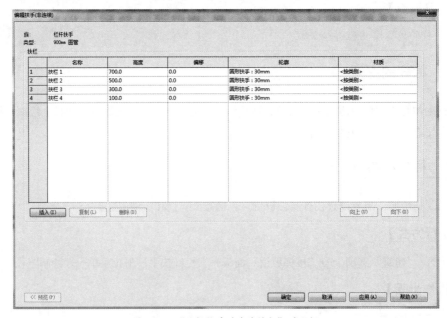

图 5-140　"编辑扶手（非连续）"对话框

- 栏杆位置：单击此选项后的"编辑"按钮，在对话框中设置栏杆的样式，参数信息较多，主样式和直柱均在此设置，如图 5-141 所示。

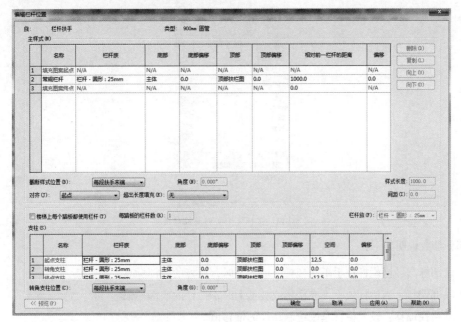

图 5-141　"编辑栏杆位置"对话框

- 栏杆偏移：距扶栏绘制线的栏杆偏移值。
- 使用平台高度调整：用来控制平台栏杆扶手的高度。
- 平台高度调整：当"使用平台高度调整"选择"是"时激活此项，输入相应的数据用来调整栏杆扶手高度。
- 斜接：如果两段栏杆扶手在平面内相交成一定角度，但没有垂直连接，则可选择"添加垂直/水平线段"创建连接。
- 切线连接：两段相切栏杆扶手在平面中共线或相切，但没有垂直连接，则可选择"添加垂直/水平线段"创建连接，选择"无连接件"留下间隙，选择"延伸扶手使其相交"创建平滑连接。
- 扶栏连接：如果软件无法在栏杆扶手段之间连接时创建斜接连接，可选择"修剪"使用垂直平面剪切分段，选择"接合"以尽可能接近斜接的方式连接分段。接合连接适合圆形扶栏轮廓。
- 高度：设置栏杆扶手系统中顶部扶栏的高度值。
- 类型（扶手 1、扶手 2）：指定扶手的类型。

（4）栏杆扶手的实例属性。

在绘制路径前设置实例属性，如图 5-142 所示。

在实例属性类型下拉菜单中选择栏杆类型后可以设置限制条件参数。

图 5-142　栏杆扶手实例属性对话框

部分参数说明如下：

- 底部标高：当栏杆扶手不在楼梯或坡道上时，栏杆的底部标高。
- 底部偏移：当栏杆扶手不在楼梯或坡道上时，栏杆的底部标偏移。
- 从路径偏移：设置栏杆基于绘制路径的偏移值。
- 长度：指栏杆扶手的实际长度值。

5.12.3　栏杆的绘制

栏杆的绘制方法有两种，绘制路径生成栏杆扶手和拾取主体生成栏杆扶手。

1. 绘制路径方式

【执行方式】

功能区："建筑"选项卡→"楼梯坡道"面板→"栏杆扶手"下拉菜单→"绘制路径"

【操作步骤】

（1）将工作平面切换至楼层平面视图。

（2）按上述方式执行，进入绘图模式，在绘图区域绘制栏杆路径草图，如图 5-143 所示。

图 5-143　绘制栏杆路径草图

（3）设置栏杆主体。

在选项卡上单击拾取新主体，如图 5-144 所示，选择栏杆主体对象，完成编辑模式。

图 5-144 选择栏杆主体对象

2．拾取主体方式

此方法创建基于楼梯主体的栏杆扶手，在创建栏杆前，需要有相应楼梯等主体对象。

【执行方式】

功能区："建筑"选项卡→"楼梯坡道"面板→"栏杆扶手"下拉菜单→"放置在主体上"

【操作步骤】

（1）按上述方式执行。

（2）在"实例属性"对话框中选择栏杆类型。

（3）在上下文选项卡"位置"面板上，单击选择"踏板"或"梯边梁"，如图 5-145 所示。

图 5-145 设置栏杆放置位置

将鼠标光标移动到绘图区域，在将光标放置在主体构件时，主体将高亮显示，单击鼠标左键，主体边界位置自动生成相应的栏杆扶手，如图 5-146 所示。

图 5-146 栏杆放置完成

单击"翻转扶手方向"（双箭头）控制柄，可反转放置扶手位置。

若要调整放置在主体上的栏杆扶手位置，可在实例属性面板中修改踏板/梯边梁偏移的值。

5.13　天花板

天花板属于系统族，是基于标高以上指定高度值创建的图元。

✎【预习重点】

◎ 天花板的构造和创建。

5.13.1　天花板的构造

本节主要介绍了天花板构造的设置，包括楼板的功能、材质、厚度设置等。

📏【执行方式】

功能区："建筑"选项卡→"构建"面板→"天花板"

🖱【操作步骤】

（1）按上述方式执行。

（2）在"实例属性"对话框中选择天花板类型。

（3）单击"编辑类型"按钮，打开天花板类型属性对话框，如图 5-147 所示。

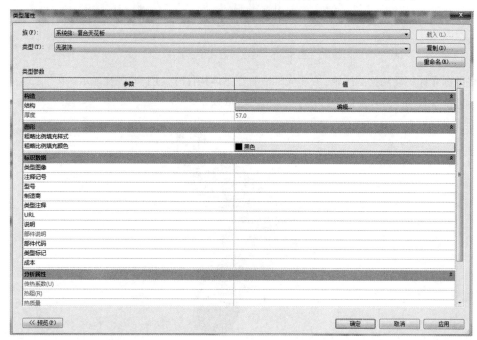

图 5-147　天花板类型属性对话框

单击"结构"选项"编辑"按钮，打开编辑部件对话框，设置相关参数，如图 5-148 所示。

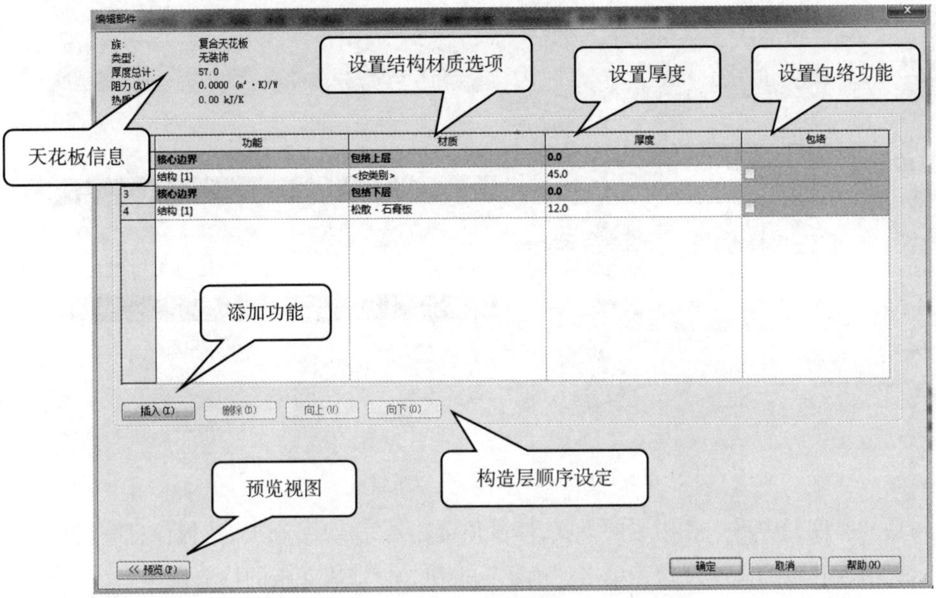

图 5-148　天花板编辑部件对话框

单击功能板块前的序号，该行处于全部选择状态，单击"插入"按钮，在选择行上方添加新行，如图 5-149 所示。

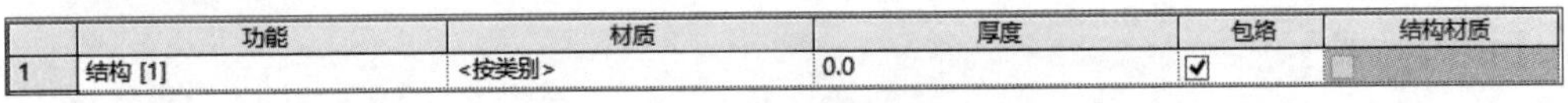

图 5-149　添加天花板构造层

单击功能板块下的结构[1]，在下拉选项中选择新功能结构类型，如图 5-150 所示。

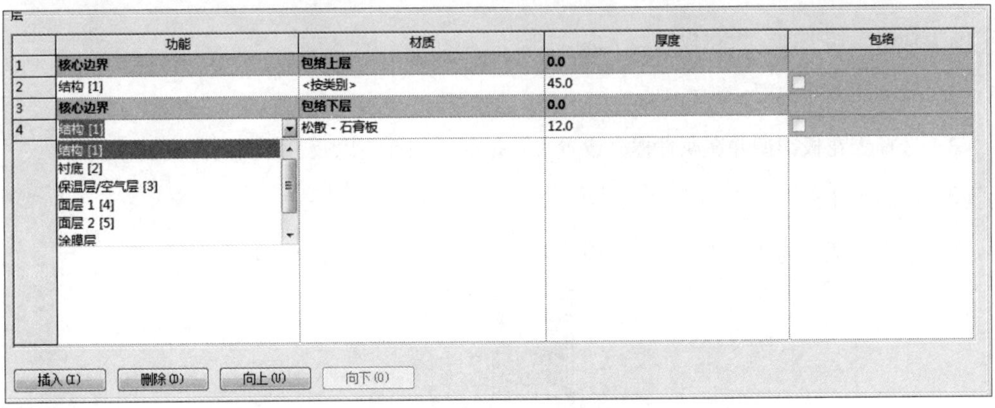

图 5-150　设置天花板构造层功能

完成功能的添加后，单击材质面板下每行后面的 按钮，弹出"材质浏览器"对话框，如图5-151 所示，选择相关材质，完成材质设置。

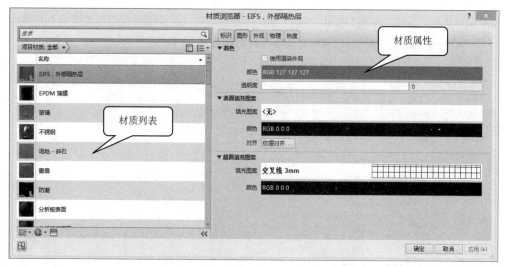

图 5-151 "材质浏览器"对话框

在结构功能厚度栏中输入各构造层厚度,厚度值都输入完成后,在"天花板信息厚度总计"处就会显示当前天花板的总厚度值, 单击"确定"按钮, 完成天花板的构造设置。

5.13.2 天花板的创建

在 Revit 软件中, 天花板的创建有自动创建天花板和绘制天花板两种方式。

【执行方式】

功能区:"建筑"选项卡→"构建"面板→"天花板"按钮→"绘制天花板"

【操作步骤】

(1)切换工作平面至天花板投影平面视图。

(2)按上述方式执行。

(3)选择天花板类型并在属性框中设置天花板的绘制标高以及自标高的高度偏移值。

(4)绘制天花板。

在上下文选项卡的"天花板"面板中选取创建方式,如图 5-152 所示。

图 5-152 天花板的创建方式

选择"自动创建天花板"时,将鼠标光标移动到某一封闭的墙体内部时,软件会自动预览天花板边界,如图 5-153 所示。

单击鼠标,完成创建,如图 5-154 所示。

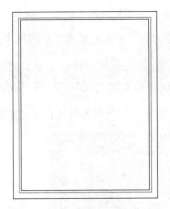

图 5-153 自动创建天花板

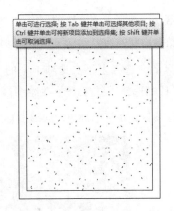

图 5-154 完成自动创建天花板

选择"绘制天花板"时，软件会进入绘制草图模式，在"绘制"面板下选择拾取或绘制等工具，在墙边界为天花板绘制边界线，形成一个封闭的环状，如图 5-155 所示，完成编辑。

若需对创建的天花板进行修改，选择该天花板，可用"编辑边界"修改天花板轮廓形状，在实例属性框中修改相关参数。

图 5-155 天花板草图

➷ 实操实练-10 天花板的创建

（1）打开"建筑-窗"项目，展开天花板平面目录，双击进入标高 1 天花板平面视图。

（2）单击"建筑"选项卡中的"天花板"按钮，在类型选择器中选择 600mm×600mm 复合天花板类型，在类型属性参数的结构编辑部件下，设置天花板的各功能层以及对应的厚度与材质。

（3）在属性框中，设置天花板自标高 1 的高度偏移值为 3150.0，如图 5-156 所示。

限制条件	⌃
标高	1F ±0.000
自标高的高度偏移	3150.0
房间边界	☑

图 5-156 天花板实例属性设置

（4）在封闭区域，选择上下文选项卡中的"自动创建天花板"按钮，将光标移动到房间平面区域，软件自动拾取房间的边界，显示天花板的轮廓线，单击完成天花板的创建。

（5）在开放区域，选择上下文选项卡中的"绘制天花板"按钮，软件进入草图轮廓编辑模式，在绘制工具中选择直线工具，在绘图区域中绘制闭合的天花板轮廓线，单击 ✔ 按钮。

（6）完成对该项目天花板的创建，如图 5-157 所示，将项目文件另存为"建筑-天花板"。

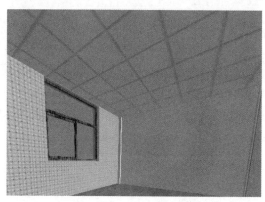

图 5-157　完成天花板的绘制

5.14　屋顶

屋顶属于系统族，其创建形式包括迹线屋顶、拉伸屋顶、面屋顶。

✏ **【预习重点】**

◎ 屋顶的类型、各类型屋顶的创建及修改。

5.14.1　屋顶的构造

本节主要介绍屋顶构造的设置，包括屋顶的功能、材质、厚度设置等。

📏 **【执行方式】**

功能区："建筑"选项卡→"构建"面板→"屋顶"下拉菜单→"迹线屋顶"

🖱 **【操作步骤】**

（1）按上述方式执行。

（2）在"实例属性"对话框中选择屋顶类型。

（3）修改类型属性。

单击编辑类型，打开"编辑部件"对话框，如图 5-158 所示。

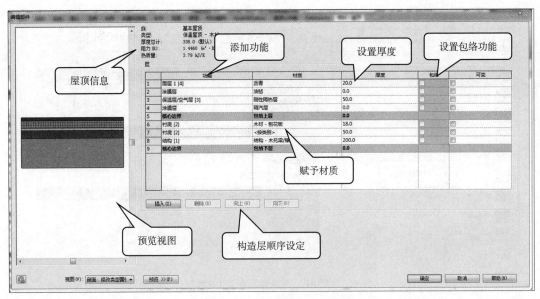

图 5-158 "编辑部件"对话框

单击功能列前的序号，单击下方的"插入"按钮，插入新行，内容如图 5-159 所示。

	功能	材质	厚度	包络	结构材质
1	结构 [1]	<按类别>	0.0	☑	

图 5-159 添加屋顶构造层

单击功能板块下的"结构[1]"，在下拉选项中选择新功能类型，如图 5-160 所示。

	功能	材质	厚度	包络
1	核心边界	包络上层	0.0	
2	结构 [1]	<按类别>	45.0	☐
3	核心边界	包络下层	0.0	
4	结构 [1]	松散 - 石膏板	12.0	☐
	结构 [1]			
	衬底 [2]			
	保温层/空气层 [3]			
	面层 1 [4]			
	面层 2 [5]			
	涂膜层			

图 5-160 设置屋顶构造层功能

通过"向上"或"向下"按钮调整功能位置。

在完成功能的添加后，对功能层赋予相应的材质。

单击"材质"面板下每行后面的 ⬛ 按钮，弹出"材质浏览器"对话框，如图 5-161 所示。

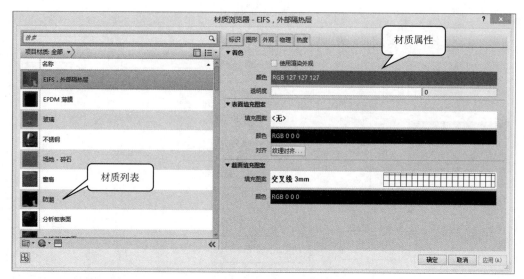

图 5-161　"材质浏览器"对话框

在结构功能后面的厚度框中输入相应数据设置构造层厚度，"屋顶信息厚度总计"会显示当前屋顶的总厚度值。单击"确定"按钮，完成屋顶的构造设置。

5.14.2　屋顶的创建方式

在 Revit 软件中，屋顶的创建方式包括迹线屋顶、拉伸屋顶和面屋顶，如图 5-162 所示。

图 5-162　屋顶的创建方式

5.14.3　迹线屋顶的创建和修改

在平面视图下创建迹线屋顶边界，设置相关参数，创建迹线屋顶。

【执行方式】

功能区："建筑"选项卡→"构建"面板→"屋顶"下拉菜单→"迹线屋顶"

【操作步骤】

（1）切换操作平面至屋顶楼层平面。

（2）按上述方式执行。

（3）在"属性"对话框中选择屋顶类型，并设置屋顶实例参数。

在实例类型选择器下拉列表中选择屋顶类型。在实例属性对话框中进行参数的设置，如图 5-163 所示。

图 5-163　屋顶实例属性对话框

部分参数说明如下：

- 房间边界：屋顶是否为房间边界的一部分。
- 与体量相关：指此图元是从体量图元创建的。
- 自标高的底部偏移：以当前标高为底部基准，需要相对偏移的距离值。
- 截断标高：设置屋顶截断基准标高。
- 截断偏移：以截断标高为基准设置截断高度偏移值。
- 椽截面：定义屋檐上的椽截面形式。
- 封檐带深度：定义封檐带的线长。
- 最大屋脊高度：屋顶顶部位于建筑物底部标高以上的最大高度。

（4）设置屋顶选项栏参数。

在屋顶草图绘制模式下，可参见屋顶选项栏，如图 5-164 所示。

图 5-164　屋顶草图选项栏设置

- 定义坡度：勾选后将屋顶的边界线指定为坡度定义线。

- 悬挑：调整此线距墙体的水平偏移距离。
- 延伸到墙中（至核心层）：设置悬挑基准，勾选后悬挑为至外部核心墙距离。

（5）绘制迹线。

完成参数设置后，为屋顶绘制或拾取形成闭合草图线。

选择草图线，可在属性框中输入坡度值，或在绘图区域中单击坡度标注值进行修改。

若某一条迹线无坡度，选择该草图线，在选项栏中取消勾选"定义坡度"。

单击"修改"选项卡中的"完成编辑模式"按钮完成迹线屋顶的绘制。

5.14.4　拉伸屋顶的创建和修改

通过拉伸绘制的轮廓线来创建屋顶。

【执行方式】

功能区："建筑"选项卡→"构建"面板→"屋顶"下拉菜单→"拉伸屋顶"

【操作步骤】

（1）按上述方式执行。

（2）设置绘制轮廓线工作平面。

执行拉伸屋顶命令后，软件会弹出"工作平面"对话框，如图 5-165 所示，在对话框选择指定一个新的工作平面，单击"确定"按钮。下面以"拾取一个平面"为例说明。

光标呈十字光标形式，提示拾取垂直平面，软件弹出"转到视图"对话框，如图 5-166 所示。

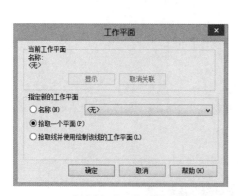

图 5-165　"工作平面"对话框

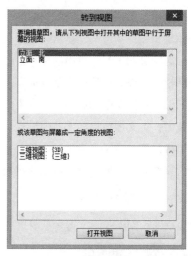

图 5-166　转到视图对话框

在对话框中选择某立面视图，此视图即为轮廓线的绘制视图，单击"打开视图"按钮，视图自动切换到选择的视图界面，并弹出"屋顶参照标高和偏移"对话框，如图 5-167 所示。

图 5-167 "屋顶参照标高和偏移"对话框

在"标高"下拉列表中选择将要创建的屋顶所在的标高，设置偏移值。

（3）绘制轮廓。

通过使用"绘制"面板下的工具，绘制开放环形式的屋顶轮廓，如图 5-168 所示。

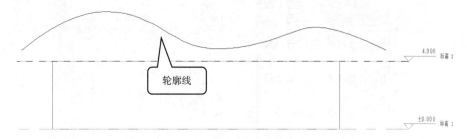

图 5-168 绘制屋顶轮廓线

单击上下文选项卡中的绿色"完成"按钮，生成拉伸屋顶。

（4）修改和调整。

选择拉伸屋顶，在属性框中可选择屋顶类型，并可修改屋顶的类型属性和实例属性。

若需修改屋顶轮廓，可选择屋顶，单击"编辑轮廓"按钮，进入绘制轮廓草图模式调整轮廓。

5.14.5 面屋顶的创建和修改

通过拾取体量表面来创建屋顶。

【执行方式】

功能区："建筑"选项卡→"构建"面板→"屋顶"下拉菜单→"面屋顶"

【操作步骤】

（1）为方便拾取相关面，将视图切换到三维状态。

（2）通过体量和场地菜单-显示体量命令，如图 5-169 所示，显示体量曲面。

（3）按上述方式执行。

（4）设置屋顶类型。

在屋顶实例属性下拉菜单中选择要创建的屋顶类型，如图 5-170 所示。

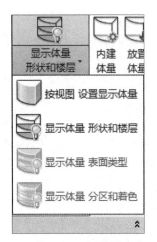

图 5-169　显示体量曲面　　　　图 5-170　屋顶实例属性对话框

（5）拾取曲面表面，如图 5-171 所示。

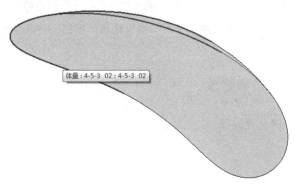

图 5-171　拾取体量

（6）当曲面为多重曲面时，可拾取多个连续的曲面，单击"完成"按钮，完成面屋顶的创建，如图 5-172 所示。

取消体量显示，面屋顶的完成效果如图 5-173 所示。

图 5-172　面屋顶的创建　　　　　　　图 5-173　面屋顶的完成效果

5.14.6　屋檐底板的创建和修改

通过拾取屋顶和墙体相关要素，生成屋檐底板。

【执行方式】

功能区："建筑"选项卡→"构建"面板→"屋顶"下拉菜单→"屋檐|底板"

【操作步骤】

（1）按上述方式执行。

（2）选择屋檐底板并设置其相关参数。

在屋檐底板实例属性下拉菜单中选择要创建的屋檐底板类型。

设置屋檐底板实例属性，如图 5-174 所示。

图 5-174　屋檐底板实例属性对话框

单击编辑类型，设置屋檐底板类型属性，如图 5-175 所示，相关参数与楼板一致。

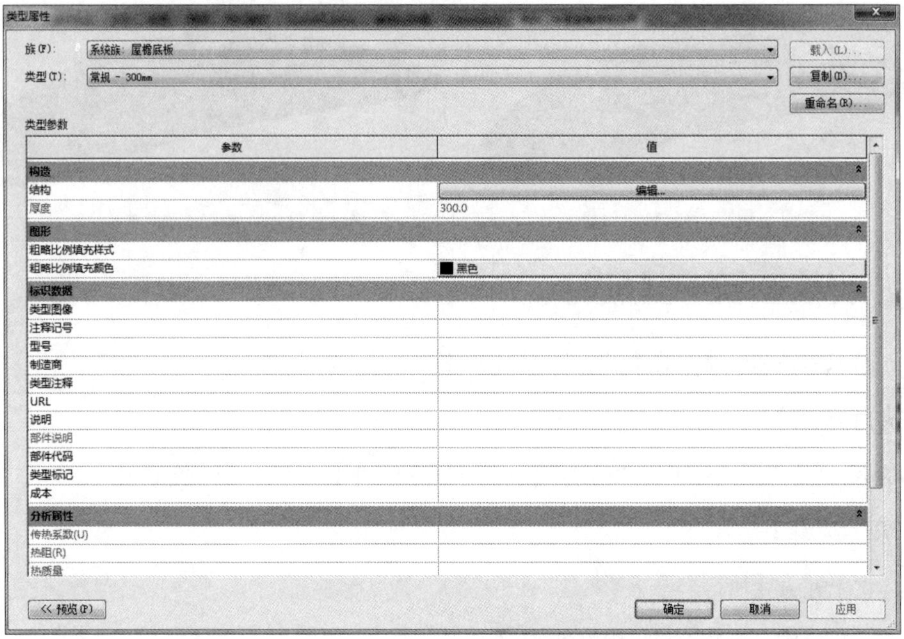

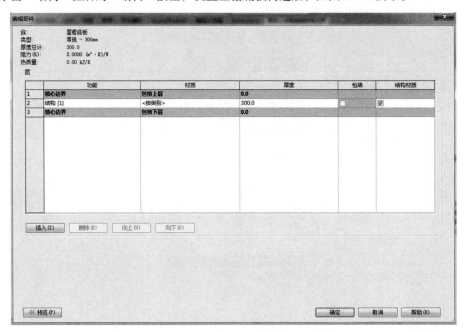

图 5-175　屋檐底板类型属性对话框

单击"结构"栏后的"编辑"按钮，设置屋檐底板构造层，如图 5-176 所示。

图 5-176　屋檐底板构造设置对话框

（3）绘制屋檐底板草图。

设置好屋檐底板类型及实例相关属性后，绘制屋檐底板草图。草图绘制工具如图 5-177 所示。

通常情况下，可通过拾取墙体外边和屋顶外边生成草图线，如图 5-178 所示。

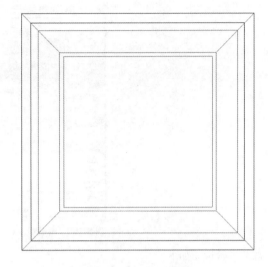

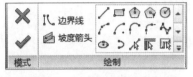

图 5-177 屋檐底板草图绘制面板

图 5-178 屋檐底板草图

通过修剪命令，确保草图线闭合，单击"完成"按钮，生成屋檐底板，如图 5-179 所示。

图 5-179 完成屋檐底板的绘制

5.14.7 屋顶封檐带的创建和修改

通过创建屋顶封檐带可为屋顶、檐底板和其他封檐带边缘及模型线添加封檐带。

📏 【执行方式】

功能区："建筑"选项卡→"构建"面板→"屋顶"下拉菜单→"屋顶|封檐带"

🖱 【操作步骤】

（1）按上述方式执行。

（2）设置封檐带类型。

在屋顶封檐带实例属性下拉菜单中选择要创建的屋顶封檐带类型，并在实例属性对话框中设置相关参数，如图 5-180 所示。

图 5-180 封檐带实例属性对话框

部分参数说明如下:

- 垂直轮廓偏移|水平轮廓偏移:封檐带或檐沟向垂直面或平面的偏移值。
- 长度:表示封檐带或檐沟的实际长度。
- 角度:表示旋转封檐带或檐沟至所需的角度。

单击"编辑类型"按钮,进入类型属性对话框,设置相应属性,如图 5-181 所示。

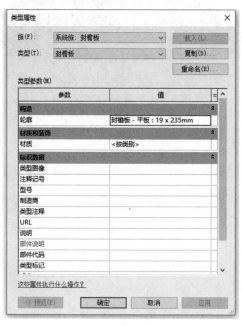

图 5-181 封檐带类型属性对话框

（3）创建屋顶封檐带。

设置好屋顶封檐带类型后,用鼠标单击屋顶、檐底板、其他封檐带或模型线的边缘放置封檐带,软件会将各段进行合并,形成连续的封檐带。封檐带相交时会斜接。

5.14.8　屋顶檐槽的创建和修改

通过创建屋顶檐槽可为屋顶、檐底板和其他封檐带边缘以及模型线添加屋顶檐槽。

【执行方式】

功能区："建筑"选项卡→"构建"面板→"屋顶"下拉菜单→"屋顶|檐槽"

【操作步骤】

（1）按上述方式执行。

（2）设置屋顶檐槽类型。

在屋顶檐槽实例属性下拉菜单中选择屋顶檐槽类型并设置相关实例参数，如图 5-182 所示。

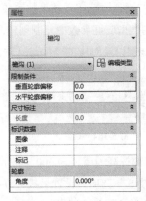

图 5-182　檐槽实例属性对话框

单击"编辑类型"按钮，进入"类型属性"对话框，设置相应属性，如图 5-183 所示。

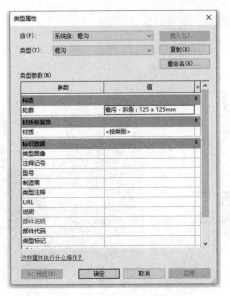

图 5-183　檐槽类型属性对话框

（3）创建屋顶檐槽。

单击屋顶、檐底板、其他封檐带或模型线的边缘，Revit 会自动生成连续的檐槽。

单击视图的空白区域完成屋顶檐槽的放置。

📖 **提示**

> 檐槽不会与其他现有的檐槽形成斜接关系。

↘ 实操实练-11 平屋顶的创建

（1）打开"建筑-天花板"项目，在项目浏览器下，展开楼层平面结构树，双击屋顶_9.600 名称进入屋顶标高楼层平面视图。

（2）单击"建筑"选项卡中的"屋顶"按钮，在下拉菜单中选择"迹线屋顶"按钮，在类型选择器中选择常规 –100mm 类型，在类型属性参数中复制创建命名为别墅屋顶 –100mm 的新类型，在结构编辑部件中设置屋顶的各功能层以及对应的厚度与材质，如图 5-184 所示。

	功能	材质	厚度	包络	可变
1	面层 1 [4]	别墅大屋面	10.0		
2	核心边界	包络上层	0.0		
3	结构 [1]	混凝土	90.0		
4	核心边界	包络下层	0.0		

图 5-184 设置屋顶构造

（3）在属性框中，设置屋顶的底部标高为屋顶_9.600，自标高的底部偏移为 0.0。单击"应用"按钮。取消勾选选项栏中的"定义坡度"选项，设置悬挑为 0.0，勾选"上延伸到墙中"复选框。

（4）软件进入草图轮廓编辑模式，在绘制工具中选择直线工具，在绘图区域中绘制闭合的屋顶轮廓线。单击 ✔ 按钮退出草图绘制模式。

（5）按照上述步骤继续绘制别墅另一屋顶。

（6）完成对该项目屋顶的创建，如图 5-185 所示，将项目文件另存为"建筑-屋顶"。

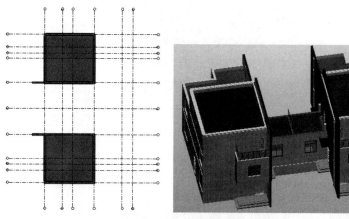

图 5-185 完成屋顶的绘制

5.15 模型文字

通过模型文字工具可将文字以三维形式添加到项目模型中。

✏️【预习重点】

◎ 模型文字的添加和修改。

5.15.1 模型文字的添加

模型文字属于主体对象，所以在放置文字前，需要创建相应的主体。

📏【执行方式】

功能区："建筑"选项卡→"模型"面板→"模型文字"

🖱️【操作步骤】

（1）设置工作平面。

（2）按上述方式执行，软件提示选取工作平面，如图 5-186 所示。

单击"确定"按钮，在该立面视图上，用鼠标选取相应的墙体作为创建文字的工作平面，软件弹出"编辑文字"对话框，如图 5-187 所示，在此对话框中输入需要放置在墙体上的文字。

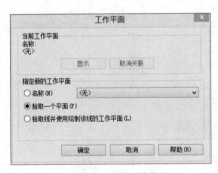
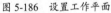

图 5-186 设置工作平面　　　　图 5-187 "编辑文字"对话框

单击"确定"按钮，文字跟随鼠标光标，将光标移动到墙体上放置点位置后单击左键，文字模型自动放置到主体上。

5.15.2 模型文字的修改

🖱️【操作步骤】

（1）模型文字类型属性设置。

选择已放置的模型文字，单击属性框"编辑类型"按钮，弹出"类型属性"对话框，如图 5-188 所示。

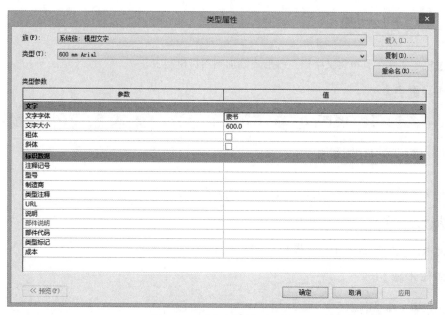

图 5-188 "类型属性"对话框

部分参数说明如下：

- 文字字体：设置模型文字的字体。
- 文字大小：设置文字的大小，具体指模型文字的长宽。
- 粗体：勾选此选项即设置模型文字为粗体。
- 斜体：勾选此选项即设置模型文字为斜体。

类型属性设置完成后单击"确定"按钮。

（2）设置属性框中的实例属性参数，如图 5-189 所示。

图 5-189 文字实例属性对话框

部分参数说明如下：

- 工作平面：指当前模型文字所放置实例的工作平面。
- 文字：单击"编辑"按钮弹出"编辑文字"对话框，从而继续修改文字的内容。
- 水平对齐：指文字数量存在多行时，每行文字的对正方式。
- 材质：指给模型文字赋予材质类型。
- 深度：指文字的深度或者厚度。

5.16　模型线

通过模型线工具可创建一条存在于三维空间中且在项目所有视图中可见的线。

✎【预习重点】

◎　模型线的特点和绘制。

5.16.1　模型线的特点

模型线是基于工作平面的图元，存在于三维空间且在所有视图中可见。

5.16.2　模型线的绘制

模型线的绘制有两种方式，即绘制生成、转换生成。

1．绘制生成

📏【执行方式】

功能区："建筑"选项卡→"模型"面板→"模型线"

🖱【操作步骤】

（1）将视图切换至相关视图。

（2）按上述方式执行。

（3）设置模型线选项栏。

（4）绘制模型线。

模型线可通过绘制和拾取墙构件等图元的边生成。

2．转换生成

🖱【操作步骤】

（1）选择详图线、参照线等非模型线。

（2）执行转换线命令，将其转换为模型线。

5.17 参照平面

通过参照平面工具可在平面视图中绘制参照平面，为设计提供基准辅助。

✏️【预习重点】

◎ 参照平面的特点和绘制。

5.17.1 参照平面的特点

参照平面是基于工作平面的图元，存在于平面空间，在二维视图中可见，在三维视图中不可见。参照平面的绘制只能使用直线绘制，且参照平面不能绘制为链状。

5.17.2 参照平面的绘制

📏【执行方式】

功能区："建筑"选项卡→"工作平面"面板→"参照平面"

快捷键：RP

🖱️【操作步骤】

（1）将视图切换至相关平面视图。

（2）按上述方式执行。

（3）通过绘制直线或拾取线完成参照平面的绘制。

5.17.3 参照平面的影响范围

🖱️【操作步骤】

选择已绘制的参照平面，在"修改|参照平面"选项卡中单击"影响范围"按钮，如图 5-190 所示。

图 5-190　"修改|参照平面"选项卡

设置该参照平面的影响范围，如图 5-191 所示。

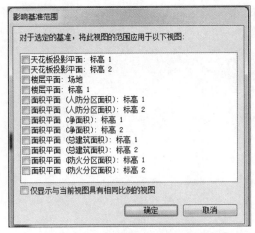

图 5-191　"影响基准范围"对话框

5.18　房间

房间是在建筑模型中基于墙、楼板、屋顶和天花板等图元的空间划分。

✎【预习重点】

◎　房间标记的添加和面积的添加。

5.18.1　房间的添加

📏【执行方式】

功能区："建筑"选项卡→"房间和面积"面板→"房间"

快捷键：RM

🖱️【操作步骤】

（1）设置面积和体积计算。

在创建房间前，需要对房间进行相关的设置。单击"建筑"选项卡的"房间和面积"面板中的 房间和面积 ▾ 下拉菜单，单击"面积和体积计算"选项，在"面积和体积计算"对话框中进行相关的设置，如图 5-192 所示。

（2）设置"计算"选项卡中的体积计算和房间面积计算方式，设置完成后单击"确定"按钮。

（3）将视图切换至相关平面视图。

（4）按上述方式执行。

（5）选择房间标记类型。

在属性框中实例类型下拉菜单中选取标记的类型，在属性框中的"限制条件"面板下设置上限、高度偏移、底部偏移值，单击属性框中的"应用"按钮完成实例属性的设置。

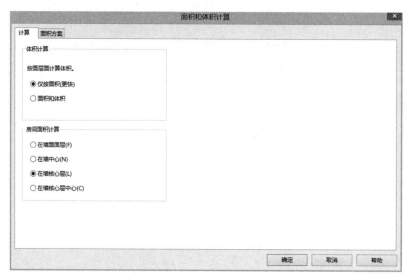

图 5-192　"面积和体积计算"对话框

（6）房间放置。

单击上下文选项卡中的"在放置时进行标记"按钮，将鼠标光标移动到绘图区域中的某个房间位置，软件会自动识别房间的边界线，单击，完成标记，如图 5-193 所示。

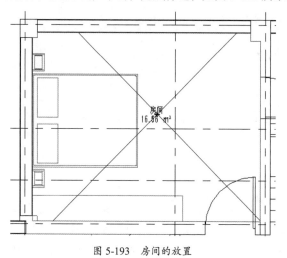

图 5-193　房间的放置

按 Esc 键退出标记状态，在文字标识上双击，可修改房间名。

5.18.2　房间分割线的添加

在通过"房间"工具添加和标记房间时，往往会遇到软件无法拾取有效的墙边界，如敞开式盥洗室、楼梯间等，这时需要在房间边界添加分割线，放置房间时以分割线作为房间边界。

【执行方式】

功能区："建筑"选项卡→"房间和面积"面板→"房间分割"

【操作步骤】

（1）将视图切换到楼层平面视图。

（2）绘制房间分割线。

按上述方式执行，在墙体的一端单击作为分割线的起点，拖曳鼠标光标滑动到另一墙体的端点处单击作为分隔线的终点，按 Esc 键退出绘制状态。

（3）补充添加房间。

单击“房间和面积”面板上的房间工具，将光标移动到已绘制好分割线的区域，单击完成房间的添加。

分割线还可对已存在边界的房间进行二次分界，然后再分别拾取房间进行标记，如图 5-194 所示，将厨房划分为操作区域与活动区域两个区域并分别添加房间和面积标记。

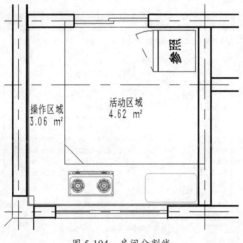

图 5-194　房间分割线

5.18.3　房间标记的添加

在添加房间时，如果在创建房间时未使用“在放置时进行标记”选项，可通过“房间标记”工具对选定的房间进行统一标记。

房间标记可通过“标记房间”和“标记所有未标记的对象”两种方式执行。“标记房间”只适用于对房间逐一进行标记。“标记所有未标记的对象”不仅仅可对房间进行统一标记，还可对专用设备、卫浴装置、屋顶、天花板等进行标记。

1．标记房间

【执行方式】

功能区：“建筑”选项卡→“房间和面积”面板→“房间标记”下拉菜单→“标记房间”或“标记所有未标记的对象”

快捷键：RT

【操作步骤】

按上述方式执行，将光标移动到绘图区域中的房间位置，软件会自动显示房间的名称及面积。单击鼠标放置标记。

2．标记所有未标记的对象

【执行方式】

功能区："建筑"选项卡→"房间和面积"面板→"房间标记"下拉菜单→"标记所有未标记的对象"

【操作步骤】

（1）按上述方式执行，弹出"标记所有未标记的对象"对话框，如图 5-195 所示。

图 5-195 "标记所有未标记的对象"对话框

（2）在该对话框中的"类别"列表下选择房间标记，单击"确定"按钮，标记完成。

5.18.4　面积的添加

通过"房间和面积"面板中的工具，不仅可为房间进行标记，还可计算面积，如建筑物占地面积、楼层基底面积等。

【执行方式】

功能区："建筑"选项卡→"房间和面积"面板→"面积"

【操作步骤】

（1）设置面积和体积计算方案。

在"建筑"选项卡的"房间和面积"面板中，单击 **房间和面积** ▼ 选项，打开"面积和体积计算"对话框，选项卡切换到"面积方案"选项卡，单击右侧的"新建"按钮，将"名称"栏和"说明"栏修改为进行标记的面积类别，如图 5-196 所示，单击"确定"按钮。

图 5-196　面积方案设置对话框

（2）创建面积平面。

在"建筑"选项卡的"房间和面积"面板中，选择"面积"下拉列表中的"面积平面"选项，弹出"新建面积平面"对话框，如图 5-197 所示，在"类型"下拉列表中选择面积类别和楼层标高。

图 5-197　新建面积平面对话框

单击"确定"按钮，软件弹出如图 5-198 所示的对话框，提示"是否要自动创建与所有外墙关联的面积边界线"，如需手动绘制边界线，单击"否"按钮。

软件切换到对应楼层的面积平面视图，如图 5-199 所示。

图 5-198　创建关联面积边界线对话框　　　　图 5-199　项目浏览器

（3）绘制面积边界。

单击"房间和面积"面板中的"面积边界"按钮，在上下文选项卡中，选择"绘制"面板中的"拾取线"命令，取消勾选功能区中的"应用面积规则"选项。将鼠标光标移动到面积平面视图，拾取模型外墙边界生成面积平面的边界线。

拾取完成后，利用"修改"面板中的修剪/延伸工具，将生成的边界线修剪为封闭区域，面积边界绘制完成。

（4）创建面积。

在"建筑"选项卡的"房间和面积"面板中，选择"面积"下拉列表中的"面积"选项，单击上下文选项卡中的"在放置时进行标记"按钮，在属性框实例类型下拉菜单中选择标注样式，将光标移动到面积平面视图上，软件自动识别绘制的面积边界，单击鼠标放置标记。

↘ 实操实练-12　房间的添加

（1）打开项目"建筑-门"，在项目浏览器中将视图切换到一层楼层平面图。

（2）使用在以下三处添加房间分割线，如图 5-200 所示。

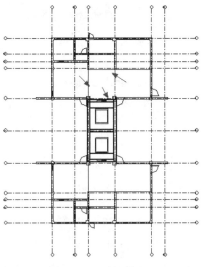

图 5-200　添加房间分割线

（3）执行房间命令，选择"标记_房间-有面积-方案-黑体-4-5mm-0-8"作为房间类型。

（4）分别在上述各区域单击，添加房间。

（5）在房间标记文字上双击，并输入相关区域名称，完成房间的添加，如图 5-201 所示。

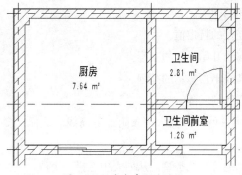

图 5-201 完成房间的添加

（6）将项目另存为"建筑-房间"。

5.19 场地

通过场地创建工具可进行项目地形曲面、场地构件、地坪等相关模型的创建。

✏️【预习重点】

◎ 地表的创建、地坪的创建、场地构件的添加、场地的分割等。

5.19.1 场地设置

创建场地之前，应先设置场地相关参数。

📏【执行方式】

功能区："体量和场地"选项卡→"模型场地"面板→"↘"

🖱️【操作步骤】

按上述方式执行，弹出"场地设置"对话框，如图 5-202 所示，设置各参数。

图 5-202 "场地设置"对话框

各参数含义如下：

- 间隔：设置等高线间的间隔。
- 经过高程：等高线经过的特定值。
- 开始：设置附加等高线开始显示的高程。
- 停止：设置附加等高线不再显示的高程。
- 增量：设置附加等高线的间隔。
- 范围类型：选择"单一值"可插入一条附加等高线。选择"多值"可插入增量附加等高线。
- 子类别：设置将显示的等高线类型。从列表中选择一个值。
- 剖面填充样式：设置在剖面视图中显示的材质。
- 基础土层高程：控制着土壤横断面的深度。
- 角度显示：指定建筑红线标记上角度值的显示。
- 单位：指定在显示建筑红线表中的方向值时要使用的单位。

5.19.2 地形表面数据类型

在 Revit 软件中，创建地形表面可使用手动放置点、指定实例和指定文本点三种方式。

- 手动放置点：手动指定高程点位置及高程或相对高程。
- 指定实例：使用导入的包含三维高程信息的 DWG 等文件。
- 指定文本点：文本点文件为使用逗号分隔的文件格式（可以是 CSV 或 TXT 文件）。点文件中必须包含 X、Y 和 Z 坐标值作为文件的第一组数值。该文件的其他信息（如点名称）必须设置在 X、Y 和 Z 坐标值之后。

5.19.3 地形表面的创建

【执行方式】

功能区："体量和场地"选项卡→"场地建模"面板→"地形表面"

【操作步骤】

1. 放置点方式

（1）切换至场地平面视图。

（2）按上述方式执行，单击鼠标放置点，在选项栏中设置放置点高程值，如图 5-203 所示，并在绘图区域放置点，如图 5-204 所示。

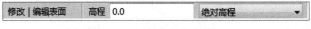

图 5-203　放置高程点选项栏

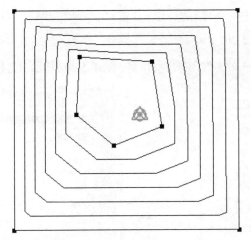

图 5-204　场地

- 绝对高程：点显示在指定的高程处。
- 相对于表面：通过该选项，可将点放置在以现有地形表面为基准的偏移高度。

（3）单击完成，完成地形表面的创建，如图 5-205 所示。

图 5-205　场地三维图

2. 指定实例方式

（1）将视图切换至场地平面视图。

（2）导入 DWG、DXF 或 DGN 格式三维等高线数据，如图 5-206 所示。

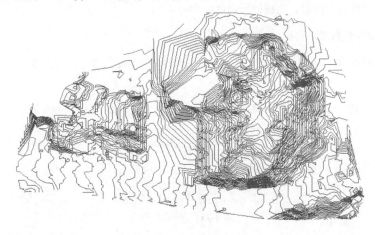

图 5-206　导入 DWG 文件

（3）在"修改|编辑表面"选项卡的"工具"面板中，选择"通过导入创建"下拉列表中的"选择导入实例"选项，如图 5-207 所示。

选择绘图区域中已导入的文件，弹出对话框，如图 5-208 所示，选择数据图层。

图 5-207 "修改|编辑表面"选项卡　　　图 5-208 "从所选图层添加点"对话框

Revit 将从三维地形数据中提取高程点信息，如图 5-209 所示。

（4）通过简化表面命令，设置表面精度，如图 5-210 所示。

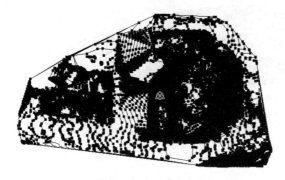

图 5-209 提取高程点信息　　　　　图 5-210 "简化表面"对话框

（5）单击"确定"按钮，完成地形表面的创建。

3. 导入点文件方式

（1）在"修改|编辑表面"选项卡中，选择"通过导入创建"下拉列表中的"指定点文件"选项。

（2）在"打开"对话框中，选择点文件，并指定点文件数据单位，如图 5-211 所示。

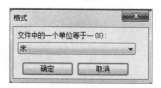

图 5-211 格式设置

（3）单击完成，完成地形表面的绘制，如图 5-212 所示。

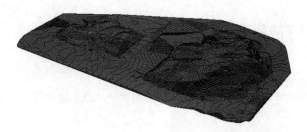

图 5-212　三维地形

5.19.4　场地构件的创建

✏️【执行方式】

功能区："体量和场地"选项卡→"场地建模"面板→"场地构件"

🖱️【操作步骤】

（1）按上述方式执行。

（2）选择构件类型，如图 5-213 所示，并在选项栏中设置构件标高，如图 5-214 所示。

图 5-213　构件类型选择器

图 5-214　构件放置选项栏

单击鼠标左键，建筑构件会自动放置在地形表面，如图 5-215 所示。

图 5-215　构件放置

5.19.5 停车场构件的创建

【执行方式】

功能区："体量和场地"选项卡→"场地建模"面板→"停车场构件"

【操作步骤】

（1）按上述方式执行。

（2）选择停车场构件类型，如图 5-216 所示。

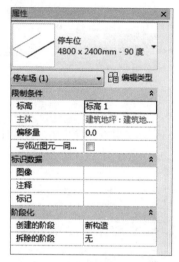

图 5-216　停车场构件类型选择器

设置放置标高，如图 5-217 所示。

图 5-217　停车场构件放置选项栏

单击要放置的位置，完成停车场构件的放置。

5.19.6 建筑地坪

【执行方式】

功能区："体量和场地"选项卡→"场地建模"面板→"场地地坪"

【操作步骤】

（1）按上述方式执行。

（2）选择建筑地坪类型，如图 5-218 所示。

图 5-218　建筑地坪类型选择器

　　设置场地地坪时，可通过单击"编辑类型"按钮，打开建筑地坪类型属性对话框，如图 5-219 所示。对场地地坪进行自定义，自定义方式与楼板定义方式相同。

图 5-219　建筑地坪类型属性对话框

（3）绘制场地地坪边界线。

　　使用绘制草图线工具，绘制闭合场地地坪草图线，如图 5-220 所示。

图 5-220　场地地坪草图

（4）完成场地地坪的创建，如图 5-221、图 5-222 所示。

图 5-221　场地地坪

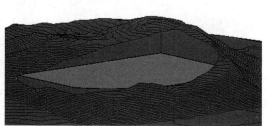

图 5-222　场地地坪三维图

5.19.7　场地红线

【执行方式】

功能区："体量和场地"选项卡→"修改场地"面板→"建筑红线"

【操作步骤】

（1）将视图切换到场地平面视图。

（2）按上述方式执行。

（3）选择创建建筑红线方式，如图 5-223 所示。通过输入距离和方向角或通过绘制来创建。

图 5-223　建筑红线创建方式选择

- 通过输入距离和方向角来创建时，在对话框中输入相关参数，如图 5-224 所示。完成绘制。

- 通过绘制来创建时，通过绘制工具绘制建筑红线草图线，单击"完成"按钮，完成建筑红线绘制，效果如图 5-225 所示。

图 5-224　建筑红线参数对话框

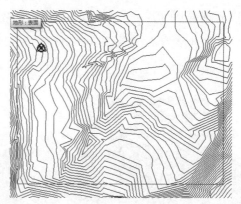

图 5-225　建筑红线

5.19.8　地形的修改

常见地形修改方式如下：

- 拆分表面：将一块表面分割为独立的表面，绘制草图线必须闭合，如图 5-226 所示。效果如图 5-227 所示。

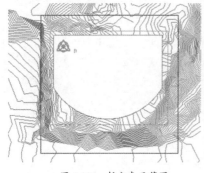

图 5-226　拆分表面草图

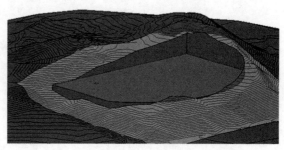

图 5-227　拆分表面

- 合并表面：将独立的两块表面合并为一块表面。
- 子面域：在草图线范围内创建依附于地形表面的子区域，可单独设置材质等参数。
- 场地平整：将地形表面切换到可编辑模式，通过添加、删除点等操作，对地形进行改造。

↳ 实操实练-13　场地及构件的添加和调整

（1）打开"建筑-幕墙"项目，在项目浏览器下，展开楼层平面结构树，进入场地平面视图。

（2）单击"体量和场地"选项卡中的"地形表面"按钮，在上下文选项卡的"工具"面板中选择放置点，在选项栏中的高程框中输入−300，并选择绝对高程，如图 5-228 所示。

修改 | 编辑表面　高程 -300　　绝对高程 ∨

图 5-228　放置点选项栏

（3）在别墅平面的四周，分别单击鼠标放置 4 个点作为地形表面的边界交点。

（4）选择地形表面，在属性框中的材质一栏，为地形表面赋予草皮材质。

（5）完成对该项目场地的创建，如图 5-229 所示，将项目文件另存为"建筑-场地"。

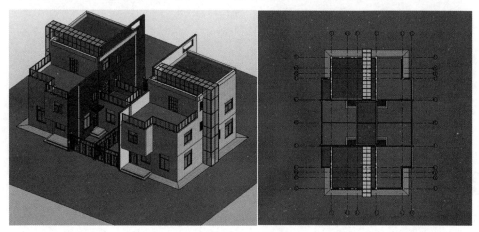

图 5-229　场地

第 6 章

结构模块

📓 知识引导

　　本章主要讲解 Revit 软件在结构模块中的实际应用操作，包括结构柱、结构墙、梁系统、结构洞口、支撑、桁架、钢筋以及基础等模块创建。

6.1　结构符号表达设置

本节主要介绍结构表达法的设置，包括结构符号缩进距离、支撑符号、连接符号等参数。

✏️ 【预习重点】

◎ 结构符号的表达设置。

📏 【执行方式】

功能区："结构"选项卡→"结构"面板→↘→"符号表示法设置"选项卡

图 6-1 所示为"符号表示法设置"选项卡。

图 6-1　"符号表示法设置"选项卡

部分参数设置含义如下：

- 符号缩进距离：设置结构框架图元连接的缩进距离。
  - ➤ 支撑：表示支撑和其他结构框架构件之间的缩进距离。
  - ➤ 梁/桁架：表示梁/桁架弦杆和其他结构框架构件之间的缩进距离。
  - ➤ 柱：表示柱和其他结构框架构件之间的缩进距离。
- 支撑符号：设置专门控制支撑表达的符号，包括平行线、有角度的线、加强支撑三种。
  - ➤ 平行线：在平面视图中由一条平行于该支撑的线表示，如图 6-2 所示。支撑低于标高时，显示在垂直支撑中心线下方；支撑高于标高时，显示在垂直支撑中心线上方。

图 6-2　平行线表达

  - ➤ 有角度的线：在平面视图中由一条有角度的线表示，如图 6-3 所示。如果支撑和标高相交，则有角度的线的起点是支撑和标高的交点，否则为支撑上距离标高最近的点。对于支撑高于标高的部分，该符号的方向向上，否则向下。只有当支撑的结构用途设置为"竖向支撑"时，有角度的线支撑符号才显示在符号平面视图中。

图 6-3　有角度的线表达

其余的支撑设置指定下列显示的符号：支撑高于当前视图，支撑低于当前视图以及加强支撑，选择"显示上方支撑"和"显示下方支撑"以显示符号。将平面表示从平行线修改为有角度的线时，符号会自动变化。只有当支撑的结构用途设置为"加强支撑"时，加强支撑符号才显示在符号平面视图。

- 连接符号：显示在梁、支撑、柱的符号末尾。可自定义连接类型，并为每种类型指定连接符号。默认类型分为梁/支撑终点连接、柱顶部连接、柱底部连接。
  - ➤ 显示下列对象的符号：选择对应连接符号组，包括梁和支撑、柱底部、柱顶部。
  - ➤ 连接类型：选择可用的"连接类型"以定义显示的组基础，包括"弯矩框架""悬臂力矩""柱脚底板符号""剪力柱连接"或"弯矩柱连接"。
  - ➤ 注释符号：选择"连接类型"对应的连接符号。

6.2　基础

使用条形基础、独立基础和基础底板工具创建相关基础。

✎ 【预习重点】

◎ 基础的分类和创建。

6.2.1 结构基础的分类

按照基础的样式和创建方式的不同，软件将基础分为三大类，分别为独立基础、条形基础和基础底板。

- 独立基础：基脚或桩帽等基础构件，是独立的构件。
- 条形基础：以条形结构为主体，可在平面或三维视图中沿着结构墙放置条形的基础。
- 基础底板：用于建立平整表面上结构楼板的模型和建立复杂基础形状的模型。

6.2.2 独立基础的创建

独立基础自动附着到柱的底部，放置前需要通过载入族将相应的族载入当前的项目中。

【执行方式】

功能区："结构"选项卡→"基础"面板→"独立"

【操作步骤】

（1）族的载入。

按上述方式执行，在上下文选项卡中，单击"模式"面板中的"载入族"按钮，弹出基础载入族对话框，如图 6-4 所示。

图 6-4 基础载入族对话框

选择需要载入的族文件，单击"打开"按钮完成载入。

（2）参数设置。

在实例类型选择器下拉列表中选择独立基础族类型，设置基础的实例属性，如图 6-5 所示。

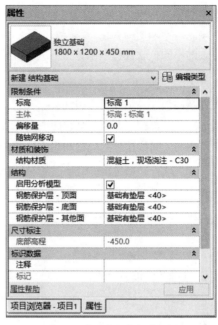

图 6-5　基础实例参数对话框

部分参数说明如下：

- 偏移量：指定独立基础相对约束标高的顶部高程。

- 随轴网移动：勾选后，基础将限制到轴网上，基础随着轴网的移动而发生移动。

- 结构材质：为独立基础赋予某种材质类型。

（3）独立基础的布置。

设置完独立基础的参数后，将光标移动到绘图区域中，在指定的位置单击以放置基础。

此外，在上下文选项卡中，还有"在轴网处"和"在柱上"两种放置方式。通过这两种方式可快速创建同类型的独立基础实例。

- 在轴网处：单击此按钮，在绘图区域中，框选轴网，在轴网相交处会出现独立基础的临时模型，单击上下文选项卡中的"完成"按钮，完成创建。

- 在柱上：单击此按钮，在绘图区域中选择结构柱，结构柱下会显示独立基础的临时模型，单击上下文选项卡中的"完成"按钮，完成创建。

6.2.3　条形基础的创建和修改

条形基础以条形图元对象为主体创建，主要的主体对象为结构墙，所以要创建条形基础，首先要创建条形图元对象，将基础约束到其主体对象上。主体对象变化时，条形基础同时调整。

📏【执行方式】

功能区："结构"选项卡→"基础"面板→"条形"

快捷键：FT

【操作步骤】

（1）参数设置。

按上述方式执行，在"属性"对话框实例类型选择器列表中选择相关类型，单击"编辑类型"按钮进入基础类型属性对话框，如图 6-6 所示。

图 6-6 基础类型属性对话框

部分参数说明如下：

- 结构材质：设置结构的材质。
- 结构用途：指定墙体的类型，如挡土墙、承重墙。
- 坡脚长度：从主体墙边缘到基础的外部面的距离。
- 跟部长度：从主体墙边缘到基础的内部面的距离。
- 基础厚度：条形基础的厚度值。
- 默认端点延伸长度：基础将延伸至墙终点之外的距离。
- 不在插入对象处打断：指定位于插入对象下方的基础是连续还是打断的。
- 宽度：指定承重墙基础的总宽度。

（2）条形基础的布置。

完成基础的参数设置后，将视图切换到平面或三维视图，将光标移动到绘图区域中，选择需要放置基础的墙体，软件将自动生成相应的条形基础。

6.2.4 结构板的创建和修改

基础底板不需要其他结构图元的支撑。

【执行方式】

功能区："结构"选项卡→"基础"面板→"板"下拉菜单→"结构基础：楼板"

【操作步骤】

（1）结构板的属性设置。

按上述方式执行，在"属性"对话框实例类型选择器下拉列表中选择基础底板类型。单击"编辑类型"按钮进入"类型属性"对话框，其参数的设置与楼板一致。

（2）结构基础板的绘制。

结构基础板的绘制方式与楼板的绘制方式相同。

将视图切换到楼层平面视图，按照执行方式进入基础底板草图绘制界面，选择"绘制"面板中的工具来绘制基础底板的边界线，形成闭合环区域，单击"完成"按钮，完成基础板的创建。

↘ 实操实练-14　基础的布置

（1）打开"结构-轴网"项目，在项目浏览器下，展开结构平面目录，双击基础_-1.800 名称进入基础平面视图。

（2）单击"结构"选项卡中的"独立"按钮，在类型选择器中找到放置在轴线 1、轴线 F 交点上的基础类型。

（3）在属性框中，设置放置标高为基础_-1.800，偏移量为 0.0，勾选"随轴网移动"复选框，如图 6-7 所示。

（4）移动光标至轴线 1、轴线 F 交点处，单击鼠标放置 J-8 基础，通过临时尺寸标注对放置的基础进行调整，如图 6-8 所示。

图 6-7　基础实例属性对话框

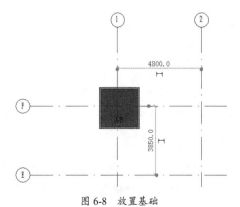

图 6-8　放置基础

（5）按照上述步骤继续将其他类型的独立基础布置到相应的轴网上。

（6）完成对该项目基础的布置，如图 6-9 所示，将项目文件另存为"结构-基础"。

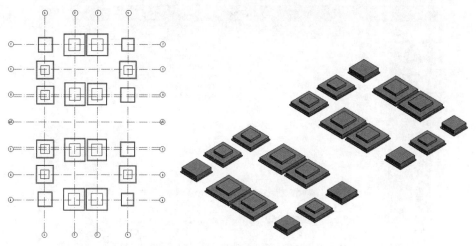

图 6-9　基础放置完成

6.3　结构柱

结构柱是用于承重的结构图元，主要作用是承受建筑荷载。

✎【预习重点】

◎结构柱的创建和布置方式。

6.3.1　结构柱和建筑柱的差异

结构柱与建筑柱共享许多属性，同时具有许多独特性质和行业标准定义的属性。在行为方面，结构柱也与建筑柱不同。结构图元（如梁、支撑和独立基础）与结构柱连接，不与建筑柱连接。

6.3.2　结构柱的载入和属性设置

结构柱载入与建筑柱载入一致，属性参数与建筑柱基本一致。

📏【执行方式】

功能区："建筑"选项卡→"构建"面板→"柱"面板下拉菜单→"结构柱"

快捷键：CL

🖱【操作步骤】

（1）按上述方式执行。

（2）结构柱的载入。

按照上述方式单击"结构柱"按钮，在上下文选项卡中，单击"模式"面板中的"载入族"按钮，弹出结构柱载入族对话框，如图 6-10 所示。

图 6-10　结构柱载入族对话框

在对话框中软件自带结构柱分为钢柱、混凝土柱、木质柱、轻型钢柱和预制混凝土柱等类别，选择 rfa 族文件，单击"打开"按钮完成载入，在属性框实例类型下拉列表中找到载入的结构柱。

（3）结构柱属性设置。

在实例类型下拉列表中选择将要放置的结构柱类型，单击"编辑类型"按钮进入其类型属性对话框，如图 6-11 所示。

图 6-11　结构柱类型属性对话框

单击"复制"按钮，在结构柱类型名称对话框中输入新建的柱尺寸，格式为 $b×h$，如图 6-12 所示。

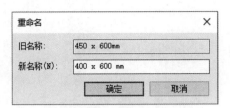

图 6-12 结构柱类型名称对话框

完成后单击"确定"按钮，返回类型属性对话框。

修改尺寸标注下 b 和 h 后面的值，将原有的数值修改为新的尺寸值。在平面或截面视图下，其中 b 代表柱的长度，h 代表柱的宽度。单击"确定"按钮，完成类型属性的设置。

进行实例属性的设置，返回属性对话框，如图 6-13 所示。

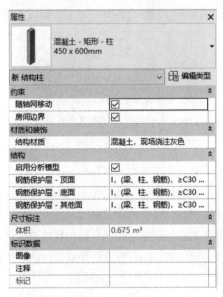

图 6-13 结构柱实例属性对话框

部分参数说明如下：

- 随轴网移动：勾选后，轴网发生移动时，柱也随之移动。

- 房间边界：勾选后，将柱作为房间边界的一部分。

- 结构材质：设置当前的结构柱的材质类型。

- 启用分析模型：勾选后则显示分析模型，并将它包含在分析计算中。

- 钢筋保护层-顶面：设置与柱顶面间的钢筋保护层距离，此项适用于混凝土柱。

- 钢筋保护层-底面：设置与柱底面间的钢筋保护层距离，此项适用于混凝土柱。

- 钢筋保护层-其他面：设置从柱到其他图元面的钢筋保护层距离，此项适用于混凝土柱。

6.3.3 结构柱的布置方式

完成柱的创建和设置后，可在轴网中布置结构柱，布置时需选择相应的布置方式。

【执行方式】

功能区："结构"选项卡→"结构"面板→"结构柱"

快捷键：CL

【操作步骤】

（1）切换至放置平面。

（2）按上述方式执行。

（3）选择需要布置的结构柱类型。

（4）选择布置方式及标记。

放置前，在上下文选项卡中选择"放置""多个""标记"面板上的布置方式，如图6-14所示。

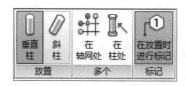

图6-14　结构柱放置面板

各项说明如下：

- 垂直柱：表示布置的柱为垂直于水平面的结构柱。
- 斜柱：表示布置的柱为倾斜的结构柱，通过在不同的位置单击完成倾斜设置。
- 在轴网处：用于在选定轴网的交点处创建结构柱。
- 在柱处：用于在选定的建筑柱处创建结构柱，结构柱能捕捉到建筑柱的中心。
- 在放置时进行标记：在布置完成结构柱后自动生成相应的结构柱标记。

（5）垂直柱方式布置。

在选项栏设置垂直柱布置深度或高度以及标高，将光标移动到绘图区域中，单击完成柱的布置。

（6）斜柱方式布置。

在选项栏设置斜柱第一点和第二点深度或高度，设置布置标高，将光标移动到绘图区域中，分别单击第一点和第二点布置位置后，完成柱的布置。

6.3.4　结构柱的修改

结构柱的修改主要包括属性框实例属性的修改和上下文选项卡的"功能"面板中的修改。

【操作步骤】

（1）实例属性修改。

选择需要修改的结构柱，在属性对话框修改实例属性，一般修改的参数为限制条件，如图 6-15 所示。

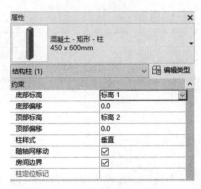

图 6-15　结构柱实例属性对话框

部分参数说明如下：

- 底部标高：指柱底部的限制标高。
- 底部偏移：指柱底部到底部标高的偏移值，正值表示标高以上，负值表示标高以下。
- 顶部标高：指柱顶部的限制标高。
- 顶部偏移：指柱顶部到顶部标高的偏移值，正值表示标高以上，负值表示标高以下。
- 柱样式：指定修改柱的样式形式为"垂直""倾斜 - 端点控制"或"倾斜 - 角度控制"。
- 柱定位标记：指项目轴网上垂直柱的坐标位置，如 F-1 表示 F 轴与 1 轴的交点。

（2）上下文选项卡中柱的修改。

选择结构柱，"修改|结构柱"上下文选项卡中的工具均可用于修改柱，如图 6-16 所示。

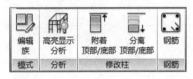

图 6-16　"修改|结构柱"上下文选项卡

各面板选项说明如下：

- 编辑族：表示可通过族编辑器来修改当前的柱族，然后将其载入项目中。
- 高亮显示分析：指在当前视图中，高亮显示与选定的物理模型相关联的分析模型。
- 附着顶部/底部：将柱附着到如屋顶和楼板等模型图元上。
- 分离顶部/底部：将柱从附着的屋顶和楼板等模型图元上分离。
- 钢筋：指放置平面或多平面钢筋。

↘ 实操实练-15　结构柱的布置

（1）打开"结构-基础"项目，在项目浏览器下，展开结构平面目录，双击 1F_±0.000 名称进入 1 层平面视图。

（2）单击"结构"选项卡中的"柱"按钮，在类型选择器中选择矩形截面平法柱的某一类型，在类型属性对话框中，复制创建命名为 KZ1 且尺寸值为 350mm×350mm 的矩形柱，设置结构材质为 C25 现场浇注混凝土，如图 6-17 所示。

参数	值
材质和装饰	⌃
结构材质	混凝土 - 现场浇注混凝土 - C25
尺寸标注	⌃
柱高	350.0
柱宽	350.0
b	350.0
h	350.0

图 6-17　结构柱类型属性对话框

（3）在上下文选项卡中，选择垂直柱，并单击在放置时进行标记。在选项栏中，不勾选"放置后旋转"复选框，选择高度 3F_6.550。勾选"房间边界"复选框，如图 6-18 所示。

| 修改 \| 放置 结构柱 | ☐ 放置后旋转 | 高度: ⌄ | 3F_6.5! ⌄ | 2500.0 | ☑ 房间边界 |

图 6-18　结构柱放置选项栏

（4）移动光标至轴线 1、轴线 F 交点处，单击鼠标放置 KZ1 矩形柱，通过临时尺寸标注对放置柱位置进行调整，如图 6-19 所示。

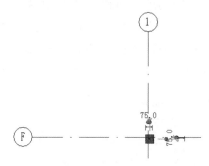

图 6-19　结构柱放置

（5）单击刚放置的 KZ1 矩形柱，在属性框中设置其底部偏移为 500.0，并勾选"随轴网移动"复选框，如图 6-20 所示。

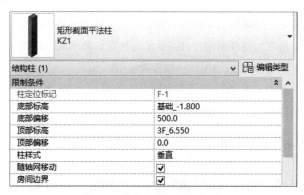

图 6-20　结构柱实例属性对话框

（6）按照上述步骤继续在轴网上布置其他结构柱。

（7）完成对该项目结构柱的布置，如图 6-21 所示，将项目文件另存为"结构-结构柱"。

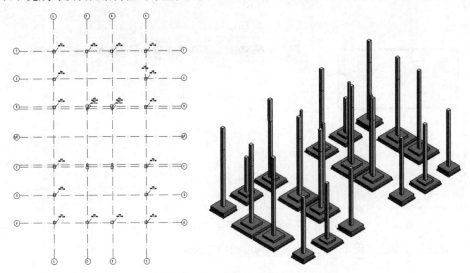

图 6-21　结构柱放置完成

6.4　结构墙

结构墙是指在结构模型中创建承重墙或剪力墙。

✎【预习重点】

◎ 结构墙的构造和创建。

6.4.1　结构墙的特点

在创建墙体时，结构墙用途默认值为"承重"，建筑墙的结构用途默认值为"非承重"。

6.4.2　结构墙的构造

结构墙与建筑墙除结构用途不同之外，其构造设置与建筑墙相同，可对照建筑墙构造方法，对结构墙进行相关的构造设置。

📐【执行方式】

功能区："结构"选项卡→"结构"面板→"墙"下拉菜单→"墙：结构"

🖱【操作步骤】

在属性框实例类型下拉列表中选择某一类型墙体，单击"编辑类型"按钮，在类型属性对话框中，单击"编辑"按钮，弹出如图 6-22 所示的"编辑部件"对话框。

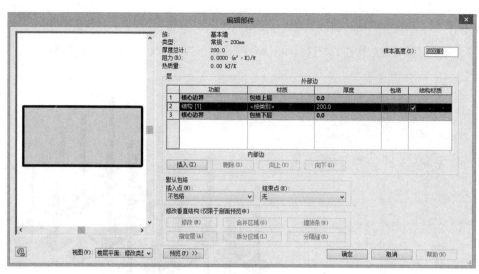

图 6-22 "编辑部件"对话框

设置完成后，单击"确定"按钮完成结构墙的构造设置。

6.4.3 结构墙的创建

完成结构墙的构造设置后，可在绘图区域创建墙体。

【执行方式】

功能区："结构"选项卡→"结构"面板→"墙"下拉菜单→"墙：结构"

【操作步骤】

（1）选择墙体类型。

（2）设置选项栏。

（3）设置参数。

（4）绘制结构墙。

在上下文选项卡的"绘制"面板中选择绘制工具，将光标移动到绘图区域，单击确定墙体的起点，移动光标，单击确定墙体的终点，沿顺时针方向绘制墙体。

如勾选"链"复选框，可在当前的绘制状态下，以墙体的终点作为下一段墙体的起点，继续绘制下一段墙体。

6.4.4 结构墙的修改

创建完成项目中的墙体后，可对墙体进行修改，以满足设计的要求，结构墙的修改主要包括实例属性参数修改、上下文选项卡面板工具修改、墙与墙连接关系修改等。

【操作步骤】

（1）实例属性参数修改。

选择需要进行修改的结构墙，在属性框中修改其限制条件，如图 6-23 所示。

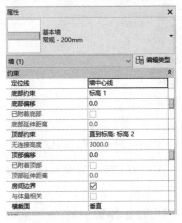

图 6-23　结构墙实例属性对话框

（2）上下文选项卡面板工具修改。

选择结构墙，在上下文选项卡中选择相关工具修改该墙体，具体工具如图 6-24 所示。

图 6-24　"结构墙"上下文选项卡

其中"编辑轮廓"工具主要用于给当前墙体剪切洞口，其他工具的应用和修改结构柱一致。

实操实练-16　结构墙的绘制

（1）打开"结构-梁"项目，在项目浏览器下，展开结构平面目录，双击 1F_±0.000 名称进入 1 层结构平面视图。

（2）单击"结构"选项卡"墙"下拉列表中的"结构墙"按钮，在类型选择器中选择常规墙体，在类型属性参数中复制创建厚度为 240mm 基础墙。在"编辑部件"对话框中设置墙体参数，如图 6-25 所示。

（3）设置墙体功能为外部，插入点及端点的包络均为外部，如图 6-25 所示。

构造		⤢
结构	编辑...	
在插入点包络	外部	
在端点包络	外部	
厚度	240.0	
功能	外部	

图 6-25　结构墙类型属性对话框

（4）在类型选择器中复制创建的 240mm 基础墙，在属性框中设置定位线为核心层中心线，底部限制条件为基础_-1.800，底部偏移为 1740.0，顶部约束为 2F_3.550，顶部偏移为 0.0，如图 6-26 所示。

限制条件	⊗
定位线	核心层中心线
底部限制条件	基础_-1.800
底部偏移	1740.0
已附着底部	☐
底部延伸距离	0.0
顶部约束	直到标高: 2F_3.550
无连接高度	3610.0
顶部偏移	0.0
已附着顶部	☐
顶部延伸距离	0.0
房间边界	☑
与体量相关	☐

图 6-26 结构墙实例属性对话框

（5）不勾选选项栏中的"链"复选框，不设置偏移量，不勾选"半径"复选框，如图 6-27 所示。

图 6-27 结构墙布置选项栏

（6）单击轴线 1/D 与轴线 2 的交点作为绘制墙体的起点，水平绘制基础砖墙。

（7）按照上述步骤继续创建墙体，设置完成相关参数后，完成剩余墙体绘制。

（8）完成对项目结构墙的绘制，如图 6-28 所示，将项目文件另存为"结构-结构墙"。

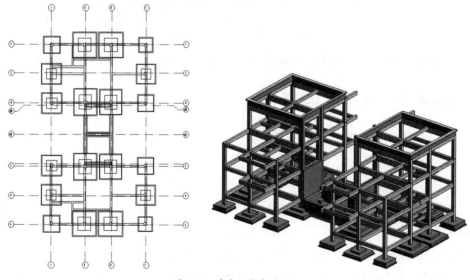

图 6-28 完成结构墙的绘制

6.5 梁

梁是通过特定的梁族类型属性定义的用于承重用途的结构框架图元。

✎【预习重点】

　◎ 梁的载入和绘制。

6.5.1　梁的载入

在绘制梁之前，需要将项目所需要的梁族载入当前的项目中。

📏【执行方式】

功能区："结构"选项卡→"结构"面板→"梁"

🖱【操作步骤】

（1）按上述方式执行。

（2）单击"修改|放置梁"上下文选项卡中的"载入族"按钮，弹出"载入族"对话框，如图 6-29 所示。

选择需要载入的梁族，单击"打开"按钮完成载入。

图 6-29　"载入族"对话框

6.5.2　梁的设置与布置

将梁族文件载入项目，完成梁的类型属性及实例属性设置后可进行梁的布置。

📏【执行方式】

功能区："结构"选项卡→"结构"面板→"梁"

快捷键：BM

🖱【操作步骤】

（1）梁属性参数设置。

选择将要绘制的梁类型，单击"编辑类型"按钮进入类型属性对话框，如图 6-30 所示。

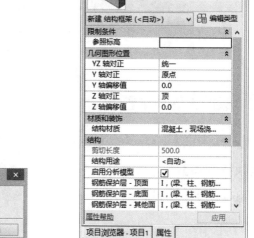

图 6-30　梁类型属性对话框

单击"复制"按钮，在名称对话框中输入新的梁名称，如图 6-31 所示。

单击"确定"按钮，修改相关参数，单击"确定"按钮，完成类型属性的设置。

（2）实例属性的设置。

进入梁实例属性面板，设置相关实例参数，如图 6-32 所示。

图 6-31　梁类型名称对话框

图 6-32　梁实例属性对话框

参数说明如下：

● 参照标高：设置梁的放置位置标高，一般取决于放置梁时的工作平面。

- *YZ*轴对正："统一"或"独立"表示可为梁起点和终点设置的参数是否相同。
- *Y*轴对正：指定物理几何图形相对于定位线的位置，只适用于"统一"对齐。
- *Y*轴偏移值：设置梁几何图形的偏移值，只适用于"统一"对齐。
- *Z*轴对正：指定物理几何图形相对于定位线的位置，只适用于"统一"对齐。
- *Z*轴偏移值：在"*Z*轴对正"参数中设置的定位线与特性点之间的距离，适用于"统一"对齐。
- 结构材质：指当前梁实例的材质类型。
- 剪切长度：梁的物理长度，一般为只读数据。
- 结构用途：指定其结构用途。有"大梁""水平支撑""托梁""其他""檩条"5 种用途。
- 启用分析模型：勾选该复选框则显示分析模型，并将它包含在分析计算中。
- 钢筋保护层-顶面：设置与梁顶面之间的钢筋保护层距离，此项只适用于混凝土梁。
- 钢筋保护层-底面：设置与梁底面之间的钢筋保护层距离，此项只适用于混凝土梁。
- 钢筋保护层-其他面：设置从梁到邻近图元面之间的钢筋保护层距离，只适用于混凝土梁。

（3）选项栏设置。

设置完成实例属性参数后，需在选项栏中进行相关设置，将视图切换到需要绘制梁的标高结构平面，在选项栏中可设置梁的放置标高，选择梁的结构用途，确定其方式绘制，如图 6-33 所示。

图 6-33　梁放置选项栏

（4）梁的绘制。

设置完成梁的类型属性参数和实例属性参数后，在上下文选项卡的"绘制"面板中选择梁绘制工具，将光标移动到绘图区域即可进行绘制。

6.5.3　梁端点的缩进

缩进定义了连接中梁的端点与其他结构连接图元之间的空间。

✏️【执行方式】

功能区："修改|结构框架"选项卡→"连接工具"面板→▉▉（更改参照）

🖱️【操作步骤】

选择梁或支撑，"修改|结构框架"上下文选项卡开启，如图 6-34 所示。

图 6-34　"修改|结构框架"上下文选项卡

以结构梁、柱连接为例，默认情况下，梁会缩进到柱的边界框，选择梁图元，如图 6-35 所示。

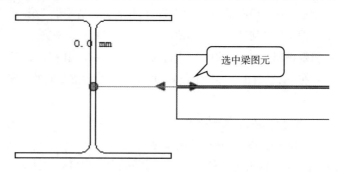

图 6-35　选择梁图元

按上述方式执行。如果"更改参照"工具不可用，请检查下列设置是否正确：

- 视图的"详细程度"不得设置为"粗略"。
- 所有多个选定的图元必须连接到一个公共图元。
- 图元必须互相连接。
- 图元必须为线性对象。
- 图元不得为混凝土。

配合使用 Tab 键，选择要对齐的参照线或图元几何图形边线，如图 6-36、图 6-37 所示。

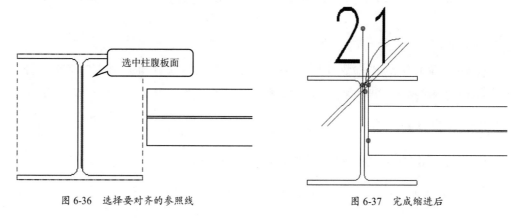

图 6-36　选择要对齐的参照线　　　　　　图 6-37　完成缩进后

"更改参照"工具适用于非垂直几何图形，如图 6-38 ~ 图 6-40 所示。

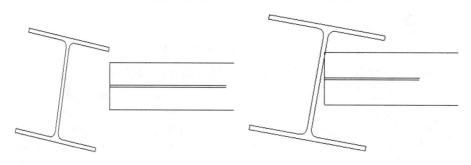

图 6-38　斜柱

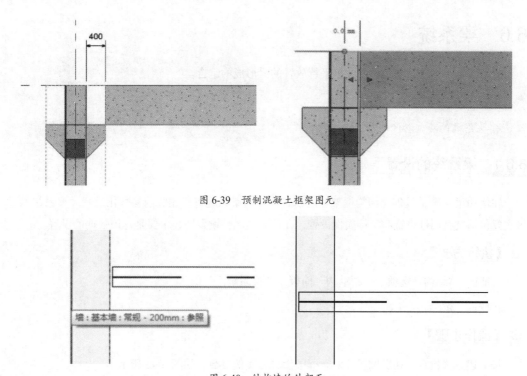

图 6-39　预制混凝土框架图元

图 6-40　结构墙的外部面

6.5.4　梁的对正修改

除了通过梁的实例属性进行对正调整以外，在"修改"选项卡中提供了专门的梁对正工具。

【执行方式】

功能区："修改|结构框架"选项卡→"对正"面板

【操作步骤】

选择梁或支撑，此时"修改|结构框架"上下文选项卡开启，如图 6-41 所示。

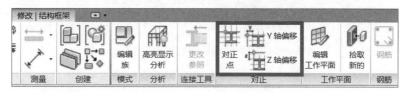

图 6-41　"修改|结构框架"上下文选项卡

梁的对正方式分为对正点、Y 轴偏移、Z 轴偏移三种。

对正点：通过特征点重新对梁进行定位。

Y 轴偏移：通过该命令调整梁在 Y 轴的偏移位置以实现对梁的重新定位。

Z 轴偏移：通过该命令调整梁在 Z 轴的偏移位置以实现对梁的重新定位。

注意：当梁 YZ 轴对正方式设置为"独立"时，对正点功能将无法使用。

6.6 梁系统

梁系统是指在项目中包含的一组平行放置的梁形成的组合。

✎ 【预习重点】

◎ 梁系统的绘制和修改。

6.6.1 梁系统的设置

在使用梁系统工具创建结构框架梁之前，需要对梁系统进行相关的参数化设置。梁系统的设置主要包括类型属性设置和实例属性设置，在此类型属性设置中，主要是标识数据的设置。

📏 【执行方式】

功能区："结构"选项卡→"结构"面板→"梁系统"

快捷键：BS

🖱 【操作步骤】

按上述方式执行，在实例属性对话框中设置其实例参数，如图 6-42 所示。

部分参数说明如下：

- 3D：指在梁绘制线位置创建非平面梁系统。
- 相对标高的偏移：指梁系统中的梁与工作平面的垂直偏移。
- 工作平面：指梁系统图元的放置平面，为只读的值。
- 布局规则：不同的规则，对应不同的设定限制，其中各规则的分类和说明如下：

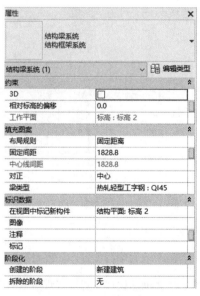

图 6-42　梁系统实例属性对话框

> ➤ 固定距离：设置梁系统中各条梁中心线之间的相对距离。

> ➤ 固定数量：设置梁系统内梁的数量，且各条梁在梁系统内的间距相等并居中。

> ➤ 最大间距：设置梁中心线之间的最大距离，数量系统自动计算，且在梁系统中居中。

> ➤ 净间距：类似于"固定距离"值，但测量的是梁外部之间的间距，而非中心线之间的间距。

- 中心线间距：设置梁中心线之间的距离，此值为只读数据。
- 对正：设置梁系统相对于所选边界的起始位置，起点、终点、中心或"方向线"。
- 梁类型：设置在梁系统中创建梁的结构框架类型。
- 在视图中标记新构件：设置要在其中显示添加到梁系统中的新梁图元的视图。

按照上述的每项说明设置梁系统的实例参数，完成后单击"应用"按钮。

6.6.2　梁系统的绘制

梁系统的创建主要包括绘制边界线和梁方向两个步骤。

【执行方式】

功能区："结构"选项卡→"结构"面板→"梁系统"

快捷键：BS

【操作步骤】

（1）将操作平面切换至结构楼层平面。

（2）按上述方式执行，进入梁系统绘制模式。

（3）绘制边界线。

梁系统的边界线绘制可使用限制条件和"拾取支座"工具来定义梁系统的边界，也可通过绘制面板中的工具来绘制梁系统的边界线，如图 6-43 所示。

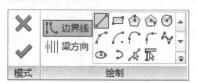

图 6-43　梁系统草图绘制工具面板

选取绘制工具，如直线工具，将光标移动到绘图区域，在绘图区域中绘制闭合区域。

（4）确定梁方向。

单击"梁方向"按钮，在绘制面板中选择梁方向绘制工具，将光标移动到绘图区域中边界线的位置，并单击鼠标明确梁方向。

梁系统草图完成后，单击"完成"按钮完成梁系统创建。

6.6.3 梁系统的修改

完成梁系统的绘制后，可对梁系统以及梁系统中的每条梁进行修改和调整，修改内容主要包括梁系统实例属性修改、梁系统面板工具修改、梁系统中的梁的实例属性修改。

👆🖱️【操作步骤】

（1）梁系统实例属性修改。

选择梁系统，在对应的属性框中，可继续修改限制条件以及"填充图案"面板下的数据，包括梁类型和布局规则，以及相应的距离值和数量。

（2）用梁系统面板工具修改。

单击选择梁系统，梁系统修改面板如图 6-44 所示，其中的工具可辅助修改梁系统。

图 6-44　梁系统修改面板

部分工具说明如下：

- 编辑边界：软件进入梁系统边界线草图绘制模式，可对梁系统的边界线进行重新定义。
- 删除梁系统：删除选择的梁系统，但梁系统中的各条梁依然存在，只是变成独立的梁实例。
- 编辑工作平面：为当前梁系统重新指定新的工作平面。

（3）梁系统中梁的实例属性修改。

在完成梁系统的绘制后，梁系统所生成的梁实例类型相同的，可单击选择需要修改类型的梁，在梁的属性框实例类型下拉列表中选择新的梁类型及其相关参数。

↘ 实操实练-17　梁的绘制

（1）打开"结构-结构柱"项目，在项目浏览器下，展开结构平面目录，双击 2F_3.550 名称进入 2 层平面视图。

（2）单击"结构"选项卡中的"梁"按钮，在类型选择器中选择矩形截面平法梁，在类型属性框中，复制创建尺寸值为 250mm×400mm 的矩形梁，如图 6-45 所示。

参数	值
尺寸标注	⌃
b	250.0
h	400.0
梁高	400.0
梁宽	250.0

图 6-45　梁参数的设置

（3）在选项栏中，设置梁的放置平面为 2F_3.550，结构用途为大梁，不勾选"三维捕捉"和"链"复选框，如图 6-46 所示。

| 修改 \| 放置 梁 | 放置平面: 标高 : 2F_3.550 ✓ | 结构用途: 大梁 ✓ | ☐ 三维捕捉 ☐ 链 |

图 6-46　梁放置选项卡

（4）在属性框中，设置梁的结构材质为 C30，如图 6-47 所示。

混凝土-矩形梁
250 x 400 mm

新建 结构框架 (大梁)　　🔲 编辑类型

限制条件	
参照标高	2F_3.550
几何图形位置	
YZ 轴对正	统一
Y 轴对正	原点
Y 轴偏移值	0.0
Z 轴对正	顶
Z 轴偏移值	0.0
材质和装饰	
结构材质	别墅梁-C30

图 6-47　梁实例属性对话框

（5）在上下文选项卡的"工具"面板中选择直线工具，在两根柱之间单击绘制矩形梁。

（6）按照上述步骤继续在轴网上的柱之间创建其他梁结构。

（7）完成对该项目梁的布置，如图 6-48 所示，将项目文件另存为"结构-梁"。

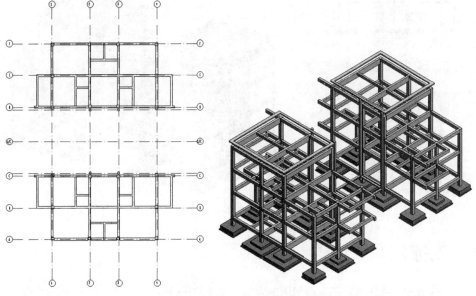

图 6-48　完成梁的布置

↘ 实操实练-18　结构楼板的绘制

（1）打开"结构-结构墙"项目，在项目浏览器下，展开结构平面目录，双击 2F_3.550 名称进入 2 层结构平面视图。

（2）单击"结构"选项卡中的"楼板"按钮，在下拉菜单中选择结构楼板，在类型选择器中选择常规–100mm 楼板类型，在类型属性参数中复制创建命名为别墅楼板–100mm。将楼板功能设置为内部，并在结构编辑部件中设置楼板的各功能层以及对应的材质，如图 6-49 所示。

	功能	材质	厚度	包络	结构材质	可变
1	核心边界	包络上层	0.0			
2	结构 [1]	混凝土 - 现场浇注混凝土	100.0	☐	☑	☐
3	核心边界	包络下层	0.0			

图 6-49　结构楼板构造的设置

（3）在属性框中设置自标高的高度偏移值为 0，单击"应用"按钮。在绘制工具中选择直线工具，按照墙体边界绘制闭合的轮廓线，完成后单击 ✔ 按钮。

（4）切换到三维模式查看完成后的楼板，选中创建完成后的楼板，单击"编辑边界"按钮，对楼板的轮廓进行修改和调整。

（5）按照上述步骤完成其他结构楼板的绘制。

（6）完成对该项目结构楼板的创建，如图 6-50 所示，将项目文件另存为"结构-结构楼板"。

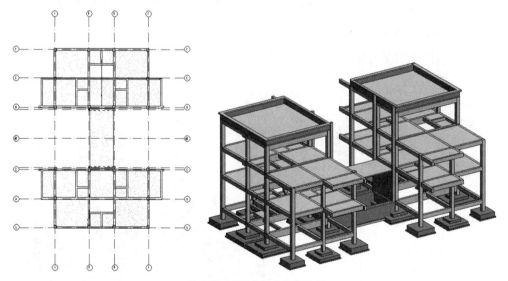

图 6-50　完成结构楼板的创建

6.7　支撑

支撑是指在平面视图或框架立面视图中添加连接梁和柱的斜构件。

✎【预习重点】

◎ 支撑的载入和创建。

6.7.1 支撑族的载入

在添加支撑之前，需要将项目所需要的支撑样式族载入当前的项目中。

【执行方式】

功能区："结构"选项卡→"结构"面板→"支撑"

快捷键：BR

【操作步骤】

按上述方式执行，单击"修改|放置支撑"上下文选项卡中的"载入族"按钮，在"载入族"对话框中，选择需要载入的支撑族文件，单击"确定"按钮完成载入。

6.7.2 支撑族的创建

与梁相似，可利用光标捕捉到起点和终点来创建支撑。

【执行方式】

功能区："结构"选项卡→"结构"面板→"支撑"

快捷键：BR

【操作步骤】

（1）支撑的属性调整。

支撑的样式设置类型属性参数和实例属性参数设置方法与梁的设置方法一致。

（2）将视图切换到结构楼层平面。

（3）按上述方式执行。

（4）设置选项栏。

在选项栏中，指定"起点标高"和偏移距离以及"终点标高"和偏移距离。

（5）绘制支撑。

在项目绘图区域中，单击支撑的起点和终点完成支撑的创建。

6.8 桁架

使用桁架工具将项目所需要的桁架类型添加到结构模型中。

【预习重点】

◎ 桁架的创建和修改。

6.8.1 桁架的特性

桁架的主要特性如下：

- 使用"桁架"工具可根据所选桁架族类型中指定的布局和其他参数创建桁架。
- 布局中的线确定了组成桁架图元的子图元的放置。
- 桁架族中的所有类型共享相同布局。
- 使用"桁架"工具，先在绘图区域中选择桁架族类型，指定桁架的起点和终点。

6.8.2 桁架族的载入和设置

在创建桁架前，先要从族库中将需要的桁架类型载入项目中，进行相关的类型属性参数和实例属性参数设置后，在绘图区域中进行创建。

✎ 【执行方式】

功能区："结构"选项卡→"结构"面板→"桁架"

🖱 【操作步骤】

（1）桁架族的载入。

按上述方式执行，在上下文选项卡的"模式"面板中，单击"载入族"按钮，弹出桁架载入族对话框，如图 6-51 所示。

图 6-51　桁架载入族对话框

选择需要的桁架族类型，单击"打开"按钮，将桁架载入项目中，在属性框实例选择器下拉列表中可找到已载入的桁架族类型。

（2）桁架的属性设置。

在实例选择器下拉列表中选择需要调整的桁架类型，单击"编辑类型"按钮进入桁架类型属性对话框，如图 6-52 所示，设置相关参数。

部分参数说明如下：

- 分析垂直投影：指定各分析线的位置。如果选择"自动检测"，则分析模型遵循与梁相同的规则。
- 结构框架类型：指定部件的结构框架类型。
- 起点约束释放：指定起点释放条件，有"铰支""固定""弯矩""用户"。
- 终点约束释放：指定终点释放条件，有"铰支""固定""弯矩""用户"。
- 角度：指定绕形状纵轴的旋转角度设置。
- 腹杆符号缩进：指允许缩进腹杆的粗略表示。
- 腹杆方向：指定腹杆的方向，"垂直"或"正交"。

设置类型属性参数后，单击"确定"按钮，在属性框下方设置实例参数，如图 6-53 所示。

图 6-52　桁架类型属性对话框　　　　　图 6-53　桁架实例属性对话框

部分参数说明如下：

- 工作平面、参照标高：设置桁架的放置平面，一般为只读数据。
- 创建上弦杆：为将要放置的桁架创建上弦杆。
- 创建下弦杆：为将要放置的桁架创建下弦杆。
- 支承弦杆：指定弦杆承重，确定桁架相对于定位线的位置。
- 旋转角度：设置桁架轴旋转的角度值。
- 支承弦杆竖向对正：设置支承弦杆的"垂直对正"参数，有"底""中心线""顶"三种枚举值。
- 单线示意符号位置：指定桁架的粗略视图平面表示的位置，即上弦杆、下弦杆或支承弦杆。
- 桁架高度：指在桁架创建中指定顶部到底部参照平面之间的距离。
- 非支承弦杆偏移：指定非支承弦杆距离定位线之间的水平偏移值。
- 跨度：指定桁架沿着定位线跨越的最远距离。

6.8.3 桁架的创建

设置完成类型属性和实例属性参数后，就可在绘图区域中创建桁架，桁架可创建在两条梁之间，也可创建在屋顶之下，形式多种多样，以项目要求为准。

📏 【执行方式】

功能区："结构"选项卡→"结构"面板→"桁架"

🖱 【操作步骤】

（1）将操作平面切换至结构平面视图。

（2）按上述方式执行。

（3）选择桁架类型。

在"实例属性"对话框的族类型下拉菜单中选择桁架类型。

（4）设置选项栏。

● 放置平面：设置桁架放置标高或参照平面。

● 链：勾选该复选框后可进行连续绘制，绘制桁架链。

（5）绘制桁架。

将光标移动到绘图区域，单击桁架的起点和终点完成桁架的创建。

6.8.4 桁架的修改

在完成桁架的创建后，可对桁架进行相关的修改，桁架的修改主要包括实例属性参数修改、选项面板工具修改和绘图区域修改。

🖱 【操作步骤】

（1）实例属性参数修改。

单击选择已创建的桁架，在"属性"面板中，除已设置的实例属性参数外，增加起点、终点标高偏移设置项，如图 6-54 所示。

限制条件		⌃
工作平面	标高 : 标高 2	
参照标高	标高 2	
起点标高偏移	0.0	
终点标高偏移	0.0	
结构		⌃
创建上弦杆	☑	
创建下弦杆	☑	
支承弦杆	底	
旋转角度	0.000°	
支承弦杆竖向对正	中心线	
单线示意符号位置	支承弦杆	
尺寸标注		⌃
桁架高度	4000.0	
非支承杆偏移	0.0	
跨度	18400.0	

图 6-54　桁架实例属性对话框

通过调整起点、终点标高偏移值，可将桁架调整到相对于工作平面的某一高度上，或调整数值形成倾斜的桁架样式。

（2）选项面板工具修改。

单击选择已创建的桁架，在"修改|结构桁架"上下文选项卡中，通过使用如图 6-55 所示的面板工具对桁架进行相关修改。

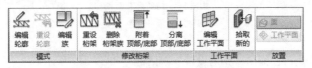

图 6-55　"修改|结构桁架"上下文选项卡

部分工具使用说明如下：

- 编辑轮廓：单击进入桁架轮廓草图编辑模式，在此可编辑上下弦杆的模型线样式和长度。
- 重设轮廓：若对桁架编辑的新轮廓不满意，可单击此工具返回桁架最初的样式。
- 编辑族：使用族编辑器来修改当前桁架的样式，完成后载入即可。
- 重设桁架：将桁架类型及其构件还原为其默认值，但不会重设桁架轮廓。
- 删除桁架族：删除桁架族，使弦杆和腹杆保留在原来的位置。
- 附着顶部/底部：将桁架的顶部或底部附着到屋顶或结构楼板上。
- 分离顶部/底部：将桁架从屋顶或结构楼板上分离。
- 编辑工作平面：为当前桁架指定新的工作平面。

（3）绘图区域修改。将视图切换到桁架所在的结构楼层平面，选择创建的桁架，在桁架的两端出现拖曳线端点符号，可拖动该符号，调整桁架的起点、终点放置位置。

6.9　钢筋

钢筋是基于主体的结构构件，结构主体包括结构框架、结构柱、结构基础、结构连接、墙、基础底板、条形基础和楼板。选择有效的结构主体图元后，上下文选项卡的"钢筋"面板或"修改"选项卡中将出现钢筋布置工具，也可通过单独的钢筋布置工具进行布置。

6.9.1　钢筋的设置

布置钢筋前，需在"钢筋设置"对话框中调整钢筋常规设置。

【执行方式】

功能区："结构"菜单→"钢筋"面板下拉菜单→"钢筋设置"命令

图 6-56 所示为钢筋设置面板。

图 6-56　钢筋设置面板

🖱 【操作步骤】

（1）按上述方式执行，弹出"钢筋设置"对话框，如图 6-57 所示。

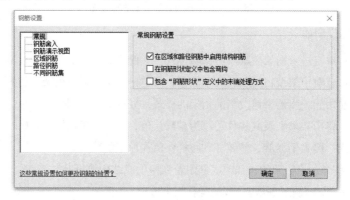

图 6-57　钢筋设置对话框

（2）"常规"选项卡设置。

部分选项含义如下：

- 在区域和路径钢筋中启用结构钢筋：勾选此选项，钢筋图元可见；禁用此选项，在创建主体图元的剖面视图中可见，否则钢筋图元不可见。
- 在钢筋形状定义中包含弯钩：通过此选项定义钢筋形状中有无钢筋弯钩，在项目中放置任何钢筋之前定义此选项。以默认设置放置钢筋后，将无法清除此选项。

（3）"钢筋舍入"选项卡设置，如图 6-58 所示。

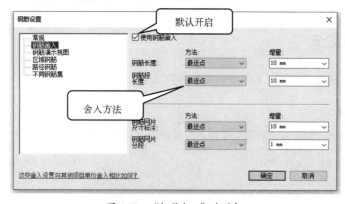

图 6-58　"钢筋舍入"选项卡

可对钢筋长度进行舍入，以便在标记、过滤钢筋或将其添加到明细表时简化组织和注释。

【执行方式】

功能区："结构"选项卡→"钢筋"下拉列表→"钢筋设置"对话框→"钢筋舍入"命令

在"钢筋设置"对话框中定义的舍入值将传递到"钢筋类型属性"和"钢筋实例属性"。在"属性"面板中显示的钢筋长度将以双格式显示：精确长度和括号中的舍入长度。

各选项说明如下：

- 使用钢筋舍入：默认勾选该选项，会对计算的钢筋长度、钢筋段长度、钢筋网片尺寸标注和钢筋网片分段进行舍入。清除该选项，则计算的钢筋长度、钢筋段长度、钢筋网片尺寸标注和钢筋网片分段会显示精确值。
- 方法：可设置的舍入方法包括三种。
  - ➤ 最近点（默认）：舍入到最接近的舍入增量（向上或向下）。
  - ➤ 向上：舍入到下一个较大的舍入增量。例如，3.72 和 3.42 都变为 4。
  - ➤ 向下：舍入到上一个较小的舍入增量。例如，3.72 和 3.42 都变为 3。

（4）"钢筋演示视图"选项卡设置，如图 6-59 所示。

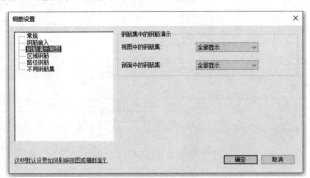

图 6-59　"钢筋演示视图"选项卡

分别设置在视图和剖面中钢筋集的演示视图形式，包含"全部显示""显示第一个和最后一个"，以及"显示中间"三种方式。

- 全部显示，如图 6-60 所示。
- 显示第一个和最后一个，如图 6-61 所示。
- 显示中间，如图 6-62 所示。

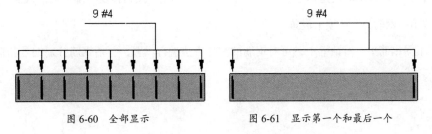

图 6-60　全部显示　　　　　　　　图 6-61　显示第一个和最后一个

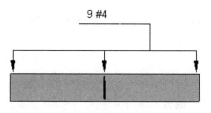

图 6-62　显示中间

（5）"区域钢筋"或"路径钢筋"选项卡设置。

在"钢筋设置"对话框中，单击"区域钢筋"或"路径钢筋"标签，如图 6-63、图 6-64 所示。更改区域或路径钢筋的标记缩写。

图 6-63　"区域钢筋"选项卡

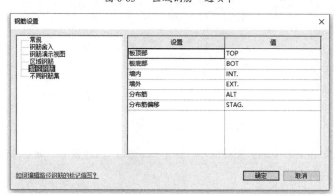

图 6-64　"路径钢筋"选项卡

对话框的左侧是可设置的注释缩写列表（设置），右侧是可编辑的缩写（值）。选择并高亮显示某个值，将缩写编辑成在注释中应有的内容，单击"确定"按钮接受对缩写的修改。

（6）"不同钢筋集"选项卡设置。

在"不同钢筋集"对话框中，可对钢筋的编号方法进行设置，包括钢筋分别编号和钢筋整体编号两种方式。

6.9.2 钢筋保护层的设置和创建

钢筋保护层是钢筋参数化混凝土主体的内部偏移，用于锁定各个钢筋实例相对于混凝土主体图元的位置。与保护层接触的钢筋将捕捉并附着到该保护层，如图 6-65 所示。钢筋保护层参数会影响附着的钢筋。

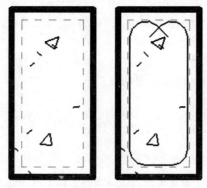

图 6-65　钢筋保护层

【执行方式】

功能区："结构"选项卡→"钢筋"面板→"保护层"

【操作步骤】

（1）按上述方式执行。

（2）选择保护层的主体图元或面。

（3）在选项卡"保护层设置"下拉菜单中选择保护层类型，如图 6-66 所示。

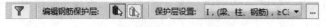

图 6-66　钢筋保护层放置选项栏

（4）当项目中无保护层类型时，可单击右侧按钮，进入"钢筋保护层设置"对话框，如图 6-67 所示，新建相应保护层类型。

图 6-67　"钢筋保护层设置"对话框

6.9.3　结构钢筋的创建

通过该命令可在平面、立面或剖面视图中将单个钢筋实例放置在有效主体中。可绘制钢筋包括平面钢筋和多平面钢筋。

【执行方式】

功能区："结构"选项卡→"钢筋"面板→"钢筋"

【操作步骤】

（1）将操作平面切换到需添加钢筋的平面视图。

（2）按上述方式执行。

（3）设置选项栏。

- 设置钢筋形状：选择钢筋形状。
- 设置钢筋平面：设置钢筋放置平面，包括当前工作平面、近保护层参照、远保护层参照；此平面定义主体上钢筋的放置位置。

（4）选择放置方向或透视。

- 平面钢筋：在"修改|放置钢筋"选项卡→"放置方向"面板中，单击如下放置方向之一。
  - ➢ （平行于工作平面）
  - ➢ （平行于保护层）
  - ➢ （垂直于保护层）

方向定义了在放置到主体中时的钢筋对齐方向。

- 多平面钢筋：在"修改|放置钢筋"选项卡→"放置透视"面板中，单击如下放置透视之一。
  - ➢ （俯视）
  - ➢ （仰视）
  - ➢ （前视）
  - ➢ （后视）
  - ➢ （右视）
  - ➢ （左视）

透视定义多平面钢筋族的哪一侧平行于工作平面。

（5）设置钢筋布局。

在"修改|放置钢筋"选项卡→"钢筋集"面板中选择钢筋集的布局。

- 固定数量：钢筋之间的间距是可调整的，钢筋数量固定，以输入为基础。

- 最大间距：指定钢筋之间的最大距离，钢筋数量会根据第一条和最后一条钢筋之间的距离发生变化。
- 间距数量：指定数量和间距的常量值。
- 最小净间距：指定钢筋之间的最小距离，钢筋数量会根据第一条和最后一条钢筋之间的距离发生变化。即使钢筋大小发生变化，该间距仍会保持不变。

（6）放置钢筋。

单击以将钢筋放置到主体中，如图 6-68 所示。在放置时按空格键，可保护层参照中旋转钢筋形状的方向。放置后，可通过选择钢筋，使用空格键可切换方向。钢筋长度默认为主体图元的长度，或者保护层参照限制条件内的其他主体图元的长度。如需编辑长度，可在平面视图或立面视图中选择钢筋实例，并根据需要修订端点。

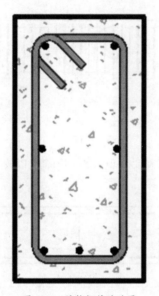

图 6-68　结构钢筋的放置

注：要更改钢筋形状的主体，可选择钢筋形状，单击"修改|结构钢筋"选项卡→"主体"面板→ （拾取新主体），然后选择新的钢筋主体。

（7）修改钢筋集中的钢筋演示。

选择钢筋集，从"修改|结构钢筋"选项卡→"演示"面板中，选择一种钢筋演示方案。

- 全部显示，如图 6-69 所示。

图 6-69　全部显示

- 显示第一个和最后一个，如图 6-70 所示。

图 6-70　显示第一个和最后一个

- 显示中间，如图 6-71 所示。

图 6-71　显示中间

也可通过单击"修改|结构钢筋"选项卡→"演示"面板→ "选择"以指定用于代表钢筋集的各个钢筋，如图 6-72 所示。

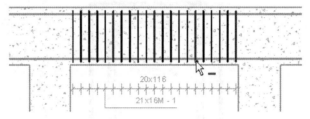

图 6-72　指定代表钢筋

单击 "完成"可以应用演示修改，单击 "取消"以放弃所做的选择。完成后，如图 6-73 所示。

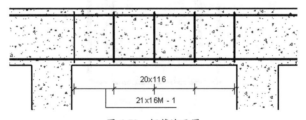

图 6-73　钢筋演示图

6.9.4　区域钢筋的创建

使用"结构区域钢筋"工具在楼板、墙、基础底板和其他混凝土主体中放置数量较大且均匀的钢筋。

【执行方式】

功能区："结构"选项卡→"钢筋"面板→"区域"

【操作步骤】

（1）按上述方式执行。

（2）选择要放置区域钢筋的楼板、墙或基础底板主体。

（3）绘制区域钢筋草图。

单击"修改|创建钢筋边界"选项卡→"绘制"面板→ 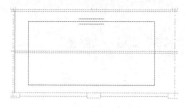（线形钢筋）。使用草图绘制工具绘制闭合区域，如图 6-74 所示。

图 6-74　区域钢筋草图

（4）设置主筋方向。

单击"修改|创建钢筋边界"选项卡→"绘制"面板→主筋方向。使用平行线符号表示区域钢筋的主筋方向边缘。

（5）在实例属性对话框中设置相关参数，如图 6-75 所示。

图 6-75　区域钢筋实例属性对话框

单击"修改|创建钢筋边界"选项卡→"模式"面板→ ✔（完成编辑模式）。完成区域钢筋的绘制，并将区域钢筋符号和标记放置在区域钢筋中心，如图 6-76 所示。

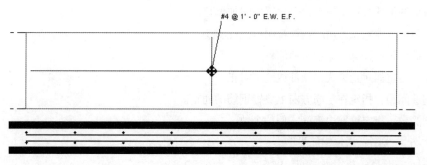

图 6-76　完成区域钢筋的绘制

6.9.5 路径钢筋的创建

使用路径钢筋的绘制工具可绘制由钢筋系统填充的路径。

✎【执行方式】

功能区："结构"选项卡→"钢筋"面板→"路径"

🖱【操作步骤】

（1）按上述方式执行。

（2）选择钢筋主体，并绘制钢筋路径，以确保路径为非闭合路径。

（3）单击 ⇕（翻转控制），可将钢筋翻转到路径的对侧。

（4）设置路径钢筋相关参数，如图 6-77 所示。

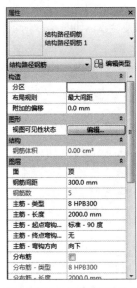

图 6-77　结构路径钢筋实例属性对话框

部分参数说明如下：

- 布局规则：指定钢筋布局的类型。选择"最大间距"或"固定数量"。

- 附加的偏移：指定与钢筋保护层的附加偏移。

- 视图可见性状态：访问钢筋视图可见性状态。

- 钢筋体积：计算并显示钢筋体积。

- 面：指定面对正方式，顶部或底部对正。

- 钢筋间距：指定在主筋方向上放置钢筋的间距。

- 钢筋数：指定钢筋中钢筋实例的个数。

- 主筋－类型：指定钢筋类型。

- 主筋－长度：指定钢筋的长度。

- 主筋 - 起点弯钩类型：指定弯钩类型（"标准"或"镫筋/箍筋"）和路径钢筋的起点角度。
- 主筋 - 终点弯钩类型：指定弯钩类型（"标准"或"镫筋/箍筋"）和路径钢筋的终点角度。
- 主筋 - 弯钩方向：指定钢筋弯钩的方向，向上或向下。
- 分布筋：选中该选项后，启用分布筋类型。
- 分布筋 - 类型：指定钢筋类型。选择"分布筋"参数可启用该参数。
- 分布筋 - 长度：指定钢筋的长度。选择"分布筋"参数可启用该参数。
- 分布筋 - 偏移：指定与主筋之间的偏移距离。选择"分布筋"参数可启用该参数。
- 分布筋 - 起点弯钩类型：指定弯钩类型（"标准"或"镫筋/箍筋"）和路径钢筋的起点角度。选择"分布筋"参数可启用该参数。
- 分布筋 - 终点弯钩类型：指定弯钩类型（"标准"或"镫筋/箍筋"）和路径钢筋的终点角度。选择"分布筋"参数可启用该参数。
- 分布筋 - 弯钩方向：指定钢筋弯钩的方向，向上或向下。选择"分布筋"参数可启用该参数。

（5）单击"修改|创建钢筋路径"选项卡→"模式"面板→✔（完成编辑模式），完成绘制，如图 6-78 所示。

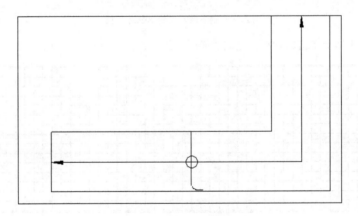

图 6-78　完成路径钢筋的绘制

6.9.6　钢筋网片的创建

通过该功能可将钢筋网片添加到已有固混凝土墙或楼板部等主体对象。

【执行方式】

功能区："结构"选项卡→"钢筋"面板→"钢筋网片"

【操作步骤】

（1）按上述方式执行。

（2）选择钢筋网片类型，并设置相关参数，如图 6-79 所示。

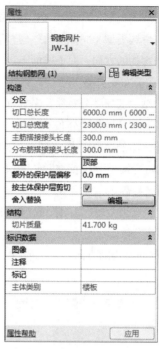

图 6-79 钢筋网片实例属性对话框

（3）在放置主体上单击放置点，完成钢筋网片的放置，如图 6-80 所示。

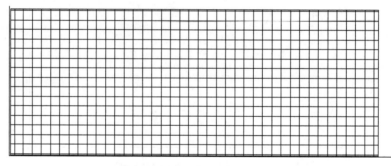

图 6-80 完成钢筋网片的放置

6.9.7 钢筋网区域的创建

通过绘制工具定义钢筋网片覆盖区域，并填充钢筋网片。

【执行方式】

功能区："结构"选项卡→"钢筋"面板→"结构钢筋网区域"

【操作步骤】

（1）按上述方式执行。

（2）选择楼板、墙或基础底板作为主体。

（3）单击"修改|创建钢筋网边界"选项卡→"绘制"面板→ （边界线），绘制闭合草图，如图 6-81 所示。

（4）平行线符号表示钢筋网区域的主筋方向边缘，通过该符号可以更改此区域的主筋方向。

（5）在"钢筋网区域"的"属性"选项板的"构造"部分中选择搭接位置，如图 6-82 所示。

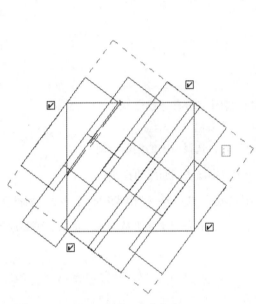

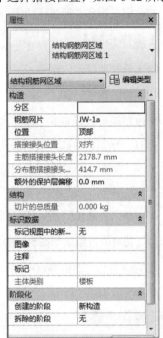

图 6-81 钢筋网区域草图　　　　　图 6-82 钢筋网区域实例属性对话框

（6）单击"修改|创建钢筋网边界"选项卡→"模式"面板→ "完成编辑模式"，完成绘制，如图 6-83 所示。

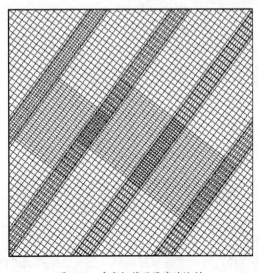

图 6-83 完成钢筋网区域的绘制

6.9.8 钢筋形状的修改

钢筋形状由镫筋、箍筋以及可指定圆角和弯钩的直钢筋组成。可操纵每个形状以满足模型中的钢筋需求。

修改钢筋形状：通过该功能可手动调整相对于主体保护层参照捕捉行为的钢筋图元形状。

【操作步骤】

（1）选择要修改的钢筋。

（2）修改钢筋形状。

修改钢筋形状有如下三种方式：

- 从"选项栏"的"钢筋形状类型"下拉列表中选择新形状。
- 从"钢筋形状浏览器"中进行选择，可在选项栏中单击 。
- 在"属性"选项板顶部的"类型选择器"中，选择所需的钢筋类型。

（3）单击并拖曳钢筋形状控制柄，以重新定位钢筋和钢筋段的长度。

（4）若要修改钢筋草图，可单击"修改|结构钢筋"选项卡→"模式"面板→ "编辑草图"。

螺旋钢筋与其他钢筋族不同，螺旋钢筋是多平面钢筋且无法在族标高中编辑，可缩放和旋转单个实例。

【操作步骤】

（1）调整螺旋钢筋高度。

如果需要修改螺旋的长度，通过钢筋螺旋顶部和底部的三角形控制柄，拖曳箭头，以延长或缩短螺旋，如图 6-84 所示。

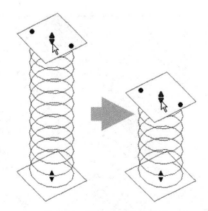

图 6-84　调整螺旋钢筋高度

（2）修改螺旋钢筋直径。

如果要修改螺旋钢筋直径，可通过缩放控制柄，拖曳该控制柄以调整螺旋钢筋的直径，如图 6-85 所示。

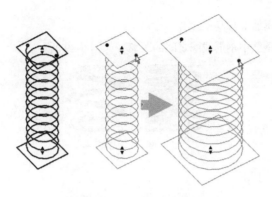

图 6-85 修改螺旋钢筋直径

（3）旋转螺旋钢筋。

如果要旋转螺旋钢筋，可通过旋转螺旋钢筋的定位来对齐钢筋的端点。拖曳位于顶部钢筋线圈端点处的旋转控制柄，可旋转钢筋端点的位置，如图 6-86 所示。

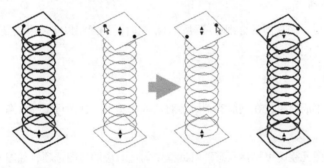

图 6-86 旋转螺旋钢筋

（4）修改螺旋钢筋实例属性。

修改螺旋钢筋实例属性，可修改螺旋钢筋的形状及布局方式，下列实例属性是"实例属性"对话框中螺旋钢筋所特有的属性。

- 底部面层匝数。指定用来闭合螺旋钢筋底部的完整线圈匝数，如图 6-87 所示。

图 6-87 底部面层匝数修改

- 顶部面层匝数。指定用来闭合螺旋钢筋顶部的完整线圈匝数，如图 6-88 所示。

图 6-88 顶部面层匝数修改

- 高度。指定螺旋钢筋的总高度。
- 螺距。指定螺旋钢筋中钢筋线圈之间的距离，如图 6-89 所示。

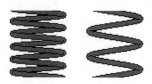

图 6-89　修改螺距

6.9.9　钢筋的视图显示

1）清晰的视图

清晰的视图是指在视觉样式模式下，钢筋不会被其他图元遮挡。被剖切面剖切的钢筋图元始终可见。禁用该参数后，将在除"线框"外的所有"视觉样式"视图中隐藏钢筋。

2）作为实体查看

应用实体视图后，当视图的详细程度设置为精细时，视图将以实体形式显示的钢筋。该视图参数仅适用于三维视图。

🖱 **【操作步骤】**

（1）选择相关钢筋对象，在钢筋实例属性对话框中单击"视图可见性状态"后的"编辑"按钮，如图 6-90 所示。

（2）在"钢筋图元视图可见性状态"对话框中勾选对应的视图选项，如图 6-91 所示。

图 6-90　钢筋实例属性对话框

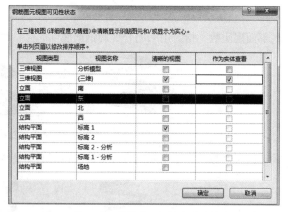

图 6-91　钢筋图元视图可见性设置

（3）确定后完成设置。

6.10　钢预制图元

在 Revit 软件中可创建钢板、螺栓、锚固件、孔、剪力钉、焊缝等预制钢图元。

6.10.1　钢板的创建

【执行方式】

功能区："钢"选项卡→"预制图元"面板→"板"

【操作步骤】

（1）按上述方式执行。

（2）绘制板草图。

在"创建钢板"选项卡绘制面板中选择草图绘制工具，绘制钢板轮廓草图，如图 6-92 所示。

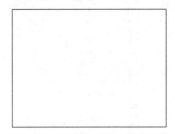

图 6-92　钢板轮廓草图

单击"完成"按钮，完成钢板创建。

（3）设置板实例参数。

选择钢板，在属性对话框中，设置结构材质、钢板厚度、涂层参数，如图 6-93 所示。

图 6-93　钢板属性对话框

6.10.2　螺栓的创建

【执行方式】

功能区："钢"选项卡→"预制图元"面板→"螺栓"

🖱【操作步骤】

（1）按上述方式执行。

（2）选择要连接的图元。

（3）拾取螺栓垂直面。

（4）绘制螺栓布局轮廓草图。

（5）设置螺栓布局参数，包括数量、长度、间距等参数，如图 6-94 所示。

图 6-94　螺栓属性对话框

完成后，如图 6-95 所示。

图 6-95　螺栓

6.10.3　锚固件的创建

📏【执行方式】

功能区："钢"选项卡→"预制图元"面板→"螺栓"下拉菜单→"锚固件"

🖱【操作步骤】

（1）按上述方式执行。

（2）选择要连接的图元，按 Enter 键或空格确认。

（3）拾取锚固件垂直面。

（4）绘制锚固件范围草图。

（5）设置锚固件布局，包括类型、数量、长度、间距等参数，如图 6-96 所示。

属性	
锚固件 (1)	编辑类型
结构	
标准	US 钩状锚固件
等级	10.9
直径	1/2 inch
部件	2Na2W
长度	152.4
涂层	无
边 1 的数量	2
边 2 的数量	2
边 1 的长度	600.0
边 2 的长度	140.0
边 1 的间距	540.0
边 2 的间距	80.0
边 1 的边缘距离	30.0
边 2 的边缘距离	30.0

图 6-96 锚固件属性对话框

完成后，如图 6-97 所示。

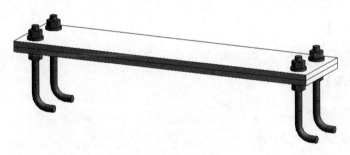

图 6-97 锚固件

6.10.4 孔的创建

【执行方式】

功能区："钢"选项卡→"预制图元"面板→"螺栓"下拉菜单→"孔"

【操作步骤】

（1）按上述方式执行。

（2）拾取布孔垂直面。

（3）绘制孔的布置范围。

（4）设置孔属性参数，包括类型、数量、长度、间距等参数，如图 6-98 所示。

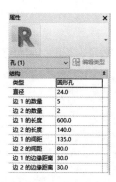

图 6-98 孔属性对话框

完成后，如图 6-99 所示。

图 6-99 孔

6.10.5 剪力钉的创建

【执行方式】

功能区："钢"选项卡→"预制图元"面板→"螺栓"下拉菜单→"剪力钉"

【操作步骤】

（1）按上述方式执行。

（2）拾取剪力钉布置垂直面。

（3）绘制剪力钉布置范围。

（4）设置剪力钉属性参数，包括数量、长度、间距等参数，如图 6-100 所示。

图 6-100 剪力钉属性对话框

完成后，如图 6-101 所示。

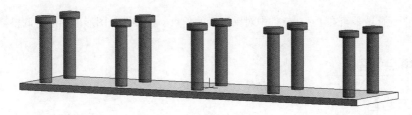

图 6-101　剪力钉

6.10.6　焊缝的创建

✏️【执行方式】

功能区："钢"选项卡→"预制图元"面板→"焊缝"

🖱️【操作步骤】

（1）按上述方式执行。

（2）选择要连接的图元。

（3）拾取图元连接边界。

（4）设置焊缝属性参数，包括类型、厚度、形状等参数，如图 6-102 所示。

完成后，如图 6-103 所示。

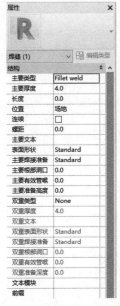

图 6-102　焊缝属性对话框

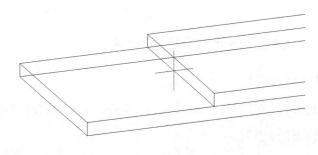

图 6-103　焊缝

6.11 钢图元修改器

通过钢图元修改器可在 Revit 软件中对钢图元的角点、连接端、图形范围进行调整。

6.11.1 角点切割

【执行方式】

功能区："钢"选项卡→"修改器"面板→"角点切割"

【操作步骤】

（1）按上述方式执行。

（2）拾取要创建切角的图元的角。

（3）设置角点边长等参数，如图 6-104 所示。

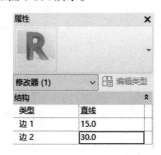

图 6-104 角点属性对话框

完成后，如图 6-105 所示。

图 6-105 钢板角点

6.11.2 钢框架图元连接端倾斜切割

【执行方式】

功能区："钢"选项卡→"修改器"面板→"连接端切割倾斜"

【操作步骤】

（1）按上述方式执行。

（2）选择要进行切割的图元端点。

（3）设置相关参数，如图 6-106 所示。

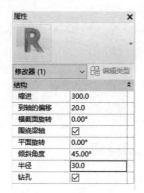

图 6-106　连接端倾斜修改器属性对话框

完成后，如图 6-107 所示。

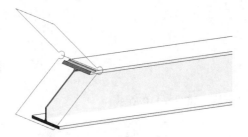

图 6-107　连接端倾斜修改效果

6.11.3　钢框架图元的缩短

✎【执行方式】

功能区："钢"选项卡→"修改器"面板→"缩短"

🖱【操作步骤】

（1）按上述方式执行。

（2）选择要进行切割的图元端点。

（3）设置缩短修改器参数，如图 6-108 所示。

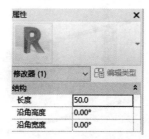

图 6-108　连接端缩短修改器属性对话框

完成后，如图 6-109 所示。

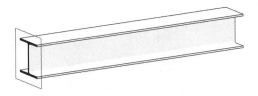

图 6-109　连接端缩短修改效果

6.11.4　钢框架图元和板的轮廓剪切

📏【执行方式】

功能区："钢"选项卡→"修改器"面板→"等高线切割"

🖱️【操作步骤】

（1）按上述方式执行。

（2）拾取垂直面。

（3）绘制范围草图。

（4）设置角点边长等参数，如图 6-110 所示。

图 6-110　等高线切割修改器属性对话框

完成后，如图 6-111 所示。

图 6-111　等高线切割修改效果

6.12 钢图元参数化切割

通过参数化切割工具在 Revit 软件中可对连接的钢图元进行布尔运算。

6.12.1 连接端切割

✏️【执行方式】

功能区：“钢”选项卡→“参数化切割”面板→“连接端切割”

🖱️【操作步骤】

（1）按上述方式执行。

（2）拾取连接的图元，如图 6-112 所示。

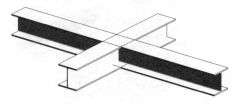

图 6-112 切割前的图元

（3）按 Enter 键，并单击属性对话框中的“修改参数”按钮，在参数面板中设置参数，如图 6-113 所示。

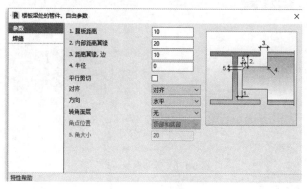

图 6-113 参数面板（1）

（4）设置相关参数，完成图元切割，如图 6-114 所示。

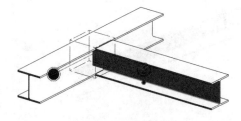

图 6-114 切割后的图元

6.12.2 斜接

【执行方式】

功能区："钢"选项卡→"参数化切割"面板→"斜接"

【操作步骤】

（1）按上述方式执行。

（2）拾取连接的图元，如图 6-115 所示。

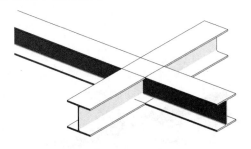

图 6-115　斜接前的图元

（3）按 Enter 键，并单击属性对话框中的"修改参数"按钮，在剪切面板中设置参数，如图 6-116 所示。

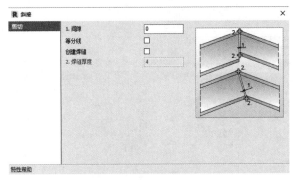

图 6-116　剪切面板（1）

完成后，如图 6-117 所示。

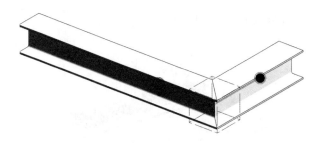

图 6-117　斜接后的图元

6.12.3　锯切-法兰

📏【执行方式】

功能区："钢"选项卡→"参数化切割"面板→"斜接"下拉菜单→"锯切-法兰"

🖱️【操作步骤】

（1）按上述方式执行。

（2）拾取连接的图元，如图 6-118 所示。

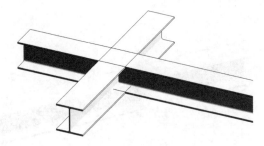

图 6-118　锯切前的图元

（3）设置锯切参数，如图 6-119 所示。

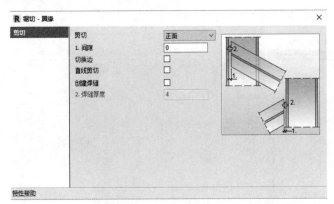

图 6-119　剪切面板（2）

完成后，如图 6-120 所示。

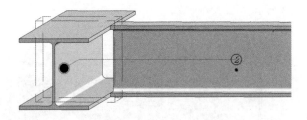

图 6-120　锯切后的图元

6.12.4 锯切-腹板

✐ 【执行方式】

功能区："钢"选项卡→"参数化切割"面板→"斜接"下拉菜单→"锯切-腹板"

🖱 【操作步骤】

（1）按上述方式执行。

（2）拾取连接的图元，如图 6-121 所示。

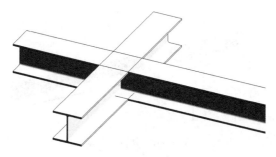

图 6-121 锯切前的图元

（3）设置锯切参数，如图 6-122 所示。

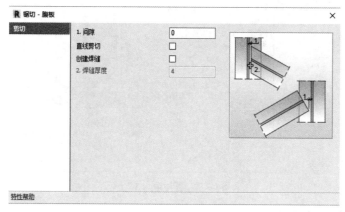

图 6-122 剪切面板（3）

完成后，如图 6-123 所示。

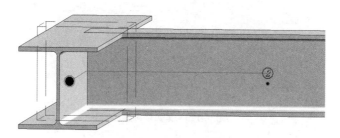

图 6-123 锯切后的图元

6.12.5　贯穿切割

【执行方式】

功能区："钢"选项卡→"参数化切割"面板→"贯穿切割"

【操作步骤】

（1）按上述方式执行。

（2）拾取连接的图元，如图 6-124 所示。

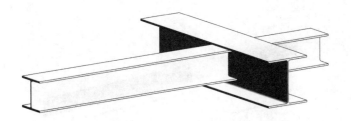

图 6-124　切割前的图元

（3）设置图元轮廓参数，如图 6-125 所示。

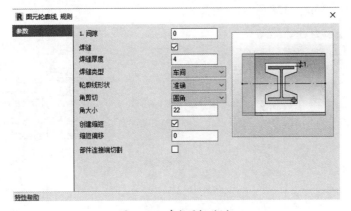

图 6-125　参数面板（2）

完成后，如图 6-126 所示。

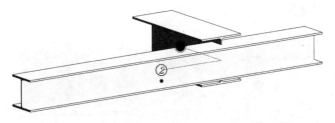

图 6-126　切割后的图元

6.12.6 剪切

✏️【执行方式】

功能区："钢"选项卡→"参数化切割"面板→"切割方式"

🖱️【操作步骤】

（1）按上述方式执行。

（2）拾取连接的图元，如图 6-127 所示。

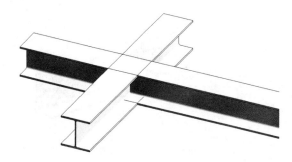

图 6-127 剪切前的图元

（3）设置参数，如图 6-128 所示。

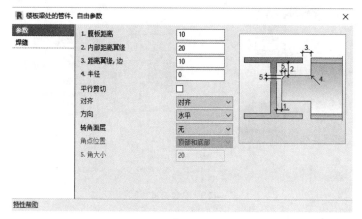

图 6-128 参数面板（3）

完成后，如图 6-129 所示。

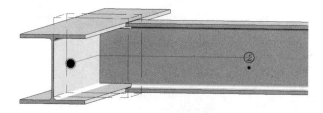

图 6-129 剪切后的图元

6.13　负荷

6.13.1　荷载工况

荷载工况设置用于指定应用于分析模型的荷载工况和荷载性质。

【执行方式】

功能区："分析"选项卡→"分析模型"面板→"荷载工况"

【操作步骤】

（1）按上述方式执行，弹出"结构设置"对话框，切换至"荷载工况"选项卡，如图 6-130 所示。

图 6-130　"荷载工况"选项卡

（2）添加荷载工况。

- 单击"荷载工况"表右侧的"添加"按钮。此时添加了"新工况 1"作为表记录，单击该新荷载工况对应的"名称"单元格，并输入名称。
- 单击新荷载工况对应的"类别"单元格，然后选择一个类别。

（3）添加荷载性质。

- 单击"结构设置"对话框中的"荷载性质"表。

- 单击"添加"按钮。此时表中添加了新的荷载性质记录。
- 单击新荷载性质的单元格。
- 根据需要修改荷载性质的名称。

6.13.2　荷载组合

通过该功能可添加和编辑分析模型的荷载组合。

【执行方式】

功能区："分析"选项卡→"分析模型"面板→"荷载组合"

【操作步骤】

（1）按上述方式执行，在"结构设置"对话框中，切换至"荷载组合"选项卡，如图 6-131 所示。

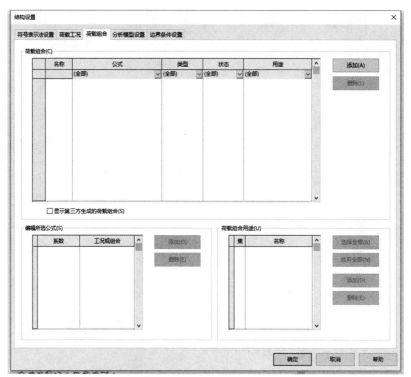

图 6-131　"荷载组合"选项卡

（2）单击"荷载组合"表，然后单击"添加"按钮。

（3）单击"名称"字段，然后输入名称。

（4）单击"编辑所选公式"区域，然后单击"添加"按钮。

（5）单击"工况或组合"字段，以选择"工况"或"组合"。

（6）单击"系数"字段以输入系数。

（7）在"荷载组合"表的"类型"字段中，选择"组合"或"包络"。

（8）将荷载组合类型设置为"组合"时，提供单个荷载组合的结果（反作用力和构件力），设置为"包络"则为荷载组合组提供了最大和最小结果。

（9）在"荷载组合"表的"状态"字段中，选择"正常使用极限状态"或"承载能力极限状态"。将荷载组合状态设置为"正常使用极限状态"，反映结构在正常或预期荷载下的执行方式（偏移、振动等），但是在正常或预期荷载下，"承载能力极限状态"则以结构的总容量为基础，确保安全承受极限，"计算"荷载不会出现问题。

（10）单击"荷载组合"表的"用途"字段，然后单击"添加"按钮。用户定义荷载组合用途。

（11）单击"荷载组合"表的"名称"字段，选择向其中添加新"荷载组合用途"的"组合"。

（12）在"荷载组合"字段中，选择要将一项新的"荷载组合用途"应用到的"荷载组合"。

（13）在"荷载组合用途"字段中，单击所需的新"荷载组合用途"。

（14）单击"确定"按钮退出该对话框。

6.13.3　荷载

通过添加荷载功能，可将点、线和面荷载应用到分析模型，将结构荷载应用到分析模型以评估设计中可能存在的变形和压力。

【执行方式】

功能区："分析"选项卡→"分析模型"面板→"荷载"

快捷键：LD

【操作步骤】

（1）按上述方式执行。

（2）单击"修改|放置负荷"选项卡→"负荷"面板→选择荷载类型，如图 6-132 所示。

- 点荷载。
- 线荷载。
- 面荷载。
- 主体点荷载。
- 主体线荷载。
- 主体面荷载。

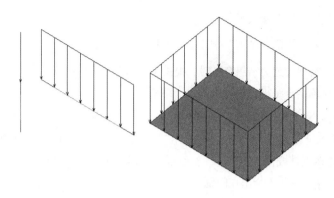

图 6-132　荷载类型

6 个荷载几何图形中的每一个都是包含实例和类型参数的族。

（3）放置荷载。

在放置荷载前后，可编辑荷载力和弯矩参数，可修改荷载数量和荷载工况，也可将荷载组合应用于模型。

6.14　边界条件

6.14.1　边界条件的设置

使用"结构设置"对话框的"边界条件设置"选项卡可指定族符号并调整各个边界条件表示的间距。

【执行方式】

功能区："分析"选项卡→"边界条件"面板→"边界条件设置"

【操作步骤】

（1）按上述方式执行。

（2）在"面积符号和线符号的间距"字段中指定所需的距离，完成边界条件设置。

6.14.2　边界条件的添加

【执行方式】

功能区："分析"选项卡→"分析模型"面板→"边界条件"

【操作步骤】

（1）按上述方式执行，在"边界条件"面板中包含 ▯ （点）、▦ （线）、▱ （面）三种边界条件。

（2）在"选项"栏中，从"状态"下拉列表中选择"固定""铰支""滑动"或其他边界状态选项。

（3）在绘图区域中，单击要添加边界条件的结构图元。

6.15 分析模型工具

6.15.1 分析模型工具的设置

在执行分析模型检查前，设置分析模型工具相关参数。

📏【执行方式】

功能区："分析"选项卡→"分析模型工具"面板→"分析模型工具设置"

🖱【操作步骤】

（1）按上述方式执行，弹出"结构设置"对话框，切换至"分析模型设置"选项卡，如图 6-133
所示。

图 6-133 "分析模型设置"选项卡

（2）设置相关参数。

相关参数说明如下：

① 自动检查

在项目的分析模型可能出现问题时，自动分析模型检查功能会发出警报。

• 构件支座。如果在模型创建或修改期间，构件不受支持，则会发出警告。在此对话框的"构
  件支座检查"部分指定"循环参照"。

- 分析/物理模型一致性。在图元创建或修改期间，对以下问题提出警告：
    - 所有不支持的结构图元。
    - 分析模型中找到的所有不一致。
    - 分析模型和物理模型之间的所有不一致。
    - 未指定"物理材质资源"的所有分析图元。

② 允差

允差选项可设置"分析/物理模型一致性检查"的允差和分析模型的自动检测的允差。

A. 支座距离。指定图元的物理模型和支撑图元的物理模型之间允许的最大距离。如果超出此允差，则将在一致性检查时发出警告。

B. 分析模型到物理模型的距离。指定分析模型和物理模型之间允许的最大距离。如果超出此允差，则将在一致性检查时发出警告。

C. 分析自动检测 - 水平。指定分析模型和物理模型之间的最大水平距离。

D. 分析自动检测 - 垂直。指定分析模型和物理模型之间的最大垂直距离。

E. 分析链接自动检测。指定三维空间（水平或垂直）中的最小距离，在此三维空间中将创建自动分析链接。分析链接在无须添加物理几何图形的情况下，为分析模型提供刚性。在计算链接时，该允差不会将物理模型计算在内。

③ 构件支座检查

在自动或由用户启动的构件支座检查过程中，会用到"构件支座检查"选项。

循环参照：启用圆形支座链检查。

④ 分析/物理模型一致性检查

这些选项在自动或由用户启动"分析/物理模型一致性检查"期间使用。

6.15.2　分析调整

使用"分析调整"工具来准备各种分析应用程序的分析模型。

【执行方式】

功能区："分析"选项卡→"分析模型工具"面板→"分析调整"

快捷键：AA

【操作步骤】

（1）按上述方式执行。

（2）操纵线性和曲面分析模型图元。

（3）在绘图区域中，通过分析节点和边，捕捉到分析模型的几何图形、节点、网格和参照平面，对分析节点和边进行调整。

6.15.3　分析重设

通过该功能可将图元的分析模型恢复为默认位置。

【执行方式】

功能区："分析"选项卡→"分析模型工具"面板→"重置"

快捷键：RA

【操作步骤】

（1）按上述方式执行。

（2）选择图元将选定的结构图元分析模型重设到其原始形状或位置。

6.15.4　支座检查

支座检查功能用于检查与分析模型支座相关的错误。

【执行方式】

功能区："分析"选项卡→"分析模型工具"面板→"支座"

【操作步骤】

（1）按上述方式执行。

（2）系统将按照"结构设置"对话框中的可选检查条件对模型进行分析检查，单击"确定"按钮。

（3）查看这些警告并相应修改设计。

6.15.5　一致性检查

一致性检查用于检查分析模型和物理模型之间检查所述允差的一致性。

【执行方式】

功能区："分析"选项卡→"分析模型工具"面板→"一致性"

【操作步骤】

（1）按上述方式执行。

（2）系统提示将使用"结构设置"对话框中的检查条件对模型进行检查，单击"确定"按钮。

（3）查看这些警告并相应修改设计。

第 7 章

暖通模块

📓 **知识引导**

　　本章主要讲解 Revit 软件在暖通模块中的实际应用操作，包括风管、风管占位符、风管管件、风管附件、软风管、风管末端以及机械设备等模块创建。

7.1　系统设置

在项目中进行风系统的创建之前，需要在项目中对系统进行相关的设置。

📏 **【执行方式】**

功能区："系统"选项卡→"HVAC"面板→ HVAC ▾ →"机械设置"

快捷键：MS

🖱 **【操作步骤】**

（1）按上述方式执行，弹出"机械设置"对话框，如图 7-1 所示。

图 7-1　"机械设置"对话框

　　（2）通过树状选项栏，选择风管设置，在对应的选项中设置其参数。风系统的设置包括角度、转换、矩形、椭圆形、圆形、计算，单击相关项进行设置，设置完成后单击"确定"按钮返回。

7.2　机械设备

在 Revit 软件中机械设备以族文件形式存在于项目中，例如风机、锅炉等设备。

✎【预习重点】

◎ 机械设备的载入和管道连接。

7.2.1　机械设备的特点

机械设备是构建暖通系统的重要组成部分，其特点主要如下：

多样性：机械设备的种类多，如加热器、热交换器、散热器等。

连接性：机械设备往往连接到多种类型的系统，如热水、给水、电气系统等。

灵活性：机械设备有主体族，有非主体族，放置时也很灵活，易操作，易编辑。

7.2.2　机械设备族的载入

根据项目实际情况，在放置机械设备族前，将需要的族文件载入当前的项目中。

📏【执行方式】

功能区："系统"选项卡→"机械"面板→"机械设备"

快捷键：ME

🖱【操作步骤】

（1）按上述方式执行。

（2）在"修改|放置 机械设备"上下文选项卡的"模式"面板中，单击"载入族"按钮，打开"载入族"对话框，选择机械设备族文件，单击"打开"按钮，执行族文件的载入，如图 7-2 所示。

机械设备族载入后，机械设备族出现在实例属性框类型选择器下拉列表中。

图 7-2　机械设备族载入对话框

7.2.3 机械设备的放置及管道连接

在设备族载入后，可将设备实例放置到项目中，与已有的各种管道连接，形成完整的系统。

✏️ 【执行方式】

功能区："系统"选项卡→"机械设备"面板→"机械设备"

快捷键：ME

🖱️ 【操作步骤】

（1）按上述方式执行。

（2）选择族类型并设置相关参数。

在类型选择器下拉列表中选择机械设备族类型。根据项目实际情况调整设备的各项参数，包括类型属性参数和实例参数。

单击"编辑类型"按钮，进入机械设备类型属性对话框，如图 7-3 所示。在类型属性对话框中，可根据项目的实际情况更改对应项的参数值，包括材质、机械参数、尺寸大小等。

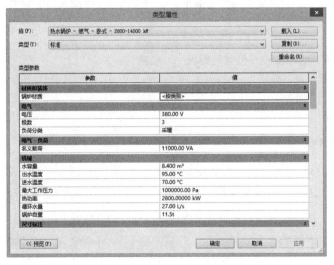

图 7-3 机械设备类型属性对话框

族的实例参数，主要是放置标高设置，以及基于标高的偏移量，设置完成后单击"应用"按钮。

（3）选择放置基准。

在 修改 | 放置 机械设备 ，"放置基准"面板下选择放置基准，包括放置在垂直面上、放置在面上、放置在工作平面上三种放置方式。

（4）放置机械设备族。

将光标移动到绘图区域，光标周边显示设备的平面图，按空格键可对设备放置方向进行切换。

单击鼠标放置设备。

选择设备，可通过修改临时尺寸标注值将设备放置到更为精确的位置。

（5）机械设备管道的连接。

放置完机械设备后，将机械设备连接到系统中，连接的方法有两种，可根据实际情况选择。

若采用绘制管道与已有的管道进行连接方法，单击选择已放置的设备，这时会显示该设备连接的管道连接件，如图 7-4 所示。

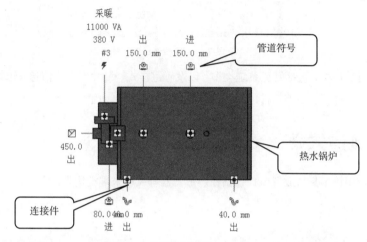

图 7-4　机械设备的连接

例如，在图 7-4 中所示的管道符号 或连接件加号 上单击鼠标右键，在快捷菜单中，选择绘制管道或软管等，如图 7-5 所示。

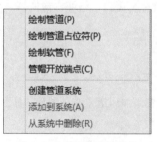

图 7-5　机械设备右键菜单

选择"绘制管道"选项，进入绘制管道状态，在属性框中设置管道的类型属性参数和实例属性参数，然后根据该系统预留管的位置，绘制设备与预留管之间的管段。

若采用设备连接到管道的方法，软件能够快速根据设备与预留管之间的位置，自动生成连接方案，该方法快速、简单，但有时由于空间限制导致软件不能生成相应的管道，需要按照上述方法手动绘制。

选择已放置的设备，在"修改|机械设备"上下文选项卡的"布局"面板中，单击"连接到"按钮，弹出"选择连接件"对话框，如图 7-6 所示。

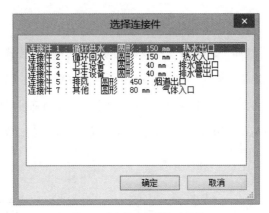

图 7-6 "选择连接件"对话框

在此对话框中，包括管道系统类型，以及管道样式、尺寸大小等信息。选择连接件，单击"确定"按钮，选择符合该连接件的系统管道，连接管道会自动生成。

7.3 风道末端

通过使用该工具可放置风口、格栅、散流器等风道末端类构件。

✎【预习重点】

◎ 风道末端的布置和管道连接。

7.3.1 风道末端的分类

风管末端按照样式的不同，可分为风口、格栅、散流器三类，三类风道末端族又可分为主体族和非主体族。

7.3.2 风道末端族的载入

根据具体项目实际情况，在风管添加风道末端装置前，需要将族类型文件载入当前的项目中。

📏【执行方式】

功能区："系统"选项卡→"HVAC"面板→"风道末端"

快捷键：AT

🖱【操作步骤】

（1）按上述方式执行。

（2）在"修改|放置 风道末端装置"上下文选项卡的"模式"面板中，单击"载入族"按钮，弹出"载入族"对话框，选择需要载入的风口族文件，如图 7-7 所示。

图 7-7　风道末端载入族对话框

单击"打开"按钮，风道末端族就载入当前的项目中。

7.3.3　风道末端的布置

完成族的载入后，可将风道末端布置到风管之上，注意风道末端有主体族和非主体族之分。

【执行方式】

功能区："系统"选项卡→"HVAC"面板→"风道末端"

快捷键：AT

【操作步骤】

（1）按上述方式执行。

（2）在属性框类型选择器下拉列表中选择相应的风道末端族类型，单击"编辑类型"按钮，在类型属性对话框中，根据项目的实际情况，修改相关参数，如图 7-8 所示。

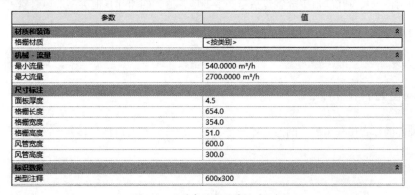

参数	值
材质和装饰	
格栅材质	<按类别>
机械 - 流量	
最小流量	540.0000 m³/h
最大流量	2700.0000 m³/h
尺寸标注	
面板厚度	4.5
格栅长度	654.0
格栅宽度	354.0
格栅高度	51.0
风管宽度	600.0
风管高度	300.0
标识数据	
类型注释	600x300

图 7-8　风道末端类型属性对话框

修改完成后，单击"确定"按钮返回，在属性框中设置风口的实例参数，主体族与非主体族实例参数的区别在于限制条件上，如图 7-9 所示，分别为非主体族与主体族的限制条件参数。

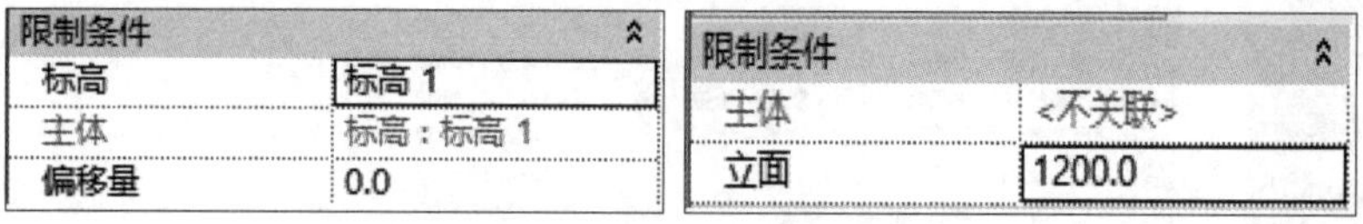

限制条件	⊗
标高	标高 1
主体	标高：标高 1
偏移量	0.0

限制条件	⊗
主体	<不关联>
立面	1200.0

图 7-9 风道末端实例属性设置

非主体族的限制条件取决于所放置标高及偏移量，而主体族取决于主体风管所在的位置条件。

若要在风管面上直接放置风道末端，可单击上下文选项卡的"布局"面板中的"风道末端安装到风管上"按钮。放置完成后，通过临时尺寸标注对风道末端进行精确放置。

对于基于主体的风道末端族，应先创建风管，再将风道末端放置到主体风管上。

7.3.4 风道末端的管道连接

对于基于主体的风道末端族，在其放置的过程中，软件自动将风道末端连接到主体风管；对于非主体的风道末端族，在放置完成后，需将其与相应的管道连接。

🖱 【操作步骤】

若采用直接绘制风管的方法，选择风道末端，在连接件上单击鼠标右键，选择"绘制风管"命令，软件会进入风管绘制状态，在属性框中设置风管的类型及各项参数，在选项栏中设置风管的尺寸及起始偏移量，完成后单击开始绘制风管，将风道末端与预留的风管进行连接。

若采用连接到风管的方法，先将预留的风管放置在风口上方，选择风道末端，在"修改|风道末端"上下文选项卡的"布局"面板中，单击"连接到"按钮，软件自动生成管道布局方案，风道末端与预留的风管连接。

7.4 风管管件

通过使用该工具可在项目中放置包括弯头、T 形三通、四通和其他类型的风管管件。

✏ 【预习重点】

◎ 风管管件的绘制和调整。

7.4.1 风管管件的特点

风管管件的样式包括矩形、圆形、椭圆形、多形状等，具有可插入特性。

7.4.2　风管管件族的载入

根据具体项目实际情况的需要，在创建暖通系统模型前，先在项目中载入管件族。

【执行方式】

功能区："系统"选项卡→"HVAC"面板→"风管管件"

快捷键：DF

【操作步骤】

（1）按上述方式执行。

（2）在"模式"面板中，单击"载入族"按钮，选择风管管件族文件，如图 7-10 所示。

图 7-10　风管管件载入族对话框

单击"打开"按钮，风管管件族载入当前的项目中。

7.4.3　风管管件的绘制

在项目中绘制风管时，软件会根据风管的关系自动生成相应的风管管件，也可手工添加管件。

【执行方式】

功能区："系统"选项卡→"HVAC"面板→"风管管件"

快捷键：DF

【操作步骤】

（1）按上述方式执行。

（2）在属性框类型选择器下，选取风管管件，将光标移动到风管的一端，通过空格键来循环切换可能的连接，软件会自动捕捉风管与管件的中心线，单击鼠标放置管件，将管件放置到风管末端。

7.4.4 风管管件的调整

放置到项目中的风管管件，有时还需进一步调整，以满足项目的设计要求，其调整主要包括风管管件的尺寸、升级或降级管件、旋转管件、翻转管件。

【操作步骤】

（1）风管管件尺寸调整。

在风管系统中选择一个管件，选择尺寸控制柄，然后输入所需尺寸的值，对于矩形和椭圆形风管，必须分别输入宽度和高度尺寸控制柄的值。如图 7-11 所示，矩形弯头管件的尺寸从 360.0×360.0 调整为 500.0×360.0，如果可能，软件会自动插入过渡件，以维护系统的连接完整性。

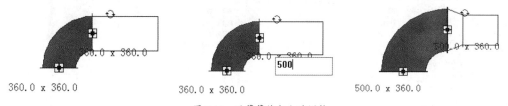

图 7-11　风管管件大小的调整

（2）升级或降级管件。

在风管系统中选择一个管件（弯头、T 形三通），该管件旁边会出现蓝色的风管管件控制柄。如果管件的所有端都在使用中，在管件的旁边就会被标记上加号。未使用的管件一端带有减号，表示可删除该端以使管件降级。如图 7-12 所示，将弯头升级为 T 形三通，单击不同位置的加号生成的 T 形三通也不同。

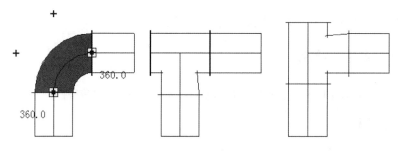

图 7-12　风管管件类型的调整

（3）旋转管件。

在风管系统中选择管件，如图 7-13 所示，选择已连接到一端的弯头，在弯头周边显示旋转控制柄，单击就可修改管件的方向，每单击一次，弯头旋转 90°。

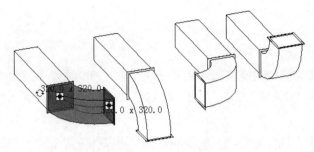

图 7-13　风管管件的旋转

（4）翻转管件。

在风管系统中选择管件，如图 7-14 所示，选择 T 形三通后，在 T 形三通的周边出现翻转控制柄 ⇆ ，单击此控制柄可修改管件的水平方向，每单击一次，管件将翻转 180°，如图 7-14 中的右图所示。

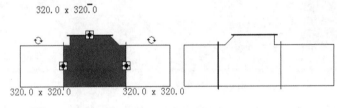

图 7-14　风管管件的翻转

7.5　风管附件

通过使用该工具在项目中放置包括风阀、过滤器和其他类型的风管附件。

✏️【预习重点】

◎ 风管附件的绘制和调整。

7.5.1　风管附件的特点

风管附件可在任何视图中放置。在插入点周边按 Tab 键或空格键可循环切换可能的连接。

7.5.2　风管附件族的载入

根据项目实际情况的需要，在创建暖通系统模型前，将管道附件族类型文件载入当前项目中。

📏【执行方式】

功能区：“系统”选项卡→“HVAC”面板→“风管附件”

快捷键：DA

🖱️【操作步骤】

按上述方式执行。

（1）单击"系统"选项卡中的"风管附件"按钮，在"修改|放置 风管附件"上下文选项卡的"模式"面板中，单击"载入族"按钮，弹出"载入族"对话框，选择需要载入的风管附件族，如图7-15 所示。

图 7-15 风管附件载入族对话框

（2）单击选择后，单击"打开"按钮，完成载入，某些族在载入的过程中会出现"指定类型"对话框，如图 7-16 所示。根据实际情况，选择相应的尺寸类型，单击"确定"按钮。

图 7-16 "指定类型"对话框

7.5.3 风管附件的添加

在项目中绘制完成各段风管后，可在现有的风管上添加风管附件。

📏【执行方式】

功能区："系统"选项卡→"HVAC"面板→"风管管件"

快捷键：DA

🖱️【操作步骤】

（1）将视图切换到风管所在的机械平面视图。

（2）选择已绘制完成的风管，在选项栏中查看风管的尺寸大小，如图 7-17 所示。

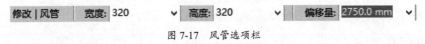

| 修改 \| 风管 | 宽度: 320 | ∨ | 高度: 320 | ∨ | 偏移量: 2750.0 mm | ∨ |

图 7-17　风管选项栏

（3）按上述方式执行。

（4）在属性框类型选择器中选择将要放置的风管附件。

（5）将光标移动到绘图区域中的风管上，并在需要添加的位置单击完成放置。

7.5.4　风管附件的调整

风管附件调整主要有旋转管件、翻转管件。

【操作步骤】

风管附件的调整与风管管件的调整有相同之处，通过单击控制柄可对附件进行旋转或翻转。如图 7-18 所示，选择已放置好的风管附件，单击控制柄以完成对风管附件的调整。

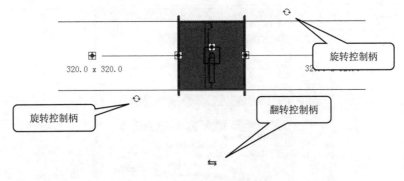

图 7-18　风管附件的翻转

7.6　风管

使用风管创建工具可在项目中绘制风管以连接风道末端和机械设备。

【预习重点】

◎ 风管的标高设置和绘制。

7.6.1　风管的布管系统配置

风管按照其截面形状不同可分为矩形风管、圆形风管和椭圆形风管。在项目中绘制风管时，除了要选择风管类型，以及设置其相关参数外，还需进行风管的布管系统配置。布管系统配置的设置，决定了在绘制风管时，弯头、四通、过渡件等管件的类型。

【执行方式】

功能区："系统"选项卡→"HVAC"面板→"风管"

快捷键：DT

【操作步骤】

（1）将视图切换到风管所在的机械平面。

（2）按上述方式执行。

（3）在属性框中选择需设置的风管，单击"编辑类型"按钮进入"类型属性"对话框，单击布管系统配置该项后的"编辑"按钮，打开"布管系统配置"对话框，如图 7-19 所示，在选项栏下拉列表中，选择风管的管件类型。

图 7-19 "布管系统配置"对话框

7.6.2 风管的对正设置

在绘制风管时，风管的对正设置是风管布置位置的重要因素之一。

【执行方式】

功能区："系统"选项卡→"HVAC"面板→"风管"

快捷键：DT

【操作步骤】

（1）按上述方式执行。

（2）在"修改|放置 风管"上下文选项卡的"放置工具"面板中，单击"对正"按钮，弹出如图 7-20 所示的"对正设置"对话框。

图 7-20　"对正设置"对话框

设置参数项说明如下：

- 水平对正：指以风管的"中心""左"或"右"作为参照，将各风管部分的边缘水平对齐。
- 水平偏移：指定在绘制风管时，光标的单击位置与风管绘制的起始位置之间的偏移值。
- 垂直对正：指以风管的"中""底"或"顶"作为参照，将各风管部分的边缘垂直对齐。

对正设置也可在绘制风管时，在属性框的限制条件面板中进行设置。

7.6.3　风管的绘制

【执行方式】

功能区："系统"选项卡→"HVAC"面板→"风管"

快捷键：DT

【操作步骤】

（1）将视图切换到风管所在的机械平面。

（2）按上述方式执行。

（3）选择风管类型，注意区分半径弯头和斜接弯头以及 T 形三通和接头。

（4）属性的设置。

在属性框中设置风管的实例属性，包括参照标高、偏移量以及系统类型的设定。

（5）选项栏的设置。

在选项栏中，设置风管的宽度和高度，偏移量与属性面板中的一致，指锁定/解锁管段的高程，锁定后，管段会始终保持原高程，不能连接到处于不同高程的管段。

（6）放置工具面板的设置。

在上下文选项卡的"放置工具"面板中，继续进行设置相关选项。

- 自动连接：表示在开始或结束风管管段时，可自动连接构件上的捕捉。
- 继承高程：表示继承捕捉到的图元的高程。

- 继承大小：表示继承捕捉到的图元的大小。
- 忽略坡度以连接：表示是控制使用当前的坡度值进行连接，还是忽略坡度值直接连接。此项只适用于在放置圆形风管时使用。
- 在放置时进行标记：表示在视图中放置风管管段时，将默认注释标记应用到风管管段。

（7）绘制风管。

水平风管绘制方法：在绘图区域中的指定位置单击以作为风管的起点，拖曳鼠标，在终点位置单击，按 Esc 键退出绘制状态。

垂直风管绘制方法：设置第一次的偏移量高度，在绘图区域中单击，保持此状态，在选项栏的偏移量框中输入另一高度值，单击选项栏中的"应用"按钮，按 Esc 键退出绘制状态。

7.6.4　风管管道类型及大小调整

完成风管的绘制后，可选择风管，进行相应的修改和调整。

🖱️【操作步骤】

（1）选择风管，如图 7-21 所示，各符号的含义已标注。

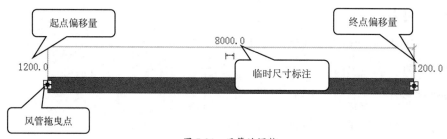

图 7-21　风管的调整

（2）在绘图区域中，可根据上述所显示的符号来修改风管的长度、起/终点偏移量。

（3）在属性框中，单击类型选择器下拉列表中的风管类型，可替换类型，在属性框中可修改其对正、参照标高、偏移量、系统类型等参数。

（4）在选项栏中，可修改风管的宽度值和高度值。

7.7　风管占位符

使用此工具可在早期阶段绘制不带弯头或 T 形三通管件的占位符风管。

✏️【预习重点】

◎ 风管占位符的特点和调整。

7.7.1 风管占位符的特点

在早期设计阶段占位符风管可指风管管路的大概位置，显示尚未完全定好尺寸的管道布局，占位符风管显示为不带管件的单线几何图形。使用占位符风管可在设计仍然处于未知状态时创建连接良好的系统，在后续设计过程中进行优化，占位符风管可转换为带有管件的风管。

7.7.2 风管占位符的绘制和调整

风管占位符的绘制方式和风管的绘制方式相同，占位符风管显示的是不带管件的单线。

📏【执行方式】

功能区："系统"选项卡→"HVAC"面板→"风管占位符"

🖱️【操作步骤】

（1）将视图切换到风管所在的机械平面。

（2）风管占位符的绘制。

绘制的步骤与绘制风管一致，单击"风管占位符"，在属性框中选择风管的类型，设置实例属性参数，在选项栏中设置风管的尺寸参数。

（3）风管占位符的调整。

在详细设计中，可将风管占位符转化为标准风管。

选择要转换的占位符单线，在"修改|风管占位符"上下文选项卡的"编辑"面板中，单击"转换占位符"按钮，软件自动将单线转化为标准风管。

7.8 软风管

使用软风管工具可在系统管网中绘制圆形和矩形软风管。

✏️【预习重点】

◎ 软风管的设置和绘制。

7.8.1 软风管的特点

软风管的特点是绘制灵活，在绘制软风管时，可像绘制样条曲线一样，改变软风管的轨迹。

7.8.2 软风管的类型属性设置

与绘制风管一样，在绘制前需要设置软风管的类型属性参数，主要的参数设置为布管系统配置。

【执行方式】

功能区："系统"选项卡→"HVAC"面板→"风管占位符"

快捷键：FD

【操作步骤】

（1）按上述方式执行。

（2）在属性框类型选择器下拉列表中选取矩（圆）形软风管，单击"编辑类型"按钮进入其类型属性对话框，如图 7-22 所示。

图 7-22 软风管类型属性对话框

类型属性设置主要是在"设置管件"面板下的下拉列表中选择管件类型，完成各参数设置后，单击"确定"按钮返回。

7.8.3 软风管的绘制

完成类型属性参数设置后，可在绘图区域绘制软风管。

【执行方式】

功能区："系统"选项卡→"HVAC"面板→"风管占位符"

快捷键：FD

【操作步骤】

（1）将视图切换到风管所在的机械平面。

（2）按上述方式执行。

（3）选择软风管类型并设置属性参数。

（4）选项栏的设置。

在选项栏中，若选择圆形软风管，需设置直径和偏移量；

若选择矩形软风管，需设置软风管的宽度、高度以及偏移量。

（5）绘制软风管。

在绘图区域中的指定位置单击以作为软风管的起点，软风管的绘制轨迹为样条曲线，在转折处单击可转变方向，以最后一次单击处作为软风管的终点，按 Esc 键退出绘制状态。

7.8.4 软风管的调整

完成软风管的绘制后，可选择需要进行修改的管段对软风管进行调整，以满足设计要求。

【操作步骤】

（1）单击选择软风管，在软风管平面图中出现几种特殊的符号，如图 7-23 所示。

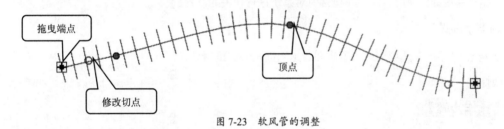

图 7-23 软风管的调整

符号的含义和解释说明如下：

- 拖曳端点（⊞）是指可用它来重新定位软风管的端点和线性长度。可通过它将软风管连接到另一个构件上，或断开软风管与系统的连接。
- 修改切点（◎）将出现在软风管的起点和终点处，可用它来调整第一个弯曲处和第二个弯曲处的切点。
- 顶点（✱）出现在软风管上，可用它来修改软风管弯曲位置的点。

（2）除通过软风管自身的符号控制调整外，选取软风管后，还可在属性框中、选项栏中调整软风管的各项参数，以满足项目的设计要求。

第8章

给排水模块

知识引导

　　本章主要讲解 Revit 软件在给排水模块中的实际应用操作，包括管道、管道占位符、管件、管路附件、软管、平行管道以及卫浴装置等功能。

8.1 系统设置

给排水系统的创建前，需要在项目中对系统进行相关的设置。

【执行方式】

功能区："系统"选项卡→"卫浴和管道"面板→"机械设置"

快捷键：MS

【操作步骤】

（1）按上述方式执行。

（2）在"机械设置"对话框中，如图 8-1 所示，通过树状选项栏，选择管道设置，在对应的选项中设置参数。管道系统设置包括角度、转换、管段和尺寸、流体、坡度、计算等。

图 8-1 "机械设置"对话框

8.2　卫浴装置

在软件中卫浴装置以族形式放置到项目中，如马桶、浴盆等。

✏️ 【预习重点】

◎　卫浴装置的载入和调整。

8.2.1　卫浴装置的特点

卫浴装置是构建给排水系统的一个重要组成部分，其特点包括：

多样性：卫浴装置的种类很多，如蹲便器、洗脸盆、小便器等。

连接性：卫浴装置往往连接到多种类型的系统，如热水、给水、电气系统等。

灵活性：卫浴装置有些是主体族，有些是非主体族，放置时也很灵活，易操作，易编辑。

8.2.2　卫浴装置的载入

根据具体项目的实际情况，在放置卫浴装置族前，将族类型文件载入当前的项目中。

📏 【执行方式】

功能区："系统"选项卡→"卫浴和管道"面板→"卫浴装置"

快捷键：PX

🖱️ 【操作步骤】

（1）按上述方式执行。

（2）在"修改|放置卫浴装置"上下文选项卡的"模式"面板中，单击"载入族"按钮，打开载入族对话框，如图 8-2 所示。

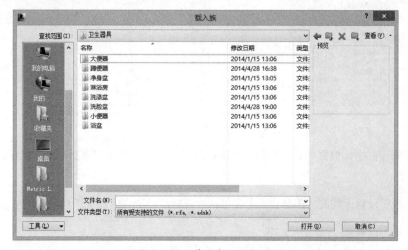

图 8-2　卫浴装置载入族对话框

根据项目需要，选择需要载入的族文件，单击"打开"按钮，卫浴装置族载入当前的项目中。

8.2.3 卫浴装置的添加

在卫浴装置族载入后，可将其放置到项目模型中，与现有管道进行连接，形成完整的系统。

📏【执行方式】

功能区："系统"选项卡→"卫浴和管道"面板→"卫浴装置"

快捷键：PX

🖱️【操作步骤】

（1）按上述方式执行。

（2）选择族类型，并设置相关参数。

在类型选择器下拉列表中找到需添加的卫浴装置类型并选择，放置前需要根据项目的实际情况调整卫浴装置的各项参数，包括类型属性参数和实例参数。

单击"编辑类型"按钮，进入卫浴装置类型属性对话框，如图8-3所示。

图8-3 卫浴装置类型属性对话框

在类型属性框中，根据项目的实际情况来更改对应项的参数值，包括材质、机械、尺寸标注等。

在属性框中设置该族的实例参数，主要包括放置标高设置，以及基于标高的偏移量。

（3）放置卫浴装置。

将光标移动到绘图区域，光标周边显示卫浴装置的平面图，按空格键可对装置进行旋转。在指定位置单击鼠标放置卫浴装置。通过临时尺寸标注值将装置放置到精确的位置。

（4）卫浴装置的管道连接。

在项目中放置卫浴装置后，需将卫浴装置连接到系统中。连接的方法有两种，根据实际情况选择。

- 绘制管道与现有管道连接：选择装置后显示所有与该装置连接的管道连接件，如图 8-4 所示。

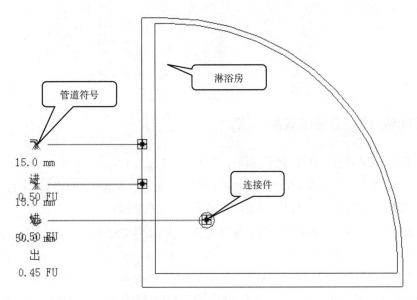

图 8-4　卫浴装置系统连接件

在图 8-4 中所示的管道符号 🐛 或连接件加号 ✚ 上单击鼠标右键，在快捷菜单中，选择绘制管道或绘制软管，如图 8-5 所示。

图 8-5　卫浴装置右键快捷菜单

选择"绘制管道"选项，软件进入绘制管道状态，在属性框中设置管道的类型属性参数和实例属性参数，绘制装置与预留管之间的管段。

- 装置连接到管道：软件快速根据装置与预留管之间的位置自动生成连接方案。

选择装置，在"修改|卫浴装置"上下文选项卡的"布局"面板中，单击"连接到"按钮，弹出"选择连接件"对话框，如图 8-6 所示。

选择连接件后，单击"确定"按钮，光标周边出现小加号，并提示"拾取一个管道以连接到"，选择系统管道，管道自动生成连接。

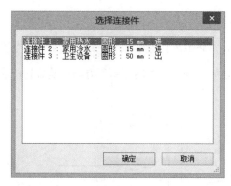

图 8-6 "选择连接件"对话框

➷ 实操实练-19 卫浴装置的布置

（1）新建给排水项目，在项目浏览器下，双击标高 1 进入 1 层平面视图。

（2）单击"插入"选项卡中的"链接 Revit"按钮，通过查找范围找到建筑 rvt 文件，定位栏选择自动-原点到原点。单击"打开"按钮，完成建筑模型的链接。

（3）通过单击"协作"选项卡中的"复制/监视"按钮，为给排水项目通过复制方式创建标高和轴网。

（4）完成基准的创建后，单击"系统"选项卡中的"卫浴装置"按钮，在类型选择器下拉列表中选择坐便器-冲洗水箱类型，在"类型属性"参数框中复制创建命名为别墅卫生间坐便器新类型。在材质和装饰参数下，设置坐便器材质、阀门材质以及坐便器盖材质，如图 8-7 所示。

参数	值
材质和装饰	⌃
坐便器材质	陶瓷面板
阀门材质	不锈钢
坐便器盖材质	陶瓷面板
机械	⌃
WFU	4.500000
CWFU	0.500000
HWFU	
尺寸标注	⌃
污水半径	50.0 mm
污水出口到墙	305.0
污水直径	100.0 mm
冷水半径	7.5 mm
冷水进口高度	200.0
冷水直径	15.0 mm

图 8-7 卫浴装置类型属性设置

（5）在属性框中设置放置标高为 1F_±0.000，设置偏移量为−50.0，如图 8-8 所示。

（6）在选项栏中，不勾选"旋转"复选框。

（7）移动光标至卫生间平面区域，通过单击空格键循环翻转坐便器朝向，单击鼠标放置。

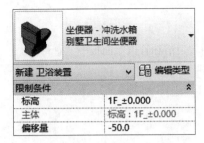

图 8-8　卫浴装置实例属性设置

（8）按照上述步骤创建其他卫生器具类型。

（9）完成对该项目卫生装置的放置，如图 8-9 所示，项目另存为"给排水-卫生装置"。

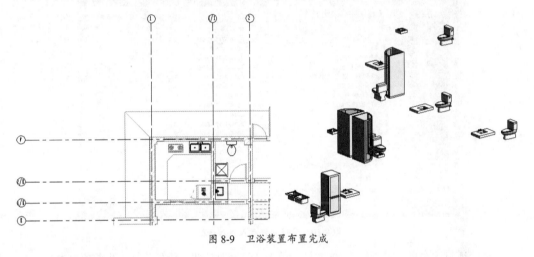

图 8-9　卫浴装置布置完成

8.3　管道管件的添加

通过使用该工具在项目中放置包括弯头、T 形三通、四通和其他类型的管道管件。

✎【预习重点】

◎　管件的添加和修改。

8.3.1　管件的特点

管件可在任意视图中放置，在放置的过程中按空格键可循环切换可能的连接。管件的材质种类繁多，有 PVC、钢塑复合、不锈钢和铸铁等。

8.3.2　管件族的载入

根据具体项目实际情况的需要，在创建给排水系统模型前，将管件族类型文件载入当前项目中。

【执行方式】

功能区："系统"选项卡→"卫浴和管道"面板→"管件"

快捷键：PF

【操作步骤】

（1）按上述方式执行。

（2）在"修改|放置 管件"上下文选项卡的"模式"面板中，单击"载入族"按钮，进入管道管件载入族对话框，如图 8-10 所示。

图 8-10　管道管件载入族对话框

根据管道材质选择所需要的族 rfa 文件，单击"打开"按钮，管件族载入当前项目中。

8.3.3　管件的添加和修改

在项目中绘制管道时，由于前期已对布管系统进行了配置，软件会根据两段管道的位置自动生成相应的管件，手动添加也可以。

【执行方式】

功能区："系统"选项卡→"卫浴和管道"面板→"管件"

快捷键：PF

【操作步骤】

（1）按上述方式执行。

（2）管件的添加。

当绘制管道出现相交情况时，管道管件将根据管道管段设置自动生成管件，如图 8-11 所示。

选择管件，可在属性框类型选择器下，选取另一种类型进行替换。

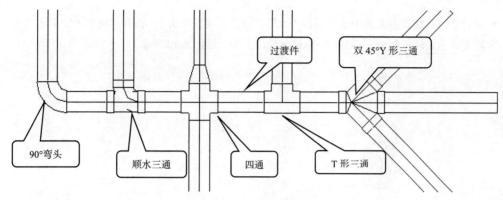

图 8-11　管件的添加

手动添加管件，单击"管件"按钮，在属性框类型选择器中选择管件类型，将光标移动到管道的一端，按空格键循环切换方向，捕捉管道与管件的中心线，单击鼠标放置管件。

（3）管件的修改。

放置到项目中的管件，有时还需进行调整，以满足项目的设计要求，调整主要包括修改管件的尺寸、升级或降级管件、旋转管件、翻转管件。

- 修改管件的尺寸：在管道系统中选择管件，单击尺寸控制柄，输入所需尺寸的值，按 Enter 键完成修改。如图 8-12 所示，90° 弯头管件的尺寸从 150mm 调整为 100mm。

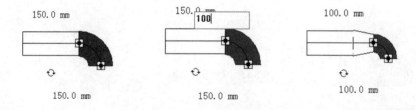

图 8-12　管件尺寸的调整

如果可能，软件会自动插入过渡件，以生成完整的管道系统。

- 升级或降级管件：在管道系统中选择一个管件（弯头、T 形三通），该管件旁边会出现蓝色的管件控制柄。如果管件的所有端都在使用中，在管件的旁边就会被标记上加号。未使用的管件一端则带有减号，表示可删除该端以使管件降级。如图 8-13 所示，将弯头升级为 T 形三通，单击不同位置的加号生成的 T 形三通也不同。

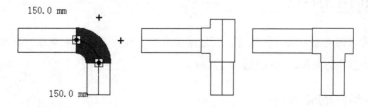

图 8-13　管道管件的类型转换

- 旋转管件：在管道系统中选择管件（T 形三通、四通或弯头），如图 8-14 所示，选择弯头，弯头显示旋转控制柄↻，单击↻修改管件方向，如图 8-14 所示。

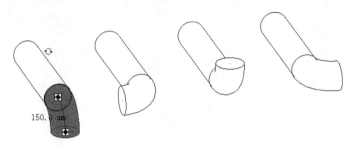

图 8-14　管道管件的旋转

- 翻转管件：在管道系统中选择管件，如图 8-15 所示，管件出现翻转控制柄⇔，单击此控制柄修改管件的水平方向，如图 8-15 中第二幅图所示。

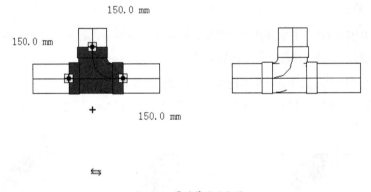

图 8-15　管道管件的翻转

8.4　管路附件

通过使用该工具在项目中放置包括各类阀门、地漏、清扫口和其他类型的管路附件。

✎【预习重点】

◎ 管路附件的添加和修改。

8.4.1　管路附件的特点

放置管路附件时可继承管道的尺寸。管道附件可嵌入放置，也可放置在管道末端。在插入点周边按 Tab 键或空格键可循环切换可能的连接。

8.4.2　管路附件的载入

创建给排水系统模型前，将项目中需要的附件族类型文件载入当前项目。

【执行方式】

功能区："系统"选项卡→"卫浴和管道"面板→"管路附件"命令

快捷键：PA

【操作步骤】

（1）按上述方式执行。

（2）在"修改|放置 管路附件"上下文选项卡的"模式"面板中，单击"载入族"按钮，弹出"载入族"对话框，如图 8-16 所示。

载入族
查找范围(I): 给排水附件
查看(V)
预览
名称
修改日期
类型
倒流防止器 2014/1/15 13:05 文件
地漏 2014/1/15 13:06 文件
过滤器 2014/1/15 13:06 文件
清扫口 2014/1/15 13:06 文件
水锤消除器 2014/1/15 13:06 文件
通气帽 2014/1/15 13:06 文件
吸气阀 2014/1/15 13:05 文件
吸入式扩散器 2014/1/15 13:06 文件
仪表 2014/1/15 13:06 文件
雨水斗 2014/1/15 13:06 文件
我的电脑
收藏夹
桌面
文件名(N):
文件类型(T): 所有受支持的文件 (*.rfa, *.adsk)
工具(L)
打开(O)
取消(C)

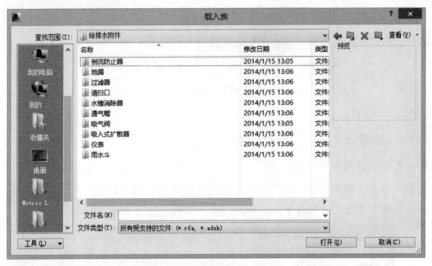

图 8-16　管道附件载入族对话框

在该文件夹目录下，可看到管路附件包括的种类，选择要载入的族文件，单击"打开"按钮，完成载入，部分族在载入的过程中会出现"指定类型"对话框，如图 8-17 所示。根据实际情况，选择相应的尺寸类型，单击"确定"按钮。

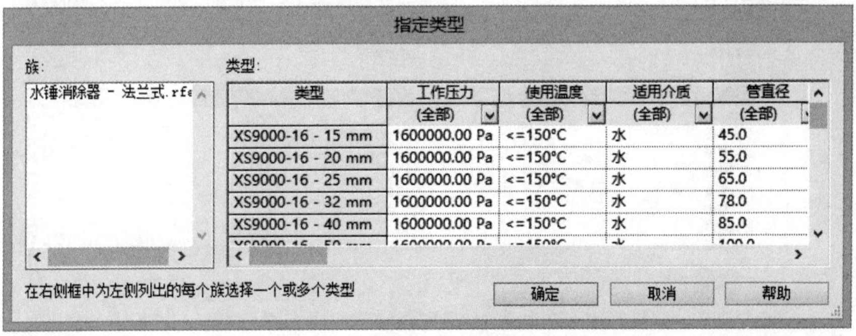

指定类型
族:
类型:
水锤消除器 - 法兰式.rfa
类型 | 工作压力 | 使用温度 | 适用介质 | 管直径
(全部) | (全部) | (全部) | (全部) | (全部)
XS9000-16 - 15 mm | 1600000.00 Pa | <=150°C | 水 | 45.0
XS9000-16 - 20 mm | 1600000.00 Pa | <=150°C | 水 | 55.0
XS9000-16 - 25 mm | 1600000.00 Pa | <=150°C | 水 | 65.0
XS9000-16 - 32 mm | 1600000.00 Pa | <=150°C | 水 | 78.0
XS9000-16 - 40 mm | 1600000.00 Pa | <=150°C | 水 | 85.0
在右侧框中为左侧列出的每个族选择一个或多个类型
确定
取消
帮助

图 8-17　管件附件类型选择器

管路附件载入当前项目中以后，管路附件族及类型将出现在属性框类型选择器中。

8.4.3　管路附件的添加

管道附件可直接添加到现有的管道上。

【执行方式】

功能区："系统"选项卡→"卫浴和管道"面板→"管路附件"

快捷键：PA

【操作步骤】

（1）将视图切换到管道所在的平面。

（2）选择已绘制完成的管道，在选项栏中查看管道的直径大小，如图 8-18 所示。

图 8-18　选项栏

（3）按上述方式执行。

（4）选择管道附件族类型，设置相关参数。

在属性框类型选择器中选择管路附件类型，若类型选择器下没有与管道相匹配的尺寸，应先选择某一类型，单击"编辑类型"按钮进入管道附件族类型属性对话框，先复制该类型，并按照管道直径修改名称，修改尺寸标注下的"公称直径"参数，如图 8-19 所示。

图 8-19　管道附件族类型属性对话框

设置完成后，单击"确定"按钮返回放置状态，在实例属性中设置限制条件下的标高，将闸阀添加到管道上，软件会自动将该点的偏移量指定为闸阀的偏移量。

（5）放置管道附件。

将光标移动到绘图区域中的管道处，预放置管道附件会在平面图上随着光标移动，移动到管道上的添加位置周边时，按 Tab 键或空格键可循环切换可能的连接，当管道附件中心线与管道的中心线重合时，会高亮显示此线，单击完成放置。

8.4.4　管路附件的修改

添加到管道上的管路附件，根据实际设计要求，可以旋转附件、翻转附件。

🖱【操作步骤】

管路附件的调整与管件的调整类似，可通过单击控制柄来对附件进行旋转或翻转。如图 8-20 所示，选择已放置好的闸阀，在其周边就会显示其控制柄，单击控制柄可完成对管路附件的调整。

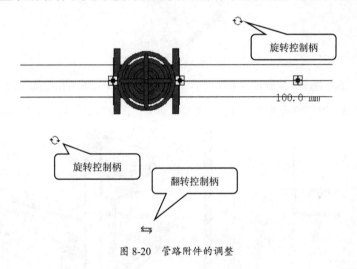

图 8-20　管路附件的调整

↘ 实操实练-20　管道附件的添加

（1）打开"给排水-管道"项目，将视图切换到三维视图状态。

（2）单击"系统"选项卡中的"管道附件"按钮，在类型选择器中选择截止阀 J21-25-20mm 类型，在类型属性参数中设置阀体材质以及阀门手轮材质。单击"确定"按钮保存并返回。

（3）在属性框中设置标高为 1F_±0.000，偏移量为 0.0，如图 8-21 所示。

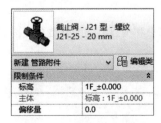

图 8-21　设置实例属性参数

（4）移动光标至需放置附件的管段，高亮显示该管段的中心线时，单击鼠标放置，如图 8-22 所示。

（5）选择已放置的阀门附件，通过单击控制柄 ⟳ 完成对附件方向的反转。

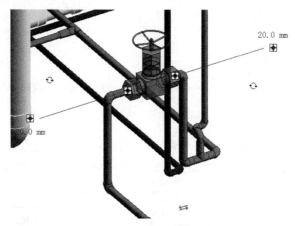

图 8-22　管道附件的放置

（6）按照上述步骤选择其他管道附件的类型，将管道附件放置到相应的管段上。

（7）完成对该项目管段附件的放置，如图 8-23 所示，将项目文件另存为"给排水-管道附件"。

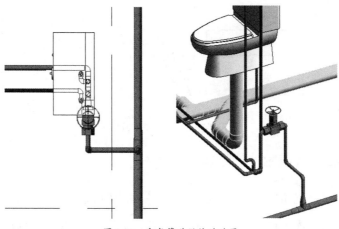

图 8-23　完成管道附件的放置

8.5　管道

使用此工具可在项目中绘制水平和垂直方向的管道并连接卫浴装置和机械设备。

✎【预习重点】

◎ 管道的类型设置和绘制。

8.5.1　管道的布管系统配置

给排水管道其样式为圆形，按照系统类型的不同可分为给水管道、排水管道、雨水管道、喷淋管道、消火栓管道等。按照其材质的不同又可分为 PP-R 管、U-PVC 管、镀锌钢管、PE 管等，根据系统的要求选择相应材质的管道。在项目中创建管道系统时，除了要设定管道的系统外，还需设置管道的布管系统配置。布管系统配置的设置决定了在绘制管道时，弯头、四通等管件的类型。

【执行方式】

功能区："系统"选项卡→"卫浴和管道"面板→"管道"

快捷键：PI

【操作步骤】

（1）按上述方式执行。

（2）选择需要修改属性的管道类型，并修改相关参数。

在属性框中选择某种管道类型，单击"编辑类型"进入"类型属性"对话框，单击"布管系统配置"该项后的"编辑"按钮，进入管道布管系统配置对话框，如图 8-24 所示。

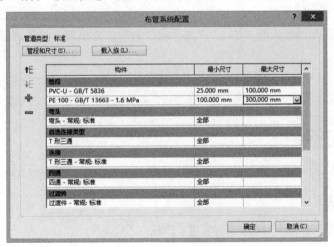

图 8-24　管道布管系统配置

与风管的布管系统配置不同，此对话框中在每一项后面都增加了最小尺寸、最大尺寸设置。可根据管道尺寸大小的不同设定不同的管段材质和管件样式。如图 8-24 所示，在管段设置下，规定了当 25mm ≤ DN < 100mm 时选用 PVC-U 材质的管道，当 100mm ≤ DN < 300mm 时选用 PE 材质的管道。如果在最小尺寸一栏选择"全部"，表示当前所选的管段或管件满足于任何直径大小的管道。

设置完成后单击"确定"按钮返回"类型属性"对话框，单击"确定"按钮返回绘制状态，完成设置。

8.5.2 管道的对正设置

与风管相同，在绘制管道时，管道的对正设置是至关重要的。

【操作步骤】

单击"系统"选项卡中的"管道"按钮，在"修改|放置 管道"上下文选项卡的"放置工具"面板中，单击"对正"按钮，弹出如图 8-25 所示的"对正设置"对话框。

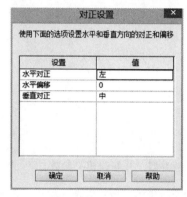

设置	值
水平对正	左
水平偏移	0
垂直对正	中

图 8-25 "对正设置"对话框

设置参数项说明如下：

● 水平对正：指以管道的"中心""左"或"右"作为参照，将管道部分的边缘水平对齐。

● 水平偏移：指定在绘制管道时，光标的单击位置与管道绘制的起始位置之间的偏移值。

● 垂直对正：指以管道的"中""底"或"顶"作为参照，将管道部分的边缘垂直对齐。

8.5.3 管道的绘制

完成布管系统的设置后，可在绘图区域中绘制管道。绘制按照如下所描述的步骤进行。

【执行方式】

功能区："系统"选项卡→"卫浴和管道"面板→"管道"

快捷键：PI

【操作步骤】

（1）将视图切换到绘制管道的标高楼层平面。

（2）按上述方式执行。

（3）选择管道类型并设置相关参数。

在属性框中，从类型选择器下拉列表中选取管道类型，若项目中没有需要的类型，可通过"类型属性"对话框复制创建新的管道类型，并指定布管系统配置。

在属性框中继续设置管道的实例属性，包括参照标高、偏移量以及系统类型、管段材质的设定，直径可在选项栏中设置。

（4）设置选项栏参数。

在选项栏中，设置管道的直径，若下拉列表中没有想要选择的尺寸，需要在机械设置中重新添加该管段类型的尺寸，不能直接输入数值。添加的方法如下：

单击进入"机械设置"对话框，在树状栏中选择"管道设置"下的"管段和尺寸"项，如图8-26 所示。

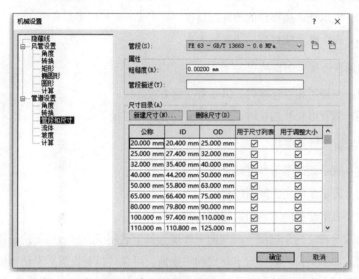

图 8-26　"机械设置"对话框

在图 8-26 所示的对话框中进行尺寸的添加，在管段一栏，从下拉列表中选择需要添加尺寸的管材类型，然后单击尺寸目录下的"新建尺寸"按钮，弹出如图 8-27 所示的"添加管道尺寸"对话框。

在对话框中，输入新的管道尺寸信息，包括公称直径、内径、外径尺寸，单击"确定"按钮，再次单击"确定"按钮返回选项栏，从"直径"下拉列表中选取该绘制管段的尺寸。

图 8-27　"添加管道尺寸"对话框

选定管段尺寸后，设置管道的偏移量，选项栏中的偏移量与"属性"面板中的一致。指锁定/解锁管段的高程。

（5）设置"放置"面板选项。

在上下文选项卡的管道放置中，继续进行设置，如图 8-28 所示。

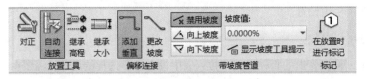

图 8-28　管道放置面板

- 对正：与风管一致。
- 自动连接：表示在开始或结束管段时，可自动与连接件进行连接。
- 继承高程：表示继承捕捉到的图元的高程。
- 继承大小：表示继承捕捉到的图元的大小。

（6）设置"偏移连接"面板选项。

- 添加垂直：当管道相互连接时，以垂直立管方式连接。
- 更改坡度：当管道相互连接时，以带坡度斜管方式连接。

（7）设置带坡道的管道参数。

- 禁用坡度：表示绘制不带坡度的管道。
- 向上坡度：表示绘制向上倾斜的管道。
- 向下坡度：表示绘制向下倾斜的管道。
- 坡度值：表示在"向上坡度"或"向下坡度"处于启用状态时，指定绘制倾斜管道时使用的坡度值。如果下拉列表中没有想要的坡度值，可在"机械设置"对话框中进行添加。显示坡度工具提示表示在绘制倾斜管道时显示坡度信息，如图 8-29 所示。

图 8-29　坡度的设置

（8）设置管道标注。

- 在放置时进行标记：表示在视图中放置管段时，将默认注释标记应用到管段。

（9）绘制管道。

- 水平管道绘制：在绘图区域中的指定位置单击以作为管道的起点，水平滑动鼠标，再次单击以作为管道的终点，按 Esc 键退出绘制状态，软件在相交处自动生成相应的弯头。
- 立管绘制：设置第一次的偏移量高度，在绘图区域中单击，保持此状态，将选项栏中的偏移量设置为另一高度值，单击选项栏中的"应用"按钮两次，按 Esc 键退出绘制状态。

在绘制过程中，若将要绘制的管道尺寸、偏移量是已使用过的，可直接选择已绘制好的管段，单击鼠标右键，在命令功能区中选择"创建类似实例"命令，软件自动跳转到绘制管道状态，各参数值与选择的管道一致。

8.5.4　管道类型及大小调整

在完成某段管道的绘制后，选择此管段，可再次进行调整。

【操作步骤】

（1）选择已绘制好的管道，如图 8-30 所示，各符号的含义已标注。

（2）绘图区域的修改。

在绘图区域中，可根据上述所显示的符号来修改管段的长度，起点、终点偏移量高度值。

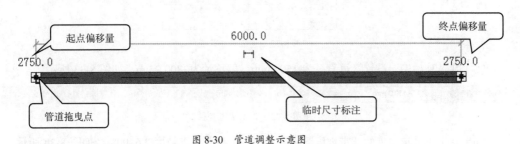

图 8-30　管道调整示意图

（3）属性的修改。

在属性框中，单击类型选择器下拉列表中的管道类型，可选择新的类型加以替换，还可在属性框中修改其对正、参照标高、偏移量、系统类型等参数。

（4）选项栏的修改。

在选项栏中，修改管道的直径和偏移量值。

实操实练-21　管道的绘制

（1）打开"给排水-卫生装置"项目，在项目浏览器下，展开卫浴楼层平面视图目录，双击 1F_±0.000 名称进入标高 1 楼层平面视图。

（2）在楼层平面属性框中，单击"视图范围"后的"编辑"按钮，在"视图范围"对话框中，设置视图深度标高所在的偏移量为-2000.0，如图 8-31 所示。

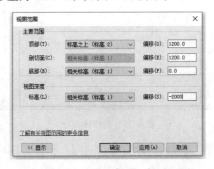

图 8-31　"视图范围"对话框

（3）单击"系统"选项卡中的"管道"按钮，在类型选择器中选择 PVC-U 排水管道类型，在类型属性参数中复制创建命名为别墅用 PVC-U 排水管道新类型。

（4）在属性框中，设置"水平对正"为"中心"，"垂直对正"为"中"，参照标高为 1F_±0.000，偏移量为–800.0，系统类型为卫生设备，如图 8-32 所示。

限制条件	
水平对正	中心
垂直对正	中
参照标高	1F_±0.000
偏移量	-800.0
开始偏移	-800.0
端点偏移	-807.9
坡度	2.6000%

图 8-32　管道对正设置

（5）在选项栏中，设置管道直径为 150.0mm，偏移量为–800.0mm，如图 8-33 所示。

图 8-33　设置管道直径

（6）在上下文选项卡的"带坡度管道"面板中，设置向下坡度 2.6000%，如图 8-34 所示。

图 8-34　坡度设置

（7）将光标移至卫生间中卫生装置排水的最上端，单击作为排水横支管的起点，向上滑动鼠标继续绘制，直到排水管出户，按 Esc 键两次退出管道绘制状态。

（8）将视图切换到三维模式，单击卫浴装置，单击上下文选项卡的"连接到"按钮，在"选择连接件"对话框中选择卫生设备连接件 3，单击"确定"按钮返回，如图 8-35 所示。

图 8-35　选择连接件

（9）移动光标，拾取已创建完成的排水管道，这时，软件会自动生成连接管，将卫生装置与排水横支管连接起来。

（10）按照项目实际情况，修改横支管管径，手动修改管件的直径。

（11）完成对该项目卫生装置管道的连接，如图 8-36 所示，将项目文件另存为"给排水-管道"。

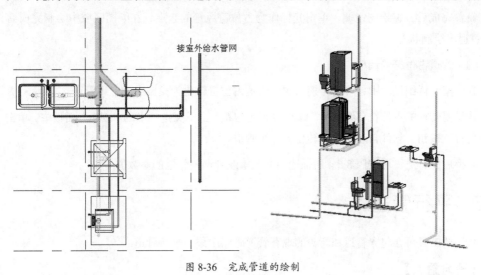

接室外给水管网

图 8-36　完成管道的绘制

8.6　管道占位符

使用此工具可在早期阶段绘制不带弯头或 T 形三通管件的占位符管道。

✏️【预习重点】

◎ 管道占位符的特点和创建。

8.6.1　管道占位符的特点

在早期设计阶段绘制管道占位符表示管路的大概位置，或显示尚未完全定好直径尺寸的布局。管道占位符显示为不带管件的单线几何图形。使用管道占位符设计仍然处于未知状态时创建连接良好的系统，在设计阶段可进行优化，将管道占位符转换为标准管道。

8.6.2　管道占位符的创建

管道占位符的创建和管道绘制方式一致，占位符管道显示的是不带管件的单线。

📏【执行方式】

功能区："系统"选项卡→"卫浴和管道"面板→"管道占位符"

🖱️【操作步骤】

（1）将视图切换到绘制管道的标高楼层平面。

（2）管道占位符的绘制。

绘制的步骤完全与管道绘制一致，单击"管道占位符"按钮，在属性框中选择管道的类型，设置实例属性参数，在选项栏中设置管道的直径和偏移量高度。

设置完成后，在绘图区域，单击光标作为占位符风管的起点，在绘图区域中绘制完成后，按Esc 键退出绘制状态。

（3）管道占位符的调整。

在后期的详细设计中，可将早期绘制的管道占位符转化为模型中的三维管道。

选择要转换的占位符单线，在"修改|管道占位符"上下文选项卡的"编辑"面板中，单击"转换占位符"按钮，软件自动将单线转化为三维管道。

转换后的管道，可按照 8.5.4 所描述的继续修改和调整管道的参数值。

8.7 平行管道

使用此工具可在包含管道和弯头的现有管道管路中添加平行管道。

✎【预习重点】

◎ 平行管道的特点和创建。

8.7.1 平行管道的特点

首先，"平行管道"命令不能用于包含 T 形三通、四通和阀门的管道管路。

其次，要创建平行管路，需要有已绘制好的管路作为拾取对象。

最后，在绘制时，将光标放置在管段上，配合使用 Tab 键来选择整个管路。

8.7.2 平行管道的创建

平行管道是基于已绘制好的管道进行创建的，所以创建后的管道，其管道类型、系统类型、管道直径大小相同，在水平方向上，其偏移量高度一致，在垂直方向创建的管道，是根据原始管道的高度进行偏移的。

📏【执行方式】

功能区："系统"选项卡→"卫浴和管道"面板→"平行管道"

🖱【操作步骤】

（1）按上述方式执行。

（2）在"修改|放置平行管道"上下文选项卡的"平行管道"面板中设置相关参数，如图 8-37 所示。

图 8-37 平行管道参数设置

其中水平数、垂直数均包含已创建的管道，水平偏移是指相邻两管段的中心线间隔，垂直偏移是指在垂直方向上相邻两管段的中心线间隔。

设置完成后，将光标移动到绘图区域，光标呈 ⬚ 状态。将光标移动到现有管道以高亮显示一段管段。将光标移动到现有管道的一侧时，将显示平行管道的轮廓。

按 Tab 键选择整个管道管路，然后单击鼠标放置平行管道。

选择已完成创建的平行管道，可对其直径、偏移量进行单独修改。

8.8 软管

使用软管工具可在管道系统中绘制圆形软管。

✏️【预习重点】

◎ 软管的绘制和修改和调整。

8.8.1 软管的特点

软管绘制具有灵活性，在绘制软管时，绘制方式与样条曲线类似，也可添加顶点改变软管路径。

8.8.2 软管的配置

与绘制软风管一样，在绘制前，需要设置软管的类型属性参数。

📏【执行方式】

功能区："系统"选项卡→"卫浴和管道"面板→"软管"

快捷键：FP

🖱️【操作步骤】

（1）按上述方式执行。

（2）在属性框类型选择器下拉列表中选取圆形软管，单击"编辑类型"按钮进入软管类型属性对话框，如图 8-38 所示。

类型属性设置主要为设置"管件"面板下的各项参数，在"类型"参数栏下拉列表中选择管件的具体类型完成参数设置后，单击"确定"按钮返回。

图 8-38　软管类型属性对话框

8.8.3　软管的绘制

在完成类型属性参数设置后，可在绘图区域中绘制软管。绘制按以下步骤操作。

【执行方式】

功能区："系统"选项卡→"卫浴和管道"面板→"软管"

快捷键：FP

【操作步骤】

（1）将视图切换到绘制软管的标高平面。

（2）按上述方式执行。

（3）选择软管类型并设置相关参数。

在属性框中，从类型选择器下拉列表中选取圆形软管。

在属性框中设置软管的实例属性，主要有参照标高、软管样式以及系统类型的设定。

（4）设置选项栏参数。

在选项栏中，设置软管的直径和偏移量高度。

（5）绘制软管。

软管的绘制轨迹为样条曲线，在绘图区域中的指定位置单击指定软管的起点后，指定路径上的关键点，最后一次指定点为软管的终点，按 Esc 键退出绘制状态。

8.8.4　软管的修改和调整

完成软管的绘制后，可选择软管进行修改，以满足设计要求。

【操作步骤】

选择管段软管，在软管平面图上出现特殊的符号，如图 8-39 所示。

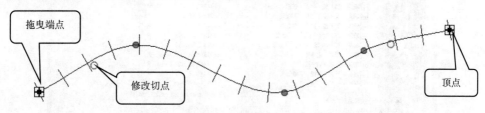

图 8-39　管道软管的绘制

各项的含义说明如下：

- 拖曳端点：可用它来重新定位软管的端点。
- 修改切点：出现在软管的起点和终点处，用于调整切点位置。
- 顶点：出现在软管上，用于修改软管弯曲位置的点。

除通过软管自身的符号控制调整外，在选取软管后，还可在属性框中、选项栏中进一步调整软管的各项参数，以满足项目的设计要求。

8.9　喷头

通过该工具，可在项目中按空间和分区要求放置喷水装置。

【预习重点】

◎ 喷头的载入和放置。

8.9.1　喷头的载入

根据具体项目的实际情况，在放置喷头族前，将族类型文件载入当前的项目中。

【执行方式】

功能区："系统"选项卡→"卫浴和管道"面板→"喷头"

快捷键：SK

【操作步骤】

（1）按上述方式执行。

（2）在"修改|放置 喷头"上下文选项卡的"模式"面板中，单击"载入族"按钮，进入喷

头载入族对话框，通过"China-消防-给水和灭火-喷头"查找到"喷头"文件夹，如图 8-40 所示。

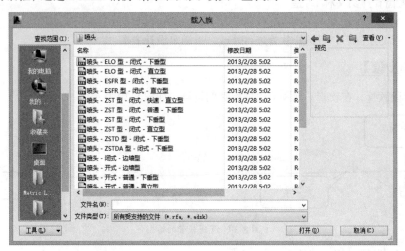

图 8-40　喷头载入族对话框

在该文件夹中，根据项目需要选择族类型 rfa 文件，单击"打开"按钮，载入喷头族。

8.9.2　喷头的放置和管道连接

在喷头载入后，选择喷头类型，按照设计要求放置到指定的位置，并进行相应的管道连接。

【执行方式】

功能区："系统"选项卡→"卫浴和管道"面板→"喷头"

快捷键：SK

【操作步骤】

（1）将视图切换到布置喷头的标高平面。

（2）按上述方式执行。

（3）选择喷头类型并设置相关参数。

在类型选择器下拉列表中选取喷头的类型，如 **ZSTX-15 - 79℃** 所示，"15"表示喷头的公称直径，"79℃"表示喷头爆破时的最低火点温度值。按照此方法选取相应的喷头类型。选取后，在属性框中设置喷头的偏移量。

（4）喷头的布置。

将光标移动到绘图区域，喷头随光标移动，单击将喷头放置在合适的位置。

（5）喷头与管道的连接。

布置完成各区域的喷头后，可将布置的喷头连接到管道上形成完整的系统。

在喷头上方绘制喷淋管道，通过"连接到"命令将喷头连接到对应的管道，如图 8-41 所示。

　　系统会自动在喷头与管段之间生成相应的管道和管件，可根据实际情况修改和调整部分喷淋支管的公称直径，系统会自动生成过渡件以确保系统的完整性。

图 8-41　喷头

第9章

电气模块

📋 **知识引导**

　　本章主要讲解 Revit 软件在电气模块中的实际应用操作,包括电气设备、照明装置、电缆桥架、线管配件、线管以及导线等模块的创建。

9.1　电气设置

　　与风系统、给排水系统一样,在项目中进行电气系统的创建前,需对系统进行相关的设置。

📏 **【执行方式】**

　　功能区:"系统"选项卡→"电气"面板→"电气设置"

　　快捷键:ES

🖱 **【操作步骤】**

　　(1)按上述方式执行。

　　(2)电气参数设置。

　　在"电气设置"对话框中(如图 9-1 所示),通过树状选项栏,在各选项中设置参数,包括常规、配线、电缆桥架、线管等设置。

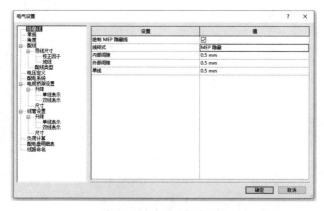

图 9-1　"电气设置"对话框

9.2　电气设备

在软件中电气设备以族形式放置到项目中，例如配电盘、开关装置等。

【预习重点】

◎ 电气设备的载入和修改和调整。

9.2.1　电气设备族的载入

在放置电气设备族前，将族文件载入当前的项目中。

【执行方式】

功能区："系统"选项卡→"电气"面板→"电气设备"

快捷键：EE

【操作步骤】

（1）按上述方式执行。

（2）单击"系统"选项卡中的"电气设备"按钮，在"修改|放置 设备"上下文选项卡的"模式"面板中，单击"载入族"按钮，打开对话框，如图 9-2 所示。根据项目需要选择 rfa 文件，单击"打开"按钮，完成电气设备族的载入。部分族载入时会出现电气设备无法载入的提示，此时可通过载入构件的方法载入，如开关、插座等。

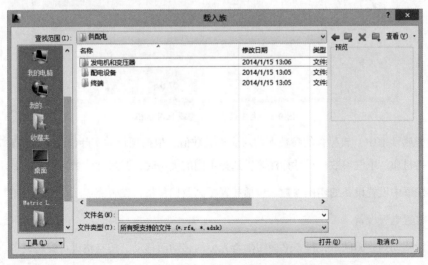

图 9-2　电气设备载入族对话框

9.2.2　电气设备族的添加

在电气设备族载入后，可将电气设备放置到项目模型中，放置的方法和机械设备相同。

【执行方式】

功能区："系统"选项卡→"电气"面板→"电气设备"

快捷键：EE

【操作步骤】

（1）将视图切换至电气设备放置平面。

（2）按上述方式执行。

（3）选择电气设备族类型并设置相关参数。

在类型选择器下拉列表中选择电气设备族，放置前根据项目实际情况调整各项参数，包括类型属性参数和实例参数。单击"编辑类型"按钮，进入电气设备族类型属性对话框，如图 9-3 所示。

图 9-3　电气设备族类型属性对话框

在类型属性框中，族包含的参数项均对应相关数值，根据项目的实际情况来调整对应项的参数值，包括材质、电气参数、尺寸标注等，选择不同的类型时，其尺寸参数可能不同。

在属性框中设置设备的实例参数，包括放置标高及偏移量，设置完成后单击"应用"按钮。

（4）放置电气设备。

将光标移动到绘图区域，设备平面图随着光标的移动而移动，按空格键可旋转设备。

在指定位置单击鼠标放置设备，通过临时尺寸标注值将设备放置到精确位置。

9.2.3　电气设备族的线管连接

将电气设备放置到项目模型中后，通过修改和调整、创建线管，并将电气设备连接到线管，形成完整的系统。

电气设备的连接方法与机械设备和卫浴装置连接有所不同，除部分电气设备可采用连接到命令进行连接外，大部分通过绘制线管完成。

👆【操作步骤】

（1）选择已放置的设备，软件会显示出该设备连接的线管连接件，如图 9-4 所示。

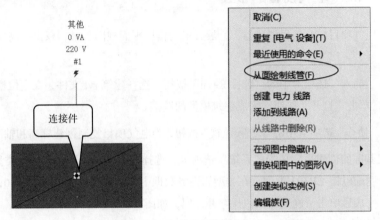

图 9-4　电气设备线管连接

在图 9-4 中所示的连接件加号 ✚ 上单击鼠标右键，在快捷菜单中，选择"从面绘制线管"命令。软件会进入创建表面连接状态，如图 9-5 所示。

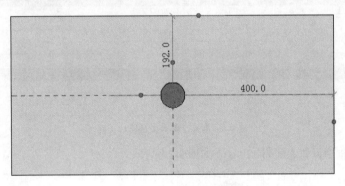

图 9-5　线管连接

其中边框界线表示电气设备的顶面或底面，软件默认在面中心点设置一根线管，若创建线管数大于 2 根，则需要先创建其他位置的线管，最后再来创建中心线管，即"先两边，再中间"的顺序。

（2）创建中心外其他位置的线管。

根据临时尺寸标注进行线管的中心定位后，单击"表面连接"上下文选项卡的"完成连接"按钮，软件跳转到绘制线管状态，线管的起始点为面上通过临时尺寸标注定位的点。选择线管的类型和直径，在绘图区域中指定终点位置，或设置偏移量高度，连续两次单击"应用"按钮生成立管。

（3）创建中心点处线管。

创建中间的线管时，当进入从面绘制线管状态时，直接单击选项栏中的"完成连接"按钮，在线管绘制状态创建相应的线管。

➥ 实操实练-22　电气设备的布置

（1）新建电气项目，在项目浏览器下，展开电力楼层平面视图目录，双击标高 1 名称进入 1 层平面视图。

（2）单击"插入"选项卡中的"链接 Revit"按钮，选择建筑 rvt 文件，在定位栏选择"自动-原点到原点"，单击"打开"按钮，完成建筑模型的链接。

（3）通过"协作"选项卡中的"复制/监视"按钮，为电气项目复制创建标高和轴网基准信息。

（4）完成基准的创建后，单击"系统"选项卡，选择"电气设备"按钮，在类型选择器下拉列表中选择照明配电箱-LB101 类型，在类型属性参数框中，设置默认高程为 1200.0，设置材质为配电箱材质。完成后单击"确定"按钮保存并返回，如图 9-6 所示。

参数	值
默认高程	1200.0
材质和装饰	
材质	配线箱材质
电气	
配电盘电压	220.00 V
极数	1
负荷分类	其他
电压	
瓦特	
尺寸标注	
宽度	320.0
高度	240.0
深度	120.0

图 9-6　电气设备类型属性对话框

（5）在属性框中设置立面为 1200.0，如图 9-7 所示。

图 9-7　电气设备实例属性对话框

（6）移动光标至转角楼梯相邻的墙体，通过空格键调整配电箱的嵌入朝向，单击鼠标放置。

（7）按照上述步骤完成其他电气设备的放置。

（8）完成对该项目电气设备的放置，如图 9-8 所示，将项目另存为"电气-电气设备"。

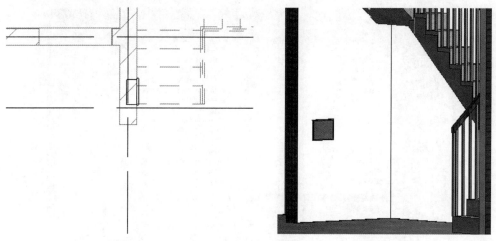

图 9-8　完成电气设备布置

9.3　设备

在 Revit 软件中设备以族形式放置到项目中，例如插座、数据终端设备等。

✒【预习重点】

◎ 设备的添加和修改和调整。

9.3.1　设备的分类

设备装置包括插座、开关、接线盒、电话、通讯、数据终端设备以及护理呼叫设备、壁装扬声器、启动器、烟雾探测器和手拉式火警箱等。电气装置通常是基于主体的构件。

单击"设备"按钮的下拉菜单，在下拉菜单中可看到软件将设备分为：⚡电气装置 、📶通讯 、▥数据 、🔥火警 、🔲照明 、➕护理呼叫、🛡安全 、📞电话 8 类。

9.3.2　设备族的载入

根据具体项目的实际情况，在放置设备族前，将族文件载入当前的项目中。

📏【执行方式】

功能区："系统"选项卡→"电气"面板→"设备下拉菜单"

🖱【操作步骤】

（1）按上述方式执行，注意选择对应设备类别。

（2）在"修改|放置 设备"上下文选项卡的"模式"面板中，单击"载入族"按钮，弹出"载

入族"对话框，如图 9-9 所示。

图 9-9 设备载入族对话框

该文件夹下的"通讯"和"供配电"两个文件夹中，都包含多种设备，部分设备无法载入时，可通过载入构件的方法载入。

9.3.3 设备的放置

在设备族载入后，可将设备放置到项目模型中，放置的方法和电气设备相同。

【执行方式】

功能区："系统"选项卡→"电气"面板→"设备下拉菜单"

【操作步骤】

（1）将视图切换至放置设备视图平面。

（2）按上述方式执行，注意选择对应设备类别。

（3）选择对应族类型并设置相关参数。

以放置电气装置插座为例，在类型选择器下拉列表中选择需要的插座类型，设置插座的各项参数，包括类型属性参数和实例参数。

单击"编辑类型"按钮，进入设备族类型属性对话框，如图 9-10 所示。

在类型属性对话框中，根据项目的实际情况来更改对应项的参数值，主要设置电气参数，可根据项目要求重新修改插座的电压、负荷等参数。完成后单击"确定"按钮返回放置状态。

在属性对话框中设置插座的实例参数，主要是立面的高度偏移量，表示插座与放置主体的水平距离，默认为 0。设置完成后单击"应用"按钮。

图 9-10 设备族类型属性对话框

（4）放置设备。

将光标移动到绘图区域，设备随着光标移动。当光标置于主体上时，按空格键可对设备进行旋转调整，然后单击鼠标完成放置。

9.3.4 设备的修改和调整

放置到主体上的设备构件，可再次修改和调整，以确保设备的位置准确以及满足设计要求。

🖱️ 【操作步骤】

（1）调整设备主体。

选择设备，在类型属性对话框中就能看到构件的主体信息，如需修改设备的主体，使用"修改|设备"面板下"拾取新的"命令，选择新的主体对象。

（2）设置参数信息调整。

选择已放置的设备，在属性对话框中，其立面高度值和偏移量值都可进行设置。

（3）调整设备类型。

如果设备类型不满足实际要求，选择后，可直接在类型选择器下拉列表中选择新的类型替换。

（4）调整设备的具体位置。

选择已放置的插座，通过临时尺寸标注来调整插座的准确位置。

↘ **实操实练-23 设备的添加**

（1）打开"电气-设备"项目，在项目浏览器下，展开电力楼层平面视图目录，双击 1F_±0.000

名称进入 1 层平面视图。

（2）在项目中链接建筑 rvt 模型。

（3）单击"系统"选项卡中的"设备"按钮，在下拉菜单中单击"电气装置"按钮，在类型选择器中选择带保护接点插座-暗装类型。在类型属性对话框中，设置默认高程为 900.0，设置其材质为塑料，尺寸标注不做修改。完成后单击"确定"按钮保存并返回，如图 9-11 所示。

参数	值
限制条件	☆
默认高程	900.0
材质和装饰	☆
材质	塑料
电气	☆
开关电压	250.00 V
极数	1
负荷分类	其他
电气 - 负荷	☆
名义载荷	0.00 VA
尺寸标注	☆
宽度	86.0
长度	86.0
高度	50.0

图 9-11 设备族类型属性对话框

（4）在属性对话框中设置立面为 900.0，如图 9-12 所示。

图 9-12 设备族实例属性对话框

（5）将光标移动至将要放置插座的墙体，通过空格键调整插座的嵌入朝向，单击鼠标放置。

（6）按照上述步骤完成其他设备的放置。

（7）完成对该项目设备的添加，如图 9-13 所示，将项目文件另存为"电气-设备"。

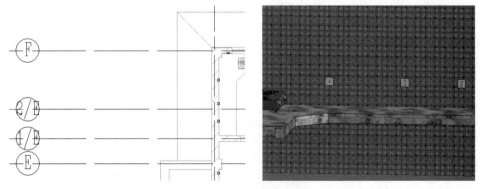

图 9-13 完成该项目设备的添加

9.4　照明设备

在软件中照明设备以族形式放置到项目中，例如天花板灯、壁灯装置等。

✎【预习重点】

◎　照明设备的载入和添加。

9.4.1　照明设备的载入

根据具体项目的实际情况，在放置照明设备族前，将族载入当前项目中。

📏【执行方式】

功能区："系统"选项卡→"电气"面板→"照明设备"

快捷键：LF

🖱【操作步骤】

（1）按上述方式执行。

（2）在"修改|放置 设备"上下文选项卡的"模式"面板中，单击"载入族"按钮，进入照明装置载入族对话框，如图 9-14 所示。根据项目需要，选择需要的族类型 rfa 文件，单击"打开"按钮，将照明设备族就载入当前项目中。

图 9-14　照明装置载入族对话框

9.4.2　照明设备的放置

在照明设备族载入后，可将照明设备放置到项目模型中，放置的方法和放置设备相同。

【执行方式】

功能区：“系统”选项卡→“电气”面板→“照明设备”

快捷键：LF

【操作步骤】

（1）将视图切换至照明设备放置平面，如天花板平面。

（2）按上述方式执行。

（3）选择照明设备类型并设置相关参数。

以放置吸顶灯为例，单击照明设备命令，在类型选择器下拉列表中选择吸顶灯，放置前设置吸顶灯参数，包括类型属性参数和实例参数。

单击“编辑类型”按钮，进入照明设备类型属性对话框，如图9-15所示。在类型属性框中，可根据项目的实际情况来更改对应项的参数值，包括材质、电气参数、电气-负荷参数等，在“类型”一栏，可选择不同的功率大小。完成后单击“确定”按钮返回放置状态。

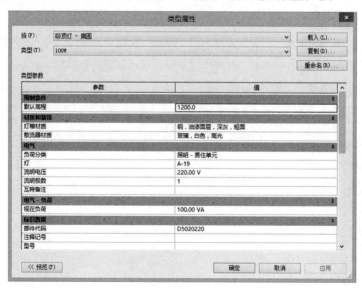

图 9-15　照明设备类型属性对话框

（4）放置照明设备。

在上下文选项卡的“放置”面板中选择“放置在面上”，将光标移动到绘图区域，光标处显示该灯具的平面图，随着光标移动。在天花板的指定位置单击鼠标放置该灯具，通过调整临时尺寸标注值将设备放置到精确的位置。

9.4.3　照明设备的修改和调整

放置的照明设备，可进一步修改和调整，以满足项目的设计要求。

【操作步骤】

（1）选择已放置的照明设备，在属性框中可看到设备的限制条件都是只读状态，说明设备跟随着主体变化。以主体为天花板为例，当调整天花板的高度值时，附着在天花板上的照明设备也跟随着发生偏移。

（2）基于主体创建的照明设备，删除主体后，主体上的照明设备依然存在。

▶ 实操实练-24　照明设备的添加

（1）打开"电气-设备"项目，在项目浏览器下，展开天花板平面视图目录，双击 1F_±0.000 名称进入 1 层天花板平面视图。

（2）在项目中链接建筑 rvt 模型。

（3）单击"系统"选项卡中的"照明设备"按钮，在类型选择器中选择吸顶灯类型，在类型属性参数框中，设置灯罩、灯泡、灯架以及灯套的材质，设置灯的型号为 A-21，瓦特备注为 70W。完成后单击"确定"按钮保存并返回，如图 9-16 所示。

参数	值
材质和装饰	⌃
M_灯罩材质	玻璃材质
M_灯泡材质	玻璃灯泡106
M_灯架材质	不锈钢材质106
M_灯套材质	灯套材质106
电气	⌃
灯	A-21
瓦特备注	70W

图 9-16　设置照明设备参数

（4）将光标移动至将要放置吸顶灯房间所在的天花板上方，单击鼠标放置。放置完成后通过临时尺寸坐标将灯具放置在准确的位置。

（5）按照上述步骤完成其他灯具的放置。

（6）完成对该项目照明设备的放置，如图 9-17 所示，将项目文件另存为"电气-照明设备"。

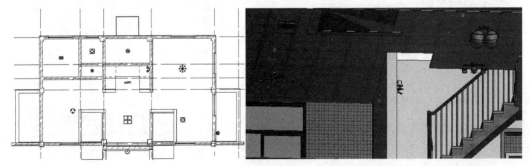

图 9-17　完成照明设备的放置

9.5 电缆桥架配件

使用此工具可在项目创建中放置电缆桥架配件。

✏️【预习重点】

◎ 电缆桥架配件的载入和添加。

9.5.1 电缆桥架配件的载入

根据具体项目的实际情况，在绘制电缆桥架前，将电缆配件族类型文件载入当前的项目中。

📏【执行方式】

功能区："系统"选项卡→"电气"面板→"电缆桥架配件"

快捷键：TF

🖱️【操作步骤】

（1）按上述方式执行。

（2）在"修改|放置 电缆桥架配件"上下文选项卡的"模式"面板中，单击"载入族"按钮，进入电缆桥架配件载入族对话框，如图 9-18 所示。

图 9-18 电缆桥架配件载入族对话框

根据项目设计需要，选择电缆桥架配件族类型 rfa 文件，单击"打开"按钮，完成族的载入。

9.5.2　电缆桥架配件的添加

项目中载入配件后，在绘图区域中绘制电缆桥架时，软件根据两段桥架的关系自动生成相应的电缆桥架配件，也可以手动添加。

📏【执行方式】

功能区："系统"选项卡→"电气"面板→"电缆桥架配件"

快捷键：TF

🖱️【操作步骤】

（1）按上述方式执行。

（2）在属性框类型选择器中，选取配件，将光标移动到桥架的一端，可按空格键来循环切换可能的连接，软件自动捕捉桥架与配件的中心线，单击鼠标放置配件，完成桥架配件的放置。

（3）当绘制相交电缆桥架时，软件根据电缆桥架配置自动生成电缆桥架配件，如图 9-19 所示。

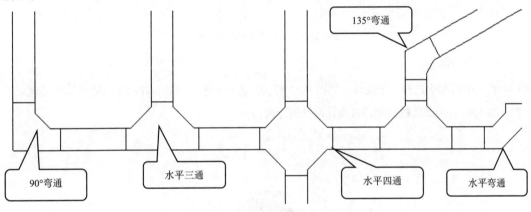

图 9-19　生成电缆桥架配件

9.5.3　电缆桥架配件的修改和调整

放置到项目中的配件，有时还需进一步调整，以满足项目的设计要求，其调整主要包括修改配件的尺寸、升级或降级配件、旋转配件、翻转配件。

🖱️【操作步骤】

（1）修改配件的尺寸。

在电缆桥架上选择配件，单击尺寸控制柄 300.0 ㎜，然后输入所需尺寸的值，按 Enter 键完成修改。如图 9-20 所示，90°水平弯通配件的尺寸从 300.0 mm 调整为 200.0mm。

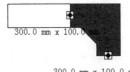
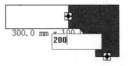
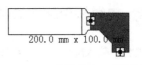

图 9-20　电缆桥架尺寸的调整

（2）升级或降级配件。

在电缆桥架中选择配件，该配件旁边会出现蓝色的配件控制柄。配件带有加号，表示该端可升级。配件带有减号，表示可删除该端以使配件降级。如图 9-21 所示，将弯通升级为水平三通，单击不同位置的加号生成的水平三通不同。

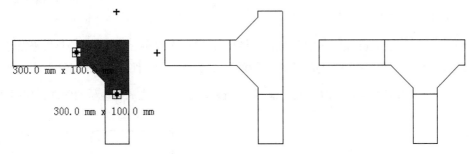

图 9-21　电缆桥架配件类型的调整

（3）翻转配件。

在电缆桥架中选择一个配件，如图 9-22 所示，选择水平三通后，在水平三通的周边出现翻转控制柄 ➡ ，单击此控制柄即可翻转配件的方向。

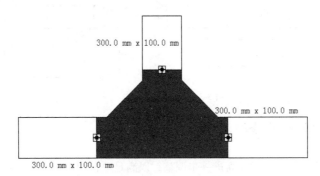

图 9-22　电缆桥架配件的翻转

9.6　电缆桥架

使用此工具可在项目创建中绘制电缆桥架，例如梯式或槽式电缆桥架。

✎【预习重点】

◎ 电缆桥架的配置和绘制。

9.6.1　电缆桥架的配置

电缆桥架按照有无配件可分为带配件的电缆桥架、无配件的电缆桥架。在项目中绘制电缆桥架时，除了要选择桥架类型，以及设置其相关参数外，还需要设置桥架的管件配置，便于软件在绘制桥架时自动创建管件。

📏 【执行方式】

功能区："系统"选项卡→"电气"面板→"电缆桥架"

快捷键：CT

🖱 【操作步骤】

（1）按上述方式执行。

（2）设置电缆桥架类型属性。

在属性框中选择桥架，单击"编辑类型"进入电缆桥架类型属性对话框，如图 9-23 所示。

图 9-23　电缆桥架类型属性对话框

在此对话框中，根据项目的实际需求，选择该电缆桥架类型相应的管件。设置完成后单击"确定"按钮返回绘制状态。

9.6.2　电缆桥架的对正设置

与风管的绘制相似，在绘制电缆桥架时，需要进行对正设置。

📏 【执行方式】

功能区："系统"选项卡→"电气"面板→"电缆桥架"

快捷键：CT

🖱【操作步骤】

（1）按上述方式执行。

（2）单击"系统"选项卡中的"电缆桥架"按钮，在"修改|放置 电缆桥架"上下文选项卡的"放置工具"面板中，单击"对正"按钮，弹出如图9-24所示的"对正设置"对话框。

设置参数项说明如下：

- 水平对正：指以桥架的"中心""左"或"右"作为参照，将各桥架部分的边缘水平对齐。
- 水平偏移：指定在绘制桥架时，光标的单击位置与桥架绘制的起始位置之间的偏移值。
- 垂直对正：指以桥架的"中""底"或"顶"作为参照，将各桥架部分的边缘垂直对齐。

图 9-24　"对正设置"对话框

9.6.3　电缆桥架的绘制

在完成类型属性参数及对正设置后，就可在绘图区域中绘制桥架。

📏【执行方式】

功能区："系统"选项卡→"电气"面板→"电缆桥架"

快捷键：CT

🖱【操作步骤】

（1）将视图切换到绘制电缆桥架的标高。

（2）按上述方式执行。

（3）选择电缆桥架类型并设置相关参数。

在属性框中，从类型选择器下拉列表中选取桥架类型。

在属性框中设置桥架的实例属性，主要有对正、参照标高、偏移量以及尺寸的设定。

（4）设置选项栏参数。

在选项栏中，设置桥架的宽度和高度，若下拉列表中没有需要的尺寸，输入具体的数值。偏移量与"属性"面板中的一致。指锁定/解锁管段的高程，锁定后，桥架始终保持该高程。

（5）设置电缆桥架的放置方式。

在上下文选项卡的"放置工具"面板中进行设置。

- 自动连接：表示在开始或结束电缆桥架管段时，自动连接构件。
- 继承高程：表示继承捕捉到的图元的高程。
- 继承大小：表示继承捕捉到的图元的大小。
- 在放置时进行标记：表示在视图中放置电缆桥架管段时，将默认注释标记应用到电缆桥架管段。

（6）绘制电缆桥架。

在绘图区域中，分别单击指定电缆桥架的起点和终点，电缆桥架配件会根据配管信息自动添加。

要绘制垂直电缆桥架，在选项栏中分别指定起终点偏移值，单击应用完成绘制。

9.6.4　电缆桥架的修改和调整

桥架绘制完成后，可修改和调整桥架的各项属性，以满足项目的设计要求。

【操作步骤】

（1）通过临时尺寸标注修改电缆桥架位置。

选择已绘制好的某段桥架，如图 9-25 所示。

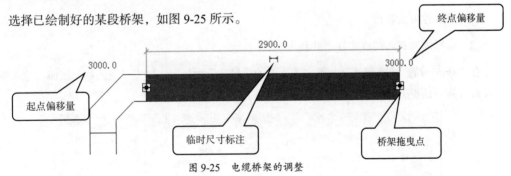

图 9-25　电缆桥架的调整

（2）通过拖曳修改关键点。

在绘图区域中，根据上述所显示的符号来修改桥架的长度，起点、终点偏移量高度值。

如图 9-26 所示，可在选择桥架后，通过拖曳将电缆桥架管段移动到新位置。

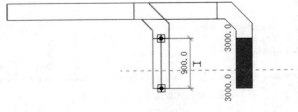

图 9-26　调整长度

（3）修改电缆桥架的属性。

在属性框中，单击类型选择器下拉列表中的桥架类型，可替换为新的类型，还可在属性框中修改其对正、参照标高、偏移量等参数，也可在选项栏中，修改电缆桥架的宽度值和高度值。

9.7　线管配件

使用此工具可在项目创建线管时放置相关配件。

【预习重点】

◎ 线管配件的载入和添加。

9.7.1　线管配件的载入

在绘制线管前，将线管配件族载入当前的项目中。

【执行方式】

功能区：“系统”选项卡→“电气”面板→“线管配件”

快捷键：NF

【操作步骤】

（1）按上述方式执行。

（2）选择需要载入的族文件，并载入。

在“修改|放置 线管配件”上下文选项卡的“模式”面板中，单击“载入族”按钮，进入线管配件载入族对话框，如图 9-27 所示。

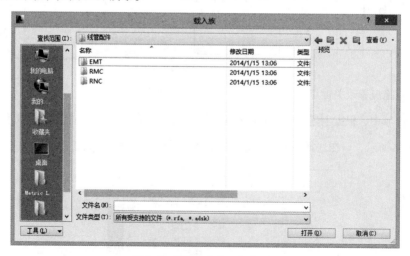

图 9-27　线管配件载入族对话框

线管配件主要分为 EMT、RMC、RNC 三类。EMT 表示电气金属管，RMC 表示硬式金属管，

RNC 表示硬式非金属管。

根据项目设计需要，选择线管配件族类型 rfa 文件，单击"打开"按钮，完成载入。

9.7.2　线管配件的添加

在绘图区域中绘制线管时，软件会根据两段线管的位置自动生成相应的线管配件，也可以手动添加。

📏【执行方式】

功能区："系统"选项卡→"电气"面板→"线管配件"

快捷键：NF

🖱️【操作步骤】

（1）按上述方式执行。

（2）选择需要添加的配件，在属性框类型选择器中，选择配件类型，并设置相关属性。

（3）添加线管配件，将光标移动到线管的一端，通过空格键来循环切换可能的连接，软件会自动捕捉线管与配件的中心线，单击鼠标放置配件，完成配件添加。

（4）自动生成线管配件。

以绘制一段线管为例，绘制类似的线管与之相交、垂直，在此过程中软件根据线管配置自动生成线管配件，如图 9-28 所示。

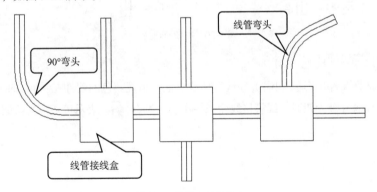

图 9-28　线管配件的添加

9.7.3　线管配件的修改和调整

放置到项目中的配件的调整包括修改配件的尺寸、修改弯曲半径、升级或降级配件、旋转配件、翻转配件。

🖱️【操作步骤】

（1）修改配件的尺寸。

在线管上选择配件，单击尺寸控制柄 **53.0 mm**，然后输入所需尺寸的值，按 Enter 键完成修改。如图 9-29 所示，90°弯头配件的尺寸从 53.0 mm 调整为 41.0 mm。

图 9-29　线管尺寸的调整

（2）修改弯曲半径。

对于线管中的弯头，可通过修改弯曲半径值来调整弯头的大小。选择弯头，单击尺寸控制柄，然后输入所需尺寸的值，按 Enter 键完成修改。如图 9-30 所示，90°弯头配件的弯曲半径尺寸从 271.0 mm 调整为 350.0 mm。

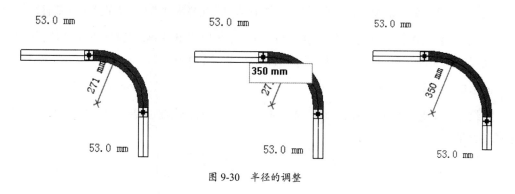

图 9-30　半径的调整

（3）升级或降级配件。

在线管中选择配件（三通、四通），在线管接线盒上会出现蓝色的配件控制柄。如图 9-31 所示，将三通线管接线盒升级为四通，线管接线盒未使用的一端有 ✚，表示可在该端绘制线管。

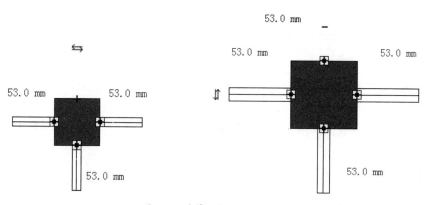

图 9-31　线管配件的类型转换

（4）翻转配件。

在线管中选择配件，如图 9-32 所示，单击 ⇆ 控制柄即可翻转配件方向。

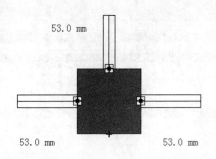

图 9-32 线管配件的翻转

9.8 线管

使用此工具可在项目中绘制线管，并将线管连接到电缆桥架系统。

✏️【预习重点】

◎ 线管的配置和绘制。

9.8.1 线管的配置

线管的样式均为圆形管。按照其材质的不同可分为电气金属管（EMT）、硬式金属管（RMC）和硬式非金属管（RNC）三类。按照线管是否带配件又可分为带配件的线管、无配件的线管两类。在项目中创建线管时，需要对线管进行设置，以便在绘制管道时确定管件类型。

📏【执行方式】

功能区："系统"选项卡→"电气"面板→"线管"

快捷键：CN

🖱️【操作步骤】

（1）按上述方式执行。

（2）选择线管类型，并设置相关参数。

在属性框中选择线管类型，单击"编辑类型"按钮进入线管类型属性对话框，在管件参数下进行设置，如图 9-33 所示，在该对话框中下拉列表中，根据项目的实际需求，选择该线管类型相应的管件类型。设置完成类型属性参数后单击"确定"按钮返回绘制状态。

图 9-33　线管类型属性对话框

9.8.2　线管的对正设置

与电缆桥架的绘制相似，在绘制线管时，也要进行对正设置。

【执行方式】

功能区："系统"选项卡→"电气"面板→"线管"

快捷键：CN

【操作步骤】

（1）按上述方式执行。

（2）在"修改|放置 线管"上下文选项卡的"放置工具"面板中，单击"对正"按钮，弹出如图 9-34 所示的"对正设置"对话框。

图 9-34　"对正设置"对话框

设置参数项说明如下：

- 水平对正：指按照线管的参照位置，将各线管部分的边缘水平对齐。
- 水平偏移：指定在绘制线管时，光标的单击位置与线管绘制的起始位置之间的偏移值。
- 垂直对正：指以线管的"中""底"或"顶"作为参照，将各线管部分的边缘垂直对齐。

9.8.3 线管的绘制

在完成类型属性参数设置以及对正设置后，可在绘图区域中绘制线管。

✎【执行方式】

功能区："系统"选项卡→"电气"面板→"线管"

快捷键：CN

🖱【操作步骤】

（1）将操作平面切换至线管布置楼层平面，如电力平面上。

（2）按上述方式执行。

（3）选择线管类型，并设置相关参数。

在属性框中，从类型选择器下拉列表中选取线管类型。在属性框中设置线管的实例属性，主要包括对正、参照标高、偏移量以及尺寸。

（4）设置选项栏参数。

在选项栏中，选择线管的直径，若下拉列表中没有所需的尺寸，可参照添加给排水管道尺寸的方法，在电气设置管道设置尺寸下添加。偏移量与属性面板中的一致，🔓指锁定/解锁管段的高程，锁定后，线管会始终保持该高程。

（5）设置放置工具选项。

在上下文选项卡的"放置工具"面板中进行设置。

- 自动连接：表示在开始或结束线管管段时，可自动连接构件上的捕捉。此项对于连接不同高程的管段非常有用。但以不同偏移绘制线管或要禁用捕捉非 MEP 图元时，此时取消选择"自动连接"，以避免造成意外连接。
- 继承高程：表示继承捕捉到的图元的高程。
- 继承大小：表示继承捕捉到的图元的大小。
- 忽略坡度以连接：表示控制倾斜线管是使用当前的坡度值进行连接，还是忽略坡度值直接连接。
- 在放置时进行标记：表示在视图中绘制线管管段时，将默认注释标记应用到线管管段。

（6）绘制线管。

- 水平线管绘制：在绘图区域中，单击指定线管的起点，然后移动光标，单击指定终点，完成绘制。当绘制线管为多段线时，弯头会自动添加到管段中。
- 立管绘制：设置第一次的偏移量高度，在绘图区域中单击确定立管布置位置，将选项栏中的偏移量设置为另一高度值，单击选项栏中的"应用"按钮。
- 继承绘制参数：选择已绘制好的线管管段，单击鼠标右键，在命令功能区中选择"创建类似实例"命令，软件自动跳转到绘制线管状态，其参数值与选择的线管参数值一致。

9.8.4　线管的修改和调整

完成线管绘制后，可选择线管管段，修改和调整线管的各项属性。

🖱 【操作步骤】

（1）选择已绘制好的线管，各符号的含义如图 9-35 所示。

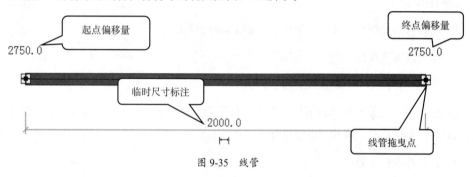

图 9-35　线管

（2）在绘图区域中，根据上述所显示的符号来修改线管的长度，起点、终点偏移量高度值。如图 9-36 所示，选择线管后，可将线管管段拖曳到新位置。

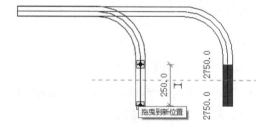

图 9-36　线管长度的调整

在属性框中类型选择器下拉列表中选择其他线管类型替换现有类型。在属性框中可修改对正、参照标高、偏移量等参数，也可在选项栏中修改线管的直径。

↘ **实操实练-25　线管的绘制**

（1）打开"电气-照明设备"项目，在项目浏览器下，展开电气楼层平面视图目录，双击1F_±0.000 名称进入 1 层平面视图。

（2）在项目中链接建筑 rvt 模型。

（3）单击"系统"选项卡中的"线管"按钮，在类型选择器中选择带配件刚性非金属线管（RNC Schedule 40）类型，并设置各个管件的类型，如图 9-37 所示。单击"确定"按钮完成并返回。

参数	值
电气	⌃
标准	RNC Schedule40
管件	⌃
弯头	线管弯头 - 平端口 - PVC: 标准
T 形三通	线管接线盒 - T 形三通 - PVC: 标准
交叉线	线管接线盒 - 四通 - PVC: 标准
过渡件	线管接线盒 - 过渡件 - PVC: 标准
活接头	线管接头 - PVC: 标准

图 9-37　线管类型参数的设置

（4）在属性框中，设置水平对正为中心，垂直对正为中，参照标高为 1F_±0.000，偏移量为 3530.0，如图 9-38 所示。

线管 (1)	⌄ 📑 编辑类型
水平对正	中心
垂直对正	中
参照标高	1F_±0.000
偏移量	3530.0
开始偏移	3530.0
端点偏移	3530.0

图 9-38　线管实例参数设置

（5）在选项栏中，设置管道直径为 16mm，偏移量为 3530.0mm，如图 9-39 所示。

图 9-39　线管布置选项栏的设置

（6）将光标移至照明设备的上方，单击作为线管的起点，滑动鼠标继续绘制，移动到配电箱上方，单击线管终点，结束绘制，按 Esc 键退出管道绘制状态。

（7）按照上述步骤完成项目中其他线管的绘制。

（8）完成该项目线管的绘制，如图 9-40 所示，将项目文件另存为"电气-线管"。

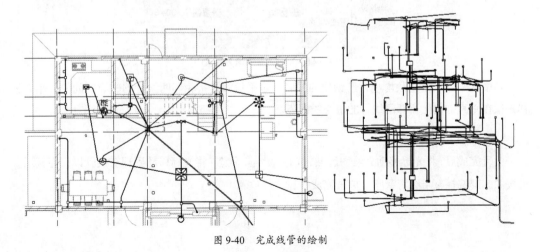

图 9-40　完成线管的绘制

9.9　平行线管

使用此工具可根据已有的包含线管和弯头的现有线管创建与之平行的一组线管。

✎【预习重点】

◎ 平行线管的创建和调整。

9.9.1　平行线管的类型

平行线管有相同的弯曲半径平行线管和同心的弯曲半径平行线管两类。相同的弯曲半径平行线管表示使用原始线管的弯曲半径绘制平行线管；同心的弯曲半径平行线管表示使用不同的弯曲半径绘制平行线管，此选项只适用于无配件的线管。

9.9.2　平行线管的创建

平行线管是基于已绘制好的线管进行创建的，所以创建后的线管，其线管类型、线管直径大小都相同。

📏【执行方式】

功能区："系统"选项卡→"电气"面板→"平行线管"

🖱【操作步骤】

（1）按上述方式执行。

（2）设置平行线管相关参数。

在"修改|放置平行线管"上下文选项卡的"平行线管"面板中设置相关参数，如图9-41所示。

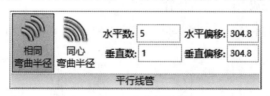

图 9-41　平行线管参数的设置

其中水平数、垂直数均包含已创建的线管，水平偏移是指相邻两线管的中心线间隔，垂直偏移是指在垂直方向上相邻两线管的中心线间隔。

（3）绘制平行线管。

设置完成后，将光标移动到绘图区域，光标呈 状态。将光标移动到现有线管以高亮显示。可按 Tab 键选择整个线管管路，单击完成平行线管放置。

9.9.3　平行线管的修改和调整

创建完成的平行线管，通过修改工具进行修改和调整。

🖱【操作步骤】

（1）线管的连接。

单击"修改"选项卡的"修改"面板中的修剪/延伸工具，依次选择两根线管，这时软件会生成弯头或线管接线盒等配件，以保证系统的完整性。

（2）线管参数的调整。

选择已完成创建的平行线管，可对其进行直径、偏移量的修改，与常规线管修改方式相同。

9.10　导线

使用导线工具可在平面图中的电气构件之间创建配线。

✎【预习重点】

◎ 导线的类型和绘制。

9.10.1　导线的类型

导线按照其绘制方式的不同可分为弧形导线、样条曲线导线和带倒角导线三类。按照导线的材质又可分为 BV、THWN、XHHW、YJV 4 类。在项目中创建导线时，可根据上述几种区别方式选择合适的导线类型

9.10.2　导线的绘制

导线的绘制是在平面图中进行的，在三维视图中不可见。

📐【执行方式】

功能区："系统"选项卡→"电气"面板→"导线"

快捷键：EW

🖱【操作步骤】

（1）将操作平面切换至平面，如照明/电力平面。

（2）按上述方式执行。

（3）导线类型选择及属性参数设置

从导线下拉列表中选择导线样式后，在属性框类型选择下拉列表中选择导线类型，单击"编

辑类型"按钮进入导线类型属性对话框,如图 9-42 所示。

图 9-42 导线类型属性对话框

根据项目的设计要求,适当修改电气-负荷下各参数值,单击"确定"按钮返回绘制界面。

在属性框中设置导线实例属性,包括火线、中性线、地线的数量。

(4)绘制导线。

将光标移动到要连接的电气构件上,软件显示连接点,将导线连接到连接点,单击以指定导线回路的起点,然后单击以指定终点。将光标移动到下一个电气构件上,指定导线回路终点,完成后,按 Esc 键退出绘制导线状态。

9.11　预制零件

如图 9-43 所示,Revit 软件中的"预制零件"工具可将 Autodesk 预制产品(CADmep、ESTmep 和 CAMduct)中的 LOD 400 内容放置到 Revit MEP 中,以创建更加协调一致的模型。预制零件功能可以和施工紧密结合,创建完全符合施工和运营维护的高精度模型。

图 9-43 预制零件

✎【预习重点】

◎ 预制零件加载

9.11.1　加载预制零件服务

在使用预制零件功能之前，需要先下载并加载预制零件服务，包括载入一系列的预制零件构件。

📏【执行方式】

功能区："系统"选项卡→"预制"面板→"预制设置"

快捷键：FS

🖱️【操作步骤】

- 单击"系统"选项卡"预制"面板中的 ⬎ 图标，打开"预制设置"对话框，如图 9-44 所示。

图 9-44　"预制设置"对话框

- 在"预制设置"对话框中，从"预制部件"下拉列表中选择一个配置，如图 9-45 所示。
- 若要将某个 Autodesk 制造产品（CADmep、ESTmep 或 CAMduct）中所做的修改更新到当前模型所用的配置，请单击"重新载入配置"按钮。

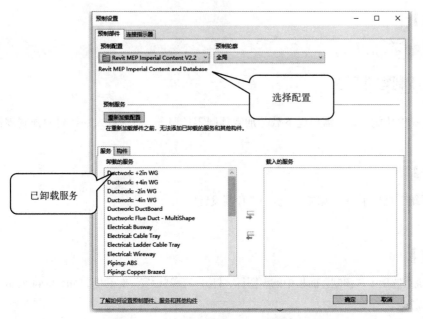

图 9-45 选择配置

- 若要将服务添加到当前 Revit MEP 模型中，请在左侧选择一个服务，然后单击"添加"按钮。该服务将被添加到右侧加载的服务列表中。
- 若要从模型中删除服务，选择右侧的一项服务，然后单击"删除"按钮，如图 9-46 所示。

注：如果已经将制造服务的零件加载到了模型中，则不能从模型中删除该服务。

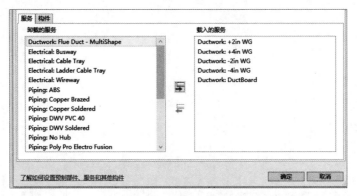

图 9-46 添加/删除服务

- 在所需的服务载入后，单击"确定"按钮。

9.11.2 放置预制零件

完成预制零件服务的加载后，就可使用已载入的构件进行模型布置。

【执行方式】

功能区："系统"选项卡→"预制"面板→"预制零件"

快捷键：FS

【操作步骤】

（1）选择零件。

默认情况下，在 Revit MEP 中创建新模型时，会显示"MEP 预制构件"选项板，如图 9-47 所示。

在"MEP 预制构件"选项板下拉列表中选择一项服务和一个组。

某些零件按钮带有下拉箭头，单击箭头，下拉列表将显示基于尺寸的其他零件，如图 9-48 所示。此下拉列表由服务定义中的条件控制，类似于管道的布管系统配置。

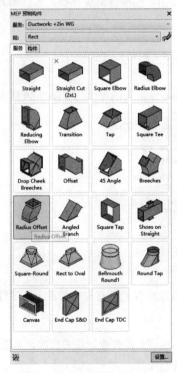

图 9-47　"MEP 预制构件"选项板

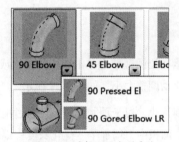

图 9-48　选择不同类型零件

（2）放置零件。

单击"零件"按钮，然后将光标移动到绘图区域中，此时会出现带有工具提示的光标。同时，出现"修改|放置预制零件"的上下文选项卡，在选项面板中，列出了辅助零件放置的工具，如图 9-49 所示。

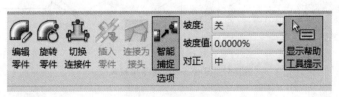

图 9-49　零件放置

：编辑尺寸标注和连接件的参数（零件放置前与放置后，均可编辑）。

：使零件绕其连接件旋转，矩形管件以 90 度为增量旋转，圆形管件以 45 度为增量旋转。

：在放置过程中切换接头，会变更附在光标上的打开的连接件。

：智能捕捉增加连接件上的捕捉目标，启用智能捕捉能更便捷地连接图元（默认打开）。

：放置零件时在绘图区域中显示工具提示（默认打开）。

所选零件常用的参数将在属性面板中显示，如零件输入的尺寸，如图 9-50 所示。

更多参数	编辑零件...
主端点	
干管主宽度	630.0
干管主深度	630.0
次端点	
干管次宽度	630.0
尺寸标注	
长度选项	计算
长度	945.0
尺寸	630x630-630x630
顶部	152.4

图 9-50　零件属性

零件可直接在绘图区域中单击鼠标放置，或直接放置于已有常规管段上，零件将捕捉管段并拾取管段尺寸自动调整大小，如图 9-51 所示。

可放置预制管段，对于预制管段，可通过拖曳其端点，改变管段的长度，如图 9-52 所示。同时，在"编辑"面板中，增加了"优化长度"编辑工具。

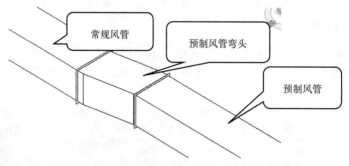

图 9-51　零件拾取放置于常规风管上

图 9-52　拖曳端点

优化长度：为选定的管路添加、删除或修改平直预制管段的长度，以使标准长度的数量最大化。

选择预制管段，单击"修改|制造零件"选项卡"编辑"面板中的（优化长度）可执行此命令。优化效果如图 9-53 所示。

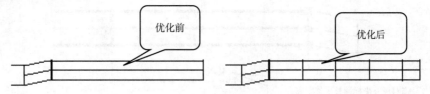

图 9-53　预制管段优化效果

注：如果管段被锁定或者是组的一部分，则无法优化。

预制零件之间的连接是通过 MEP 连接件来实现的，这与传统的 MEP 对象相同。因此，只要预制零件和传统管段使用相同形状、相同类型的连接件，它们之间就可相互连接，如图 9-54 所示。

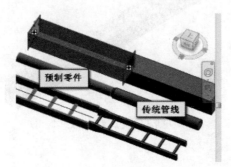

图 9-54　预制零件与传统管段连接

9.11.3　放置支架

在装置之间添加配线回路时，既不会指定配线回路的尺寸，也不会创建线路。导线的绘制是在平面图中进行的，三维视图中导线不可见。

【执行方式】

功能区："系统"选项卡→"电气"面板→"导线"

快捷键：EW

🖱 【操作步骤】

（1）将操作平面切换至导线布置平面，如照明/电力平面。

要在直线段上放置支架，只需从"组"下拉列表上选择支架类型。

放置支架时，沿制造管段边缘或中心线定位光标。注意，支架只能放置在平直的制造管段上。

默认情况下，支架将附着到最近的结构图元上。结构类别包括楼板、屋顶、结构框架、楼梯和底板。如果没有结构图元，Revit MEP 将使用 ITM 文件定义中设置的默认的杆长度。

（2）输入距离值，单击以确定放置，支架会自动根据制造管段尺寸调整宽度，如图 9-55 所示。

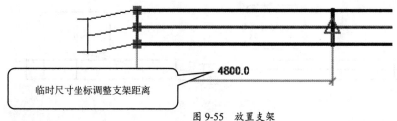

图 9-55　放置支架

若要将已放置好的支架附着到结构图元上，先选择该支架，然后单击"修改|制造零件"选项卡"编辑"面板的"附着到结构"按钮就可以了。完成支架放置后的效果如图 9-56 所示。

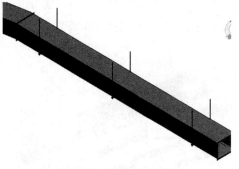

图 9-56　完成支架放置

第10章

分析

📓 **知识引导**

　　本章主要讲解 Revit 软件在对模型进行分析中的实际应用操作，包括荷载、边界条件、分析模型工具、空间和分区、报告和明细表、检查系统、颜色填充以及能量分析。

10.1　空间和分区

✏️ **【预习重点】**

◎ 了解空间和分区的设置，熟练掌握空间和分区的布置方式。

将空间放置到建筑模型的区域中，可为获得精确的热负荷和冷负荷分析获取空间相关数据。

10.1.1　空间的设置

通过空间设置可指定默认空间类型设置，空间设置是空间布置的基础。

📏 **【执行方式】**

功能区："管理"选项卡→"设置"选项卡→"MEP 设置"→"建筑/空间类型设置"

🖱️ **【操作步骤】**

（1）按上述方式执行，打开"建筑/空间类型设置"对话框。

（2）单击"空间类型"按钮，打开"建筑/空间类型设置"对话框，从列表中选择空间类型，在右侧面板中，根据需要调整参数，如图 10-1 所示。

（3）选择对应的值字段，然后单击 ... 按钮打开"明细表设置"对话框，调整明细表。

图 10-1 "建筑/空间类型设置"对话框

10.1.2 空间分隔符的添加

通过空间分隔线可对空间进行分割，或重新确定空间边界。

【执行方式】

功能区："分析"选项卡→"空间和分区"面板→"空间分隔符"

【操作步骤】

（1）将视图切换至相关楼层平面视图。

（2）按上述方式执行。

（3）绘制空间分隔线。

使用"修改|放置空间分隔线"选项卡中的绘图工具绘制空间分隔线，如图 10-2 所示。

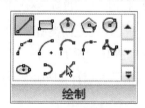

图 10-2 空间分割线绘制面板

在绘制空间分隔线时，确保区域是由线构成完整边界的区域，如图 10-3 所示。

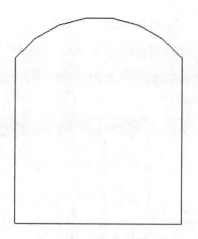

图 10-3　完成空间分割线的绘制

10.1.3　空间的布置

空间可在平面和剖面中进行放置，不能在立面或三维视图中查看或放置空间。可将空间放置在有边界、半边界或无边界区域中。对变边界区域和无边界区域，在放置空间前需要使用房间边界构件（例如空间分隔线）来完成包围该区域。

【执行方式】

"分析"选项卡→"空间和分区"面板→"空间"

【操作步骤】

（1）打开要放置空间的视图。

（2）按上述方式执行。

（3）在选项栏中，指定空间的各项参数。

各参数含义如下：

- 在放置时进行标记：在放置时，将空间标记添加到空间。如果尚未在项目中载入空间标记，可能需要将其载入。默认选择该选项。如果选择"在放置时进行标记"，则可从类型选择器中选择标记类型。
- 上限和偏移：指定空间的垂直长度。上限是指在当前标高上方选择一个标高，来定义空间的上边界。偏移用来指定在边界上限上方或下方的距离。
- 标记位置列表：用于指定"水平""垂直"或"模型"作为空间标记位置。仅在选择"在放置时进行标记"的情况下才适用。
- 引线：为空间标记创建引线。仅在选择"在放置时进行标记"的情况下才适用。
- 空间：放置新空间时选择"新建"，否则从列表中选择先前未放置的空间。
- 显示边界图元：高亮显示建筑模型中的房间边界图元，以便于识别。

（4）将光标移至绘图区域，单击鼠标放置空间。

（5）放置空间时可使用"自动放置空间"，系统会自动根据空间边界构件创建相关空间。

（6）在剖面视图中，确认代表空间体积的着色区域被约束在底部标高与上方紧邻的标高之间，且不存在未着色区域，如图 10-4 所示。

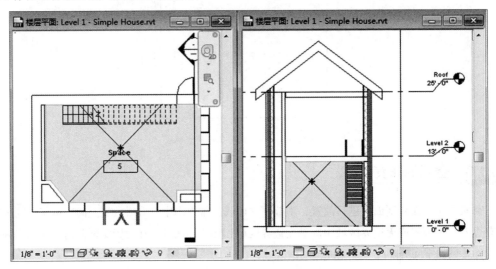

图 10-4 空间

10.1.4 空间的标记

通过空间标记可在项目中对空间添加相关标签标记。

✎【执行方式】

功能区："分析"选项卡→"空间和分区"面板→"空间标记"

🖱【操作步骤】

（1）按上述方式执行。

（2）单击视图中的空间对象，系统自动对所选空间进行标识。

10.1.5 分区

分区由一个或多个空间组成，空间由用来维护共同环境的设备所控制。MEP 项目至少包含一个分区，即默认分区。空间最初放置在项目中时，会添加到默认分区中。当将某空间指定给所创建的分区时，该空间会从默认分区中删除。

✎【执行方式】

功能区："分析"选项卡→"空间和分区"面板→"分区"

【操作步骤】

（1）将操作面切换至放置空间楼层平面。

（2）按上述方式执行，系统进入分区操作界面，如图 10-5 所示。

图 10-5　分区操作界面

（3）通过添加空间或删除空间操作，将空间指定给特定的分区后，单击完成编辑分区，完成分区设置。

10.2　报告和明细表

【预习重点】

◎ 了解报告和明细表相关设置，熟悉热负荷和冷负荷分析、配电盘明细表分析、风管和管道
压力损失报告的创建。

10.2.1　热负荷和冷负荷分析

建筑模型中的所有区域在放置和定义空间后，可将空间指定给分区。然后可执行热负荷和冷负荷分析，以确定建筑的能量需求，以及确定空间和分区需求。执行热负荷和冷负荷分析共有两种方法：

- 使用 Revit 中的集成工具计算负荷并创建报告。
- 导出项目信息，以创建 gbXML（Green Building XML）文件。然后可将 gbXML 文件导入将要执行热负荷和冷负荷分析的第三方负荷分析软件应用程序。

10.2.2　配电盘明细表分析

通过配电盘明细表显示有关配电盘、连接到配电盘的线路及其相应负荷的信息。生成配电盘明细表之前，应设置负荷分类、需求系数和配电盘明细表样板。

【执行方式】

功能区："分析"选项卡→"报告和明细表"面板→"配电盘明细表"

【操作步骤】

（1）按上述方式执行。

（2）设置配电盘明细表样板的格式，如图 10-6 所示。

图 10-6　配电盘明细表样板设置

（3）创建配电盘明细表。

① 创建单个配电盘明细表

a）在绘图区域中，选择一个或多个同类型配电盘。

b）单击"修改|电气设备"选项卡→"电气"面板→"创建配电盘明细表"下拉列表，并选择 （使用默认样板）/ （选择样板）。

② 创建多个配电盘明细表

a）单击"分析"选项卡→"报告和明细表"面板→ （配电盘明细表）。

b）在"创建配电盘明细表"对话框中，选择一个或多个配电盘，单击"确定"按钮。

10.2.3　风管或管道压力损失报告

通过该功能可为项目中的风管和管道系统生成压力损失报告。

✎ 【执行方式】

功能区："分析"选项卡→"报告和明细表"面板→ （风管压力损失报告）或 （管道压力损失报告）

🖱 【操作步骤】

（1）按上述方式执行。

（2）在"压力损失报告-系统选择器"对话框中选择一个或多个系统。

（3）选择报告格式。

（4）在列表中选择要包含在报告中的可用字段。

（5）根据需要启用或禁用以下项的显示：

- 系统信息。

- 重要路径。

- 按剖面划分的直线段的详细信息。

- 按剖面划分的管件和附件损耗系数概要。

（6）单击"生成"按钮。

（7）在"另存为"对话框中，输入文件名，将文件扩展名指定为 Html 或 csv，然后单击"保存"按钮，如图 10-7 所示。

风管压力损失报告								
项目名称		Project Name						
项目发布日期		Issue Date						
项目状态		Project Status						
客户姓名		Owner						
项目地址		Enter address here						
项目编号		Project Number						
组织名称								
组织描述								
建筑名称								
作者								
运行时间		2014/3/9 21:08:19						
Mechanical Exhaust Air 1								
系统信息								
系统分类		排风						
系统类型		Exhaust Air						
系统名称		Mechanical Exhaust Air 1						
缩写								
总压力损失(按剖面)								
剖面	图元	流量	尺寸	速度	风压	长度	损耗系数	摩擦
1	风管	377.6 L/s	450x300	2.8 m/s	-	2088	-	0.26 Pa/m
	管件	377.6 L/s	-	2.8 m/s	4.7 Pa	-	0.097759	-
	风道末端	377.6 L/s	-	-	-	-	-	-
2	风管	377.6 L/s	450x400	2.1 m/s	-	412	-	0.13 Pa/m
	管件	377.6 L/s	-	2.1 m/s	2.6 Pa	-	0	-
3	风管	755.1 L/s	450x400	4.2 m/s	-	4461	-	0.43 Pa/m
	管件	755.1 L/s	-	4.2 m/s	10.6 Pa	-	2.599344	-
4	风管	755.1 L/s	450x300	5.6 m/s	-	32146	-	0.88 Pa/m
	管件	755.1 L/s	-	5.6 m/s	18.8 Pa	-	2.816296	-

图 10-7　压力损失报告

10.3　检查系统

当系统检查器处于活动状态时，可利用各种工具修改、检查和查看选定风管或管道系统对应的属性。

10.3.1　检查风管或管道系统

通过此工具可检查项目中创建的管道系统是否已准确连接。

📏【执行方式】

功能区："分析"选项卡→"检查系统"面板→"检查风管系统或检查管道系统"

【操作步骤】

（1）按上述方式执行。Revit 为当前视图中的以下无效情况显示警告标记：

- 系统未连接好。
- 存在流|需求配置不匹配情况。
- 存在与流动方向不匹配情况。

（2）单击警告标记以显示相关警告消息。

10.3.2　检查线路

使用此命令可查找未指定给线路的构件，并检查平面中的线路是否已正确连接到配电盘。

【执行方式】

功能区："分析"选项卡→"检查系统"面板→"检查线路"

【操作步骤】

（1）按上述方式执行，发现错误时会提示警报。

（2）在"警报"对话框中，单击 回 以查看警告消息的详细信息。

10.3.3　显示断开的连接

通过显示断开的连接命令，可为当前未连接的连接件显示断开标记。

【执行方式】

功能区："分析"选项卡→"检查系统"面板→"显示断开的连接"

【操作步骤】

（1）按上述方式执行，在"显示断开连接选项"对话框中勾选操作类别，如图 10-8 所示。

（2）单击警告标记以显示相关警告消息。单击 回 （展开警告对话框）查看警告消息。

（3）单击 （显示断开的连接）并清除选择项，以关闭断开标记，如图 10-9 所示。

图 10-8　断开连接选项

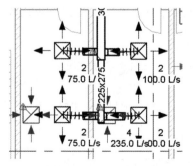

图 10-9　断开连接后的结果

10.4 路径分析

通过路径分析可以使用行进路径图元，分析模型中两个选定点之间的行进距离和时间。

10.4.1 行进路径

按照最短距离原则，根据起点和终点指定行进路径。

📏 【执行方式】

功能区："分析"选项卡→"路径分析"面板→"行进路径"

🖱 【操作步骤】

（1）按上述方式执行。

（2）指定行进路径的起点和终点。

10.4.2 显示障碍物

通过此工具可高亮显示视图范围内的障碍物。

📏 【执行方式】

功能区："分析"选项卡→"路径分析"面板→"显示障碍物"

🖱 【操作步骤】

（1）将视图切换至非线框模式。

（2）按上述方式执行。

10.4.3 多个路径

指定起终点，软件自动分析可能的行进路径。

📏 【执行方式】

功能区："分析"选项卡→"路径分析"面板→"多个路径"

🖱 【操作步骤】

（1）按上述方式执行。

（2）指定行进路径的起点和终点。

10.4.4 单项指示器

通过此工具可将单向指示器注释族放置在当前视图中。

✎【执行方式】

功能区：“分析”选项卡→“路径分析”面板→“单向指示器”

🖱【操作步骤】

（1）按上述方式执行。

（2）在适当的位置单击鼠标放置。

10.4.5　人物内容

通过此工具可放置具有半径属性的对象，以在分析过程中避开此范围。

✎【执行方式】

功能区：“分析”选项卡→“路径分析”面板→“人物内容”

🖱【操作步骤】

（1）按上述方式执行。

（2）在适当的位置单击鼠标放置。

10.4.6　空间栅格

通过此工具可在房间中放置正方形或六边形栅格。

✎【执行方式】

功能区：“分析”选项卡→“路径分析”面板→“空间栅格”

🖱【操作步骤】

（1）按上述方式执行。

（2）选择房间。

（2）单击“完成”按钮。

第 11 章

视图

📑 知识引导

　　本章主要讲解在 Revit 软件中对视图的实际应用操作，包括视图创建以及视图控制。

11.1 视图的创建

通过使用视图工具可为模型创建二维平面视图、剖面视图、三维视图。

✏️ 【预习重点】

◎ 平面视图、剖面图等视图创建。

11.1.1 平面视图的创建

二维平面视图，如结构平面、楼层平面、天花板投影平面、平面区域或面积平面的创建可在创建新标高时自动创建，也可在完成标高的创建后手动添加。

1）自动创建平面视图

在创建新标高时可自动创建平面视图，方法简单、快捷。

🖱️ 【操作步骤】

（1）将视图切换到立面视图。

（2）单击"建筑"或"结构"选项卡，在"基准"面板中选择标高工具，软件进入绘制标高状态，在选项栏中就会出现 ☑ 创建平面视图 ┃ 平面视图类型... 该项。勾选"创建平面视图"复选框，单击"平面视图类型"按钮，弹出"平面视图类型"对话框，如图 11-1 所示。

在该对话框中单击选择要创建的视图类型，完成后单击"确定"按钮完成标高绘制。

绘制相关标高后，单击项目浏览器中可找到标高对应的平面视图。

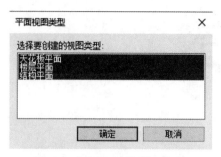

图 11-1 "平面视图类型"对话框

2）手动创建平面视图

手动创建平面视图可在完成标高的创建后，选择性添加平面视图，此方法具有可统一添加、选择性添加的优势。在创建标高时，通过复制和阵列方式生成的标高，不会自动生成对应平面视图，需要手动进行添加。

📏【执行方式】

功能区："视图"选项卡→"创建"面板→"平面视图"下拉菜单

🖱【操作步骤】

（1）按上述方式执行，在平面视图下拉列表中选择将要创建的视图类型。以创建楼层平面为例，在下拉列表中选择楼层平面，弹出"新建楼层平面"对话框，如图 11-2 所示。

图 11-2 "新建楼层平面"对话框

（2）在对话框中的标高栏中选择标高，可配合使用 Ctrl 和 Shift 键来进行选择。勾选"不复制现有视图"复选框，单击"确定"按钮，软件自动生成所选标高对应的楼层平面。

11.1.2　立面视图的创建与调整

立面视图的创建功能用于创建面向模型几何图形的其他立面视图。默认情况下，项目文件中包含四个立面视图图标，如图 11-3 所示。

图 11-3　外部立面视图

立面视图包括立面和框架立面两种类型，框架立面主要用于显示支撑等结构对象。

📏 【执行方式】

功能区："视图"选项卡→"创建"面板→"立面"下拉菜单

🖱 【操作步骤】

（1）将操作平面切换到楼层相关平面。

（2）按上述方式执行。

（3）选择立面类型。

在"属性"对话框中选择立面类型，包括建筑立面或内部立面等立面类型。

（4）设置选项栏参数。

- 附着到轴网：将立面视图方向与轴网关联。
- 参照其他视图：不直接创建新的立面视图，而是用已有的视图。
- 新绘制视图：创建空白视图。

（5）放置立面。

在绘图区域中需要创建立面视图的位置单击鼠标放置指南针点，在移动光标时，可配合 Tab 键来调整立面方向。

（6）设定立面方向。

如图 11-4 所示，通过勾选立面符号创建相关方向的立面视图。

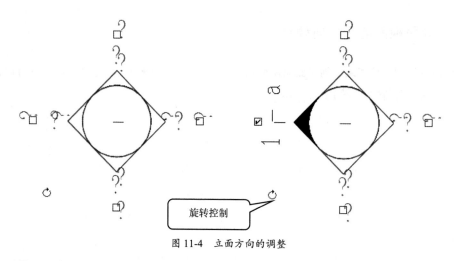

图 11-4　立面方向的调整

使用旋转控制功能可将视图与斜接图元对齐。单击"旋转控制"按钮，并按住左键，滑动鼠标进行旋转，松开鼠标完成旋转。

（7）调整立面视图宽度及高度范围。

选择已创建的立面，如图 11-5 所示，通过拖曳点对立面视图范围进行调整。

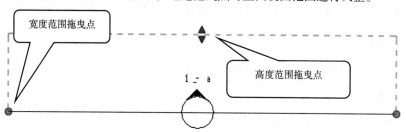

图 11-5　立面视图范围

通过拖曳点控制立面的视图宽度，通过高度拖曳点控制立面的视图高度。宽度和高度决定立面范围，通过上下文选项卡的"尺寸裁剪"按钮可对视图范围进行准确的调整，如图 11-6 所示。

在对话框中，调整"模型裁剪尺寸"的宽度值和高度值，软件会自动计算裁剪框尺寸，单击"确定"按钮完成裁剪。

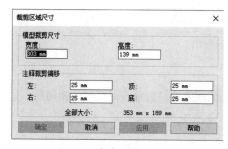

图 11-6　裁剪区域尺寸设置

（8）拆分立面视图范围线。

选择已创建的立面视图范围线，单击上下文选项卡的"拆分线段"按钮，将光标移动到绘图区域中，选择要拆分的立面视图，单击拆分位置，拖曳光标至相应位置，完成拆分后，视图线拆分为两部分，两段视图所示范围不同，如图 11-7 所示。

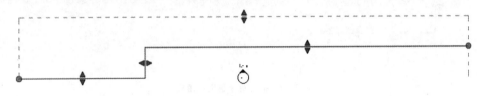

图 11-7　拆分立面视图范围线

11.1.3　剖面图的创建

通过剖面工具可剖切模型，生成相应的剖面视图，在平面、剖面、立面和详图视图中均可绘制剖面视图。

【执行方式】

功能区："视图"选项卡→"创建"面板→"剖面"

【操作步骤】

（1）将视图切换到任意平面视图。

（2）执行上述操作。

（3）选择剖面类型并设置相关参数。

（4）设置选项栏参数。

（5）绘制剖面线。

将光标移动到绘图区域，单击剖面的起点，拖曳光标并单击确定终点，如图 11-8 所示。剖面线与立面视图有类似的拖曳点，还包括剖面线的特殊符号。

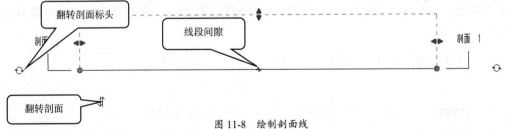

图 11-8　绘制剖面线

通过拖曳蓝色控制柄可调整裁剪区域的大小，剖面视图的深度相应发生变化。双击剖面线或双击项目浏览器的剖面视图可转到剖面视图。

（6）剖面的调整。

剖面创建完成后使用"拆分线段"命令可在同一剖面视图中显示不同位置的模型，如图 11-9

所示。

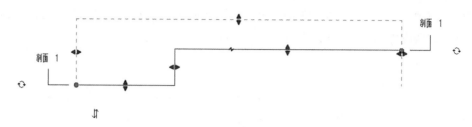

图 11-9 剖面折分视图范围线

新的分段上有多个用于调整裁剪区域尺寸的控制柄，显示为浅绿色虚线，所有分段共享同一个裁剪平面，包括用于移动剖面线各个分段的控制柄。单击线段间隙符号可将剖面分割为较小的分段，截断控制柄在剖面上显示为斜 Z 形。单击截断控制柄，可断开剖面。完成截断后，剖面将出现调整分段尺寸的多个控制柄，如图 11-10 所示。单击截断控制柄，可将断开的剖面进行合拢。

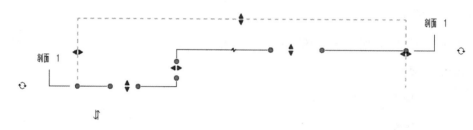

图 11-10 剖面线截断

↘ 实操实练-26 剖面图的创建

（1）打开"建筑-场地"项目，在项目浏览器下，展开楼层平面视图目录，双击 1F_±0.000 名称进入 1 层平面视图。

（2）单击"视图"选项卡中的"剖面"按钮，在类型选择器中选择建筑剖面类型，不对类型属性参数进行设置。不勾选选项栏中的"参照其他视图"复选框，设置偏移量为 0.0，如图 11-11 所示。

图 11-11 剖面创建选项栏

（3）在轴线 2、3 之间单击作为剖面的起点，向下拖曳鼠标至剖面的终点。

（4）通过 ◀▶ 按钮控制剖面显示范围。通过单击 ⇆ 按钮对剖面框进行左右翻转，确定显示剖面的方向。

（5）选择该剖面线，鼠标右键选择"转到视图"命令。

（6）在剖面属性栏中，取消勾选"裁剪视图"和"裁剪区域可见"复选框，单击"应用"按钮。

（7）勾选轴线和标高另一端未显示出的编号，并将在剖面视图中无须显示的轴线进行隐藏。

（8）完成对该项目剖面视图的绘制，如图 11-12 所示，将项目文件另存为"建筑-剖面"。

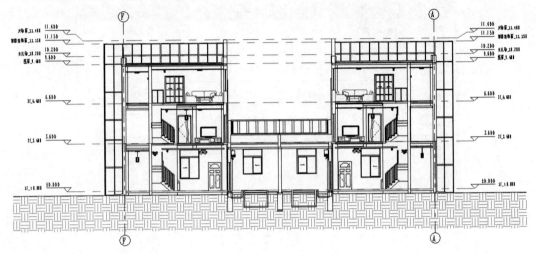

图 11-12　完成剖面图的绘制

11.1.4　详图索引的创建

通过详图索引工具可在视图中创建矩形详图索引，即大样图。详图索引可隔离几何图形的特定部分，参照详图索引允许在项目中多次参照同一个视图。

【执行方式】

功能区："视图"选项卡→"创建"面板→"详图索引"下拉菜单

【操作步骤】

（1）将视图切换至需要添加详图索引的视图。

（2）按上述方式执行，并选择详图索引绘制方式。

详图索引绘制方式包括矩形和草图两种，矩形方式用于绘制矩形详图索引，草图方式可绘制较复杂形状的详图索引，根据实际情况选择对应的方式进行绘制。

（3）选择详图索引类型。

在视图属性选择栏中选择详图类型。

（4）选项栏设置。

- 参照其他视图：不创建关联详图，而使用已有的其他视图，如导入的 DWG 格式文件。
- 新绘制视图：不创建关联详图，创建空白的视图。

（5）绘制详图索引。

单击"详图索引"下拉列表中的"矩形"按钮，详图索引可为楼梯间、卫生间等需要大样图的位置创建详图。在类型选择器中选择详图，单击"类型属性"按钮，进入详图视图类型属性对话框，如图 11-13 所示。

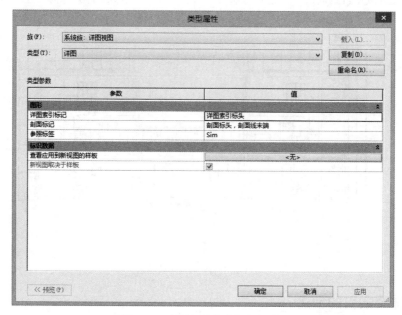

图 11-13　详图视图类型属性对话框

在对话框中复制创建新的详图类型和名称，设置详图索引标记的标头、参照标签等参数。完成后单击"确定"返回详图索引绘制状态。

将光标移动到要定义详图索引的区域，光标从左下方向右下方拖曳，创建封闭的矩形网格，在左边的线框旁将显示详图索引编号。

双击详图索引标头或项目浏览器详图视图目录下的详图可切换到详图视图。

（6）修改和调整详图索引。

进入详图视图，选择详图索引，通过边线上的圆形点-●-可拖曳详图线边框，确定详图范围。

11.1.5　绘图视图的创建

利用"绘图视图"可创建空白视图，在该视图中显示与建筑模型无直接关联关系的专有详图。

【执行方式】

功能区："视图"选项卡→"创建"面板→"绘图视图"

【操作步骤】

（1）按上述方式执行。

（2）设置新绘图视图名称及比例。

弹出"新绘图视图"对话框，如图 11-14 所示。

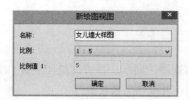

图 11-14　"新绘图视图"对话框

在对话框中输入新绘图视图的名称及比例，如图 11-14 所示。单击"确定"按钮，这时软件会跳转到一个空白的视图。新创建的绘制视图保存在项目浏览器目录下绘图视图栏。

在该视图中，可通过导入 CAD 的方式，将 DWG 格式大样图导入当前视图中，也可使用"注释"选项卡的"详图"面板中的详图工具来丰富详图内容。详图工具主要包括"详图线""隔热层""遮罩区域""填充区域""文字""符号"和"尺寸标注"。

↘ 实操实练-27　大样图的创建

（1）打开"建筑-剖面视图"项目，在项目浏览器下，展开楼层平面视图目录，双击 1F_±0.000 进入 1 层平面视图。

（2）单击"视图"选项卡中的"详图索引"按钮，在下拉菜单中单击"矩形"按钮。在类型选择器中选择详图类型。取消勾选选项栏中的"参照其他视图"复选框，如图 11-15 所示。

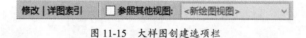

图 11-15　大样图创建选项栏

（3）在绘图区域中，放大楼梯间所在的位置，按对角点分别单击来创建矩形详图框。

（4）选择该详图框，在右键菜单中选择"转到视图"命令。

（5）在视图控制栏中，单击"隐藏裁剪区域"按钮，在详图属性栏中，设置视图名称为楼梯间大样图，视图样板为楼梯_剖面大样。单击"应用"按钮保存。

（6）勾选轴线和标高另一端未显示出的编号，并在详图视图中将无须显示的轴线进行隐藏。

（7）使用尺寸标注工具对大样图进行必要的尺寸注释标记，丰富详图细节。

（8）完成对该项目大样图的绘制，如图 11-16 所示，将项目文件另存为"建筑-大样图"。

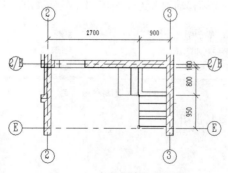

图 11-16　完成大样图的绘制

11.1.6 复制视图的创建

使用该工具可复制创建当前视图的副本，其中仅包含模型、模型和视图专有图元。隐藏的模型图元和基准将被创建到新视图中并保持隐藏状态。

复制视图包括复制视图、带细节复制、复制作为相关三种形式。

- 复制视图：表示用于创建一个视图，该视图中仅包含当前视图中的模型几何图形。将排除所有视图专有图元，如注释、尺寸标注和详图。
- 带细节复制：表示模型几何图形和详图几何图形都被复制到新视图中。详图几何图形中包括详图构件、详图线、重复详图、详图组和填充区域。
- 复制作为相关：表示用于创建与原始视图相关的视图，即原始视图及其副本始终同步。在其中一个视图中所做的修改将自动出现在另一个视图中。

【执行方式】

功能区："视图"选项卡→"创建"面板→"复制视图"下拉菜单

【操作步骤】

（1）将视图切换到需要添加视图副本的视图。

（2）按上述方式执行，选择复制视图方式，如图 11-17 所示。

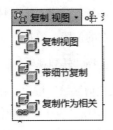

图 11-17 复制视图方式

在项目浏览器当前视图的下方将出现该视图副本，软件自动跳转到该副本视图。

复制视图还有一种较为快捷的方式，展开项目浏览器，在需要复制副本的视图名称上单击鼠标右键，在命令功能区中，将光标移动到"复制视图"上，软件弹出下一级菜单，如图 11-18 所示。

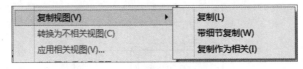

图 11-18 复制视图方式

选择复制视图方式完成复制视图。

11.1.7　快速打开视图对应图纸

根据视图快速打开图纸，提供更精确、可读性更强的文档。

【执行方式】

在项目浏览器中的"视图"名称上单击鼠标右键，然后单击"打开图纸"按钮。

说明：

（1）该选项可用时，单击"打开图纸"按钮，可直接切换到视图所对应的图纸上。

（2）当视图未放置在图纸上或视图是明细表和图例视图时，"打开图纸"按钮处于禁用状态。

11.1.8　图例的创建

该工具可为材质、符号、线样式、工程阶段、项目阶段和注释记号创建图例。图例包括图例和注释记号图例两种类型。

- 图例：可用于建筑构件和注释的图例创建。
- 注释记号图例：可用于注释记号的图例创建。

【执行方式】

功能区："视图"选项卡→"创建"面板→"图例"下拉菜单

【操作步骤】

（1）按上述方式执行。

（2）创建图例视图。

以创建门窗大样为例，在下拉列表中选择图例，弹出"新图例视图"对话框，输入图例名称并设置比例，如图 11-19 所示。完成后单击"确定"按钮。

图 11-19　"新图例视图"对话框

软件会自动生成空白视图，在项目浏览器中图例栏出现已创建的门窗大样图例视图。

（3）放置图例。

在项目浏览器中，展开族树状目录，依次展开并选择需要添加的门族，拖曳到当前视图中，在选项栏视图下拉菜单中选择前立面，如图 11-20 所示，将光标移动到绘图区域，单击鼠标放置，按 Esc 键退出放置状态

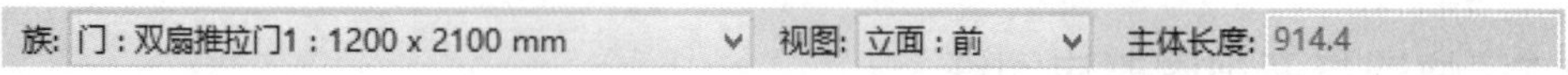

族: 门 : 双扇推拉门1 : 1200 x 2100 mm
视图: 立面 : 前
主体长度: 914.4

图 11-20 图例放置选项栏

使用快捷栏中的对齐尺寸标注工具对门窗进行标记，并添加视图标题，如图 11-21 所示。

MLC-1 1:50
M1021 1:50
C1515 1:50

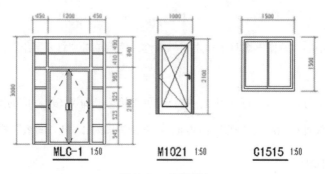

图 11-21 门窗图例

11.1.9 默认三维视图

默认三维视图工具在项目模型创建的过程中有重要的作用，三维视图工具配合使用 ViewCube 不仅可随时查看模型各构件样式及整体效果，还可在三维视图状态下创建相关构件。默认三维视图为三维正交视图。

【执行方式】

功能区："视图"选项卡→"创建"面板→"三维视图"下拉菜单→"默认三维视图"

【操作步骤】

按上述方式执行，软件会跳转到默认三维视图界面，配合使用 Shift+鼠标滚轮可对模型进行旋转，方便观察。单击绘图区域右上方的 ViewCube 导航，通过单击上下左右前后、东南西北多方位可对模型进行查看，单击 ViewCube 导航的角点，可查看模型的效果，如图 11-22 所示。

在三维视图中查看模型效果时，使用剖面框工具可对部分模型进行单独查看，通过应用剖面框，可限制查看模型的范围。完全处于剖面框以外的图元不会显示到当前视图中。例如，要对办公楼中的会议室进行内部渲染，可使用剖面框裁剪出会议室后进行渲染。

上
前
右

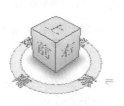

图 11-22 ViewCube 导航

将当前视图切换至三维视图，勾选属性框中的剖面框复选框，如图 11-23 所示。

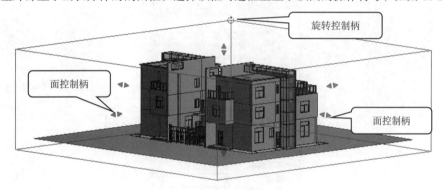

图 11-23　三维剖切框设置

模型外部显示出长方体的剖面框，选择该框时边框上显示该面的操作符号，如图 11-24 所示。

图 11-24　三维剖面框

图 11-24 中的实线外框即为剖面框，剖面框的每个面上都有一个控制柄，用来控制面的长度或者深度。

11.1.10　透视三维视图和平行三维视图

在 Revit 软件中，透视图可在"三维"和"平行"之间切换，Revit 提供"移动""对齐""锁定""解锁"等编辑工具修改模型，如图 11-25、图 11-26 所示。

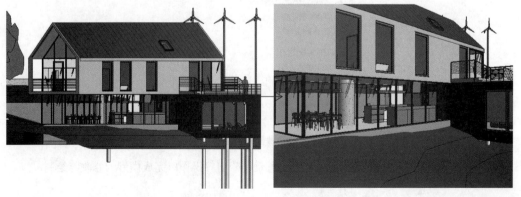

图 11-25　透视三维视图　　　　　　　　　图 11-26　平行三维视图

【执行方式】

功能区："视图"选项卡→"创建"面板→"三维视图"下拉菜单→"相机"

【操作步骤】

（1）任意打开一个平面视图。选择"三维视图"菜单→"相机"工具，创建透视图。在透视图模式下，"修改"选项卡中除对齐、移动工具外的工具都不可用。

（2）确定该透视图属性列表中，"裁剪区域可见"选项已勾选，如图 11-27 所示。

图 11-27　勾选"裁剪区域可见"选项

（3）右击 ViewCube，在弹出的对话框中选择"切换到平行三维视图"命令，如图 11-28 所示。

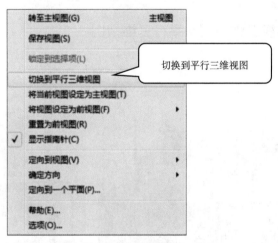

图 11-28　透视模式切换至平行模式

（4）在平行视图中，可完成图元的复制、移动、修剪等操作以完成模型的修改与绘制。

11.2　视图的控制

通过使用视图控制工具，可修改模型几何图形的显示样式，包括可见性设置、粗细线的设置等。

✎【预习重点】

◎ 视图可见性设定和剖切面轮廓绘制。

11.2.1　过滤器的创建

使用过滤器功能可以将具有公共属性的图元进行过滤分类。

📏【执行方式】

功能区："视图"选项卡→"图形"面板→"过滤器"

🖱【操作步骤】

（1）按上述方式执行。

（2）弹出"过滤器"对话框，如图 11-29 所示。

（3）新建过滤器。

单击功能区的 [新建(N)...] 按钮，弹出"过滤器名称"对话框，如图 11-30 所示。

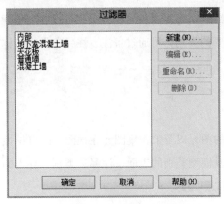

图 11-29　"过滤器"对话框

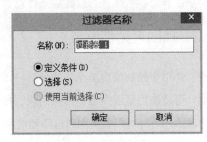

图 11-30　"过滤器名称"对话框

输入过滤器名称。过滤器过滤条件包括"定义条件"和"选择"，软件默认为定义条件，通常使用定义条件进行过滤。

勾选定义条件选项，单击"确定"按钮，打开"过滤器"对话框，包含过滤器列表、类别和过滤器规则，如图 11-31 所示。

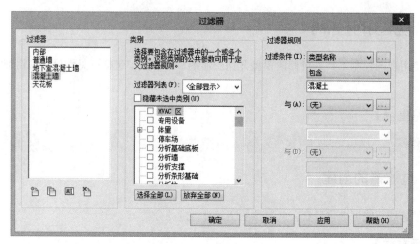

图 11-31　"过滤器"对话框

- "过滤器"栏："过滤器"栏列举当前已有过滤器，软件默认选择该项。在下方的功能区有 4
  个按钮，其中 表示新建图元类别，单击后又会显示如图 11-30 所示的"过滤器名称"对
  话框。表示复制当前选择的图元类别。表示为选择的图元类别进行重命名。表示
  删除当前选择的图元类别。

- "类别"栏：在"过滤器"栏选择一个过滤器，从过滤器列表后边的下拉菜单中选择相关的
  专业，在下方就会显示出该专业所包含的所有类别，通过勾选类别名称前方的复选框完成
  添加。

- "过滤器"规则栏：通过过滤器规则设置过滤器条件，过滤条件一次性最多可设置三项规则，
  其目的是选择需要的类别而过滤掉其他不需要的类别，可通过备注、注释、类别名称、类
  别注释等参数来进行过滤器条件设置。

11.2.2　视图可见性设定

该工具用于控制模型图元、注释、导入和链接的图元以及工作集图元在视图中的可见性和图
形显示。可替换的显示内容包括截面线、投影线以及模型类别的表面、注释、类别、导入的类别
和过滤器。还可针对模型类别和过滤器应用半色调和透明度。

📐【执行方式】

功能区："视图"选项卡→"图形"面板→"可见性/图形"

快捷键：VG

🖱【操作步骤】

（1）将视图切换到需要调整可见性的视图。

（2）按上述方式执行。

（3）视图可见性设置

图 11-32 所示为"可见性/图形替换"对话框。对话框中包括模型类别、注释类别等 5 个选项卡。

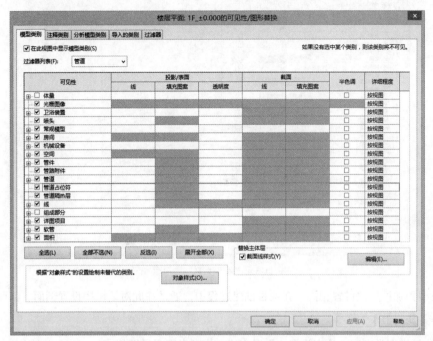

图 11-32　"可见性/图形替换"对话框

- "模型类别"选项卡设置：在"模型类别"选项卡中，常用的是设置模型中部分内容的可见性，单击过滤器列表下拉菜单按钮，勾选要显示的专业，如图 11-33 所示。

在可见性列表中构件类别前的复选框中通过勾选设置是否显示。同时，还可调整类别和子类别的投影|表面或截面的线型、填充图案、透明度设置。

在截面线样式设置中，单击"编辑"按钮设置主体层的线样式，如图 11-34 所示。

在创建详图索引或大样时，通常会在此对话框中设置墙截面、楼板截面的结构线宽，在大样图中，截面结构边线以粗线显示出来，单击"确定"按钮。

图 11-33　"模型类别"选项卡　　　　图 11-34　主体层线样式设置

● "注释类别"选项卡设置：切换到"注释类别"选项卡，如图 11-35 所示。

图 11-35 "注释类别"选项卡

与模型类别可见性设置相同。在项目创建过程中，通常在此对话框中设置剖面、剖面框、轴网、标高、参照平面等选项。

● "分析模型类别"选项卡设置：设置方法与模型类别可见性相同。

● "导入的类别"选项卡设置：切换到"导入的类别"选项卡，如图 11-36 所示。

图 11-36 "导入的类别"选项卡

在对话框中可对导入当前项目中的文件进行可见性设置，该设置只对当前视图有效。

● "过滤器"选项卡设置：切换到"过滤器"选项卡，如图 11-37 所示。

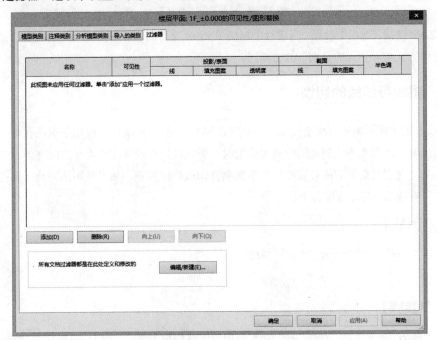

图 11-37　"过滤器"选项卡

对于在视图中具有公共属性的图元，"过滤器"选项卡提供了控制其图形显示及可见性的方法。

单击"添加"按钮，弹出"添加过滤器"对话框，如图 11-38 所示。

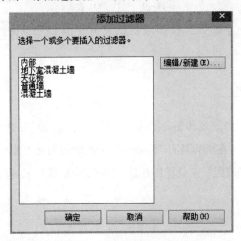

图 11-38　"添加过滤器"对话框

在"添加过滤器"对话框中选择过滤器，单击"确定"按钮，图元类别就会自动添加到过滤器下方，然后再对显示进行设定，如图 11-39 所示。

名称	可见性	投影/表面			截面		半色调
		线	填充图案	透明度	线	填充图案	
混凝土墙	☑	————		替换...	··········		☐

图 11-39 过滤器可见性设置

- "Revit 链接"选项卡设置：当项目中链接了 Revit 文件时，可切换到"Revit 链接"选项卡，操作方法与"导入的类别"方法相同。

11.2.3 粗线与细线的切换

"粗线"用于视图中所有线条按照同一宽度在屏幕上显示。"细线"可用于保持相对于视图缩放的真实线宽。通常在小比例视图中放大模型时，图元线的显示宽度会大于实际宽度。激活"细线"工具后，此工具会影响所有视图，但不影响打印或打印预览。如果禁用该工具，则打印所有的线时，所有线都会显示在屏幕上。

📏【执行方式】

功能区："视图"选项卡→"图形"面板→"细线"

快捷键：TL

🖱【操作步骤】

单击"视图"面板下的"细线"按钮，图形中的粗线切换为细线。图 11-40 所示是常规–200mm墙体在楼层平面中的粗线状态和细线状态。

图 11-40 粗线/细线切换

通过视图选项卡中的"细线"按钮或快捷访问工具栏中的 ▤ 按钮可进行细线和粗线切换。

11.2.4 隐藏线的控制

隐藏线的控制分为显示隐藏线和删除隐藏线。被其他图元遮挡的模型和详图图元可通过"显示隐藏线"工具显示出来。可在所有具有"隐藏线"子类别的图元上使用"显示隐藏线"工具。"删除隐藏线"工具与"显示隐藏线"工具作用相反。"删除隐藏线"工具与"显示隐藏线"工具不适用于 MEP 部分。

📏【执行方式】

功能区："视图"选项卡→"图形"面板→"显示隐藏线|删除隐藏线"

🖱【操作步骤】

（1）单击"视图"选项卡中的"显示隐藏线"按钮，依次选择遮盖隐藏对象和需显示隐藏线的图元。

（2）若要反转效果，可使用"视图"面板下的"删除隐藏线"按钮。

11.2.5 剖切面轮廓的绘制

使用"剖切面轮廓"工具可修改图元剖切后的形状，例如屋顶、楼板、墙和复合结构层。在平面视图、天花板平面视图和剖面视图中均可使用该工具。

【执行方式】

功能区："视图"选项卡→"创建"面板→"剖切面轮廓"

【操作步骤】

（1）将视图切换至要绘制剖切面轮廓的视图。

（2）按上述方式执行。

（3）设置选项栏参数。

在选项栏中，选择"面"（编辑面的整个边界）或"面与面之间的边界"。

（4）单击高亮显示的截面或边界，进入绘制模式。

（5）绘制要添加到选择集或从选择集删除的区域，需绘制非闭合且不交叉的多段线。

（6）设定区域方向。

剖切面轮廓草图控制箭头显示在绘制的第一条线上，指向编辑后保留的部分。单击控制箭头可改变其方向。

（7）完成编辑后，单击 ✔（完成编辑模式），剖切面轮廓如图 11-41 所示。

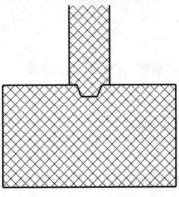

图 11-41　剖切面轮廓

11.2.6 视图样板的设置与控制

通过对视图应用视图样板，可确保视图表达的一致性，减少修改的工作量，以提高设计和出图的效率。

1）将视图样板应用于当前视图

✏ 【执行方式】

功能区："视图"选项卡→"创建"面板→"视图样板"下拉菜单→"将视图样板应用于当前视图"

图 11-42 所示为视图样板设置面板。

图 11-42　视图样板设置面板

🖱 【操作步骤】

（1）打开需要修改视图样式的视图。

（2）按上述方式执行。

（3）在"应用视图样板"对话框"名称"列表中，选择要应用的视图样板。

（4）单击"应用"按钮，完成视图样式的修改。

2）从当前视图创建样板

✏ 【执行方式】

功能区："视图"选项卡→"创建"面板→"视图样板"下拉菜单→"从当前视图创建样板"

🖱 【操作步骤】

（1）双击打开可创建视图样板的视图。

（2）按上述方式执行。

（3）输入创建的视图样板名称后，单击"确定"按钮，完成新视图样板的创建。

3）管理视图样板

✏ 【执行方式】

功能区："视图"选项卡→"创建"面板→"视图样板"下拉菜单→"管理视图样板"

【操作步骤】

（1）按上述方式执行。

（2）在"视图样板"对话框的"视图样板"中，使用规程过滤器和视图类型过滤器来过滤视图样板的列表，如图 11-43 所示。

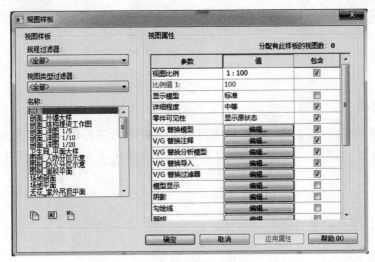

图 11-43　"视图样板"对话框

（3）在"名称"列表中，选择要调整的视图样板。

（4）在"视图属性"列表中，可对视图的属性进行调整。

第12章

注释

📓 **知识引导**

　　本章主要讲解在 Revit 软件中对模型构件进行注释的实际应用操作，包括尺寸标注、详图、文字、标记、注释记号、颜色填充类图例注释以及符号添加等。

12.1　尺寸标注

尺寸标注是项目中显示距离和尺寸的视图专有元素。

✏️ **【预习重点】**

◎　对齐标注等尺寸标注、高程点标注。

12.1.1　对齐尺寸标注

对齐用于在平行参照之间或点之间放置尺寸标注。

📏 **【执行方式】**

功能区："注释"选项卡→"尺寸标注"面板→"对齐"

快捷键：DI

🖱️ **【操作步骤】**

（1）将操作平面切换至需要进行标注的视图。

（2）按上述方式执行。

（3）选择尺寸标注类型设置标注样式。

在属性框类型选择器下拉列表中选择尺寸标注样式，单击"编辑类型"按钮，进入尺寸标注类型属性对话框，如图 12-1 所示。

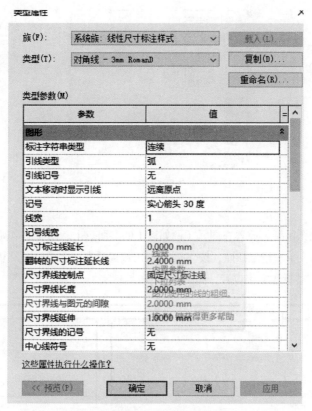

图 12-1　尺寸标注类型属性对话框

在类型属性设置对话框中，根据项目要求，修改框中部分参数对应的数值或样式，完成后单击"确定"按钮返回。

（4）设置选项栏参数。

对齐尺寸标注选项栏参数，如图 12-2 所示。

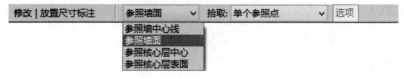

图 12-2　对齐尺寸标注选项栏

- 标注参照对象。"标注参照对象"下拉菜单中可选选项包括"参照墙中心线""参照墙面""参照核心层中心""参照核心层表面"。
- 拾取对象。拾取对象包括"单个参照点"和"整个墙"两种尺寸标注对象的方式。
  - ➢ 单个参照点：依次单击标注点完成标注。
  - ➢ 整个墙：选择整个墙选项后，单击"选项"按钮可打开"自动尺寸标注选项"对话框，如图 12-3 所示。设置自动尺寸标注选项，勾选需要标注的墙体参照。

图 12-3 "自动尺寸标注选项"对话框

（5）放置标注。

将光标移动到绘图区域，放置在图元（例如墙）的参照点上，则参照点高亮显示，通过 Tab 键可切换参照点。依次单击指定参照，按 Esc 键退出放置状态，完成对齐尺寸标注。拖动文字下方的移动控制柄 ● 调整标注文字位置，如图 12-4 所示。

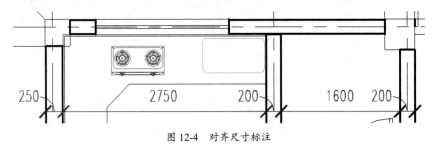

图 12-4 对齐尺寸标注

12.1.2 线性尺寸标注

线性尺寸标注放置于选定的点之间，尺寸标注与视图的水平轴或垂直轴对齐，标注点是图元的端点或参照的交点，线性尺寸标注适用于项目环境。

【执行方式】

功能区："注释"选项卡→"尺寸标注"面板→"线性"

【操作步骤】

（1）将视图切换至需要创建线性尺寸标注的视图。

（2）执行上述执行方式。

（3）选择线性尺寸标注类型并设置标注样式。

在属性框类型选择器下拉列表中标注类型，单击"编辑类型"按钮进入线性尺寸标注类型属性对话框，如图 12-5 所示。

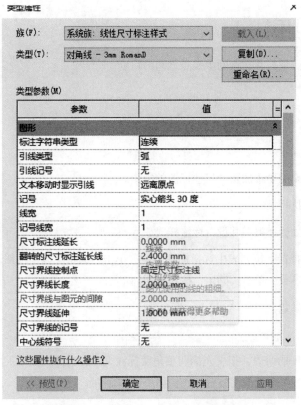

图 12-5 线性尺寸标注类型属性对话框

根据项目具体要求，参照对齐尺寸标注的类型属性参数设置，单击"确定"按钮返回。

（4）放置标注。

单击"线性尺寸标注"按钮，依次单击图元的参照点或参照的交点，使用空格键可在垂直轴或水平轴标注间切换，完成线性尺寸标注，如图 12-6 所示。

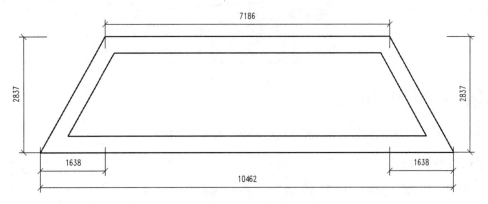

图 12-6 线性尺寸标注

12.1.3 角度尺寸标注

角度尺寸标注可测量公共交点的参照点之间的角度。

【执行方式】

功能区："注释"选项卡→"尺寸标注"面板→"角度"

【操作步骤】

（1）将视图切换至需要添加角度尺寸标注的视图。

（2）按上述方式执行。

（3）选择角度尺寸标注类型并设置标注样式。

在属性框类型选择器下拉列表中选择标注类型，单击"编辑类型"按钮进入类型属性设置对话框，设置类型属性参数，单击"确定"按钮返回。

（4）设置选项栏参数。

（5）放置标注。

依次单击构成角度的两边，拖曳光标调整角度标注大小，选择要显示尺寸标注的象限，单击以放置标注。完成后按 Esc 键退出放置状态，如图 12-7 所示。

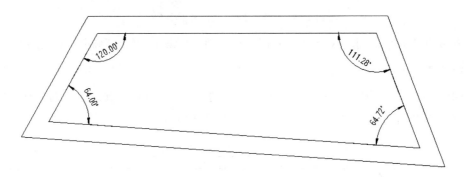

图 12-7　角度尺寸标注

12.1.4 径向尺寸标注

通过放置一个径向尺寸标注，以便测量内部曲线或圆角的半径。

【执行方式】

功能区："注释"选项卡→"尺寸标注"面板→"径向"

【操作步骤】

（1）将视图切换至需要添加径向尺寸标注的视图。

（2）按上述方式执行。

（3）选择径向尺寸标注类型并设置标注样式。

（4）设置选项栏参数。

（5）放置标注。

单击"径向尺寸标注"按钮后，将光标移动到要放置标注的弧上，通过按 Tab 键切换墙面或墙中心线作为标注对象，单击确定。按 Esc 键退出放置状态，如图 12-8 所示。

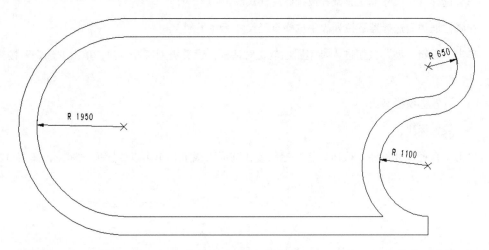

图 12-8　径向尺寸标注

（6）修改弧上的径向尺寸标注。

当两圆弧同心时，可将现有径向尺寸标注参照从一条弧线修改为另一条弧线。选择径向尺寸标注，标注的一端出现蓝色的圆形拖曳控制柄，将此控制柄拖曳至另一条弧线，如图 12-9 所示。

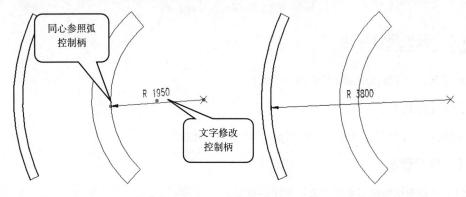

图 12-9　径向尺寸标注修改

12.1.5　直径尺寸标注

通过直径尺寸标注可表示圆弧或圆的直径。

✎【执行方式】

功能区:"注释"选项卡→"尺寸标注"面板→"直径"

【操作步骤】

(1)将视图切换至需要进行直径标注的视图。

(2)按上述方式执行。

(3)选择直径尺寸标注类型并设置标注样式。

在属性框类型选择器下拉列表中选择直径尺寸标注类型。

单击"编辑类型"按钮进入类型属性设置对话框,设置类型属性参数,单击"确定"按钮返回。

(4)设置选项栏参数。

(5)放置标注。

单击"直径尺寸标注"按钮,将光标放置在圆或弧线上,单击以放置尺寸标注,如图 12-10 所示。

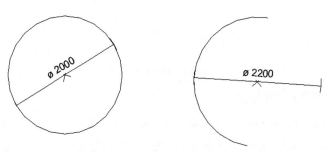

图 12-10　直径尺寸标注

12.1.6　弧长尺寸标注

通过弧长尺寸标注可测量弧形图元的弧长。

✎【执行方式】

功能区:"注释"选项卡→"尺寸标注"面板→"弧长"

【操作步骤】

(1)将视图切换至需要添加弧长标注的视图。

(2)按上述方式执行。

(3)选择弧长尺寸标注类型并设置相关属性参数。

(4)放置标注。

单击"弧长尺寸标注"按钮，将光标放置在弧形图元上，参照线变成蓝色，并有"选择与该弧相交的参照，然后单击空白区域完成操作"的提示。分别单击弧的起点和终点，出现临时尺寸，移动光标单击以放置尺寸标注，按 Esc 键退出放置状态，如图 12-11 所示。

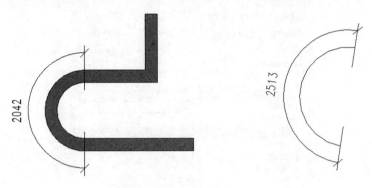

图 12-11　弧长尺寸标注

12.1.7　高程点标注

通过使用高程点标注工具，可在平面视图、立面视图和三维视图获取坡道、道路、地形表面及楼梯平台的高程点并显示其高程值。

【执行方式】

功能区："注释"选项卡→"尺寸标注"面板→"高程点"

快捷键：EL

【操作步骤】

（1）将视图切换至楼层相关视图。

（2）按上述方式执行。

（3）选择高程点标注类型并设置高程点标注类型相关属性参数。

在属性框类型选择器下拉列表中选择标注类型，单击"编辑类型"按钮进入高程点标注类型属性对话框，如图 12-12 所示，根据实际标注要求调整参数后单击"确定"按钮返回。

（4）设置选项栏参数，如图 12-13 所示。

- 引线：不勾选时，单击即可放置高程值；勾选时，在高程点单击，将光标移到图元外的位置，再次单击即可放置高程点。
- 水平段：勾选引线复选框后，会激活水平段选项。勾选引线和水平段复选框后，先在高程点上单击，将光标移到图元外，再单击鼠标放置引线水平段，最后移动光标并单击鼠标放置高程点。
- 显示高程：显示高程下拉列表中有 4 个选项，其中"实际（选定）高程"选项用于显示图元上的选定点的高程；"顶部高程"选项用于显示图元的顶部高程；"底部高程"选项用于显示图元的底部高程；"顶部高程和底部高程"选项用于显示图元的顶部和底部高程。根据项目实际情况进行选择。

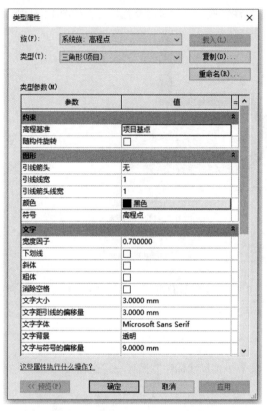

图 12-12　高程点标注类型属性对话框

图 12-13　高程点标注选项栏

（5）放置高程点标注。

将光标移动到绘图区域中，选择高程点并单击完成高程点的标注，按 Esc 键退出放置状态。

如图 12-14 所示，几种引线情况零高程点标注的效果。

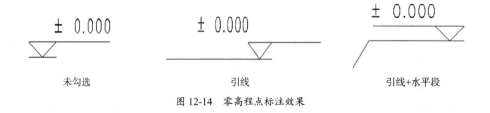

图 12-14　零高程点标注效果

12.1.8 高程点坐标标注

通过使用此工具，可在楼板、墙、地形表面和边界上，或在非水平表面和非平面边缘上放置标注，以显示项目中选定点坐标。

📏【执行方式】

功能区："注释"选项卡→"尺寸标注"面板→"高程点 坐标"

🖱️【操作步骤】

（1）将视图切换至楼层相关视图。

（2）按上述方式执行。

（3）选择高程点坐标标注类型并设置类型相关属性参数。

（4）设置选项栏参数，在选项栏中，有引线和水平段选项，设置方法参见高程点标注。

（5）放置高程点坐标标注。

将光标移动到绘图区域中，将光标移动到可放置高程点坐标的图元上方，高程点坐标值会显示在绘图区域中。根据选项栏中对引线的设置情况进行高程点坐标的标注放置，完成标注。

几种高程点坐标标注效果，如图 12-15 所示。

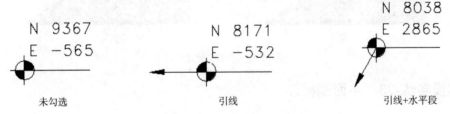

图 12-15 高程点坐标标注在各种引线设置后的效果

12.1.9 高程点坡度标注

通过使用此工具在模型图元的面或边上的特定点处显示坡度值。使用高程点坡度的对象通常包括屋顶、梁和管道，可在平面视图、立面视图和剖面视图中放置高程点坡度。

📏【执行方式】

功能区："注释"选项卡→"尺寸标注"面板→"高程点 坡度"

🖱️【操作步骤】

（1）将视图切换至相关视图。

（2）按上述方式执行。

（3）选择高程点标注类型并设置高程点标注类型相关属性参数。

（4）设置选项栏参数。

在选项栏中修改其相关实例参数，如图 12-16 所示。

图 12-16　高程点坡度标注选项栏

- 坡度表示。包括"箭头"或"三角形"两种坡度表达方式，该选项适用于立面或剖面视图。
- 相对参照的偏移。标注相对于参照面的偏移距离。

（5）放置高程点标注。

将光标移动到绘图区域中，将光标移动到可放置高程点坡度的图元上，绘图区域中显示高程点坡度的值，单击鼠标放置高程点坡度。图 12-17 所示为"箭头"和"三角形"坡度样式所标注的高程点坡度。

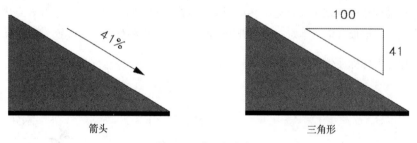

图 12-17　高程点坡度标注

↘ 实操实练-28　平面图标注

（1）打开"建筑-明细表"项目，在项目浏览器下，展开楼层平面视图目录，双击 1F_±0.000 名称进入 1 层平面视图。

（2）单击"注释"选项卡的"尺寸标注"面板中的"对齐"按钮，对横纵轴网线进行尺寸标注。

（3）在绘图区域中，对必要的门窗、墙体、轴网进行尺寸标记。

（4）利用"尺寸标注"面板中的高程点工具，对项目中的不同房间位置的楼板高程进行标注；对室外散水进行坡度标注。

（5）按照上述步骤，对项目中其他楼层平面进行相关标注。

（6）完成项目平面图尺寸的标注，如图 12-18 所示，将项目文件另存为"建筑-平面图标注"。

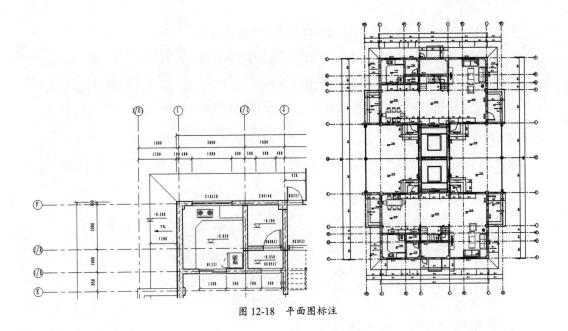

图 12-18　平面图标注

12.2　详图

此工具可创建详图视图和绘图视图，并添加详细信息、隔热层、填充区域和遮罩区域等。

✎【预习重点】

◎ 详图线和云线批注的创建。

12.2.1　详图线

该工具用于创建详图的详图线，只在详图中可见。若要绘制存在于三维空间中并显示在所有视图中的线，可使用模型线工具。详图线与详图构件是视图专有，详图线在视图的草图平面中绘制的，可转换为模型线。

📏【执行方式】

功能区："注释"选项卡→"详图"面板→"详图线"

快捷键：DL

🖱【操作步骤】

（1）将视图切换至相关详图视图。

（2）按上述方式执行。

（3）设置选项栏相关参数。

- 链：勾选该选项后可进行连续绘制相关详图线会形成线链。
- 偏移量：表示实际绘制的详图线与光标位置之间的偏移量。
- 半径：勾选后可通过输入数字确定圆弧半径。

（4）在上下文选项卡中选择详图线样式，并选择绘制工具完成绘制。

（5）修改详图线。

选择详图线，通过"修改|线"上下文选项卡中的工具，对详图线进行修改调整，如图 12-19 所示。

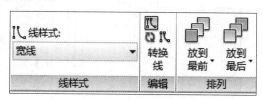

图 12-19　详图线的转换

在"线样式"面板中，可修改详图线的线样式。

在"编辑"面板中，可通过转换线工具，将已完成的详图线转换为模型线。

在"排列"面板中，单击可将选定的图元前置或后置。

12.2.2　详图区域

详图区域包括填充区域和遮罩区域。通过"填充区域"工具可在详图视图中定义填充区域或将填充区域添加到注释族中。遮罩区域提供了一种在视图中隐藏图元的方法。

1）填充区域的创建

【执行方式】

功能区："注释"选项卡→"详图"面板→"区域"下拉菜单→"填充区域"

【操作步骤】

（1）将视图切换到需要创建填充区域的详图视图。

（2）按上述方式执行。

（3）选择填充区域类型，并设置相关属性参数。

在属性框类型选择器下拉列表中，选择填充区域类型，单击"编辑类型"按钮进入填充区域类型属性对话框，如图 12-20 所示。

图 12-20 填充区域类型属性对话框

在对话框中，主要设置"图形"面板下的参数，在填充样式一栏，单击 按钮，进入"填充样式"对话框，如图 12-21 所示。

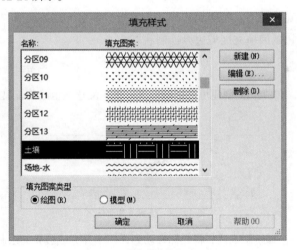

图 12-21 "填充样式"对话框

填充图案包括绘图和模型两种类型，绘图填充样式取决于视图比例，模型填充样式取决于建筑模型中的实际尺寸标注。

按照项目实际要求选择填充图案类型，选择合适的填充图案样式。如果项目中无合适的样式，可单击右侧功能区中的 新建(N) 按钮，软件弹出"新填充图案"对话框，如图 12-22 所示。

图 12-22 "新填充图案"对话框

在对话框中，可根据项目的实际需要创建新的填充样式。创建方式有简单和自定义两种。简单创建主要通过线型角度、线间距来进行创建，在预览中可查看创建样式。而自定义创建主要通过导入外部的影线填充图案，通过设置文件单位和导入比例完成样式的创建。

新的填充样式创建完成后，选择填充样式，单击"确定"按钮返回"类型属性"对话框，再次单击"确定"按钮返回填充区域边界绘制状态。

（4）创建填充区域。

如图 12-23 所示，在"修改|创建填充区域边界"上下文选项卡绘制工具面板中，选择绘制边界的线样式。

图 12-23 绘制工具面板

在"绘制"面板中选择绘制工具，将光标移动到详图中并完成边界的绘制。然后单击 ✔ 按钮退出编辑模式。在属性框中"尺寸标注"下的"面积"栏，就会显示出该填充区域的面积值。

（5）填充区域的修改。

选择已创建的填充区域，可通过拖曳边界线上的造型操纵柄 ◀▶ 调整边界范围。

2）遮罩区域的创建

📏【执行方式】

功能区："注释"选项卡→"详图"面板→"区域"下拉菜单→"遮罩区域"

🖱 **【操作步骤】**

（1）将视图切换到需要创建遮罩区域的详图视图。

（2）按上述方式执行。

（3）绘制遮罩区域。

在"修改|创建遮罩区域边界"上下文选项卡中，选择绘制边界的线样式，在"绘制"面板中选择绘制工具，并完成边界的绘制，然后单击 ✔ 按钮退出编辑模式。

（4）遮罩区域的修改。

选择填充区域，通过拖曳边界线上的造型操纵柄可调整遮罩区域范围。遮罩区域不参与着色，通常用于绘制绘图区域的背景色。遮罩区域不能应用于图元子类别。

12.2.3　详图构件

通过"详图构件"工具可在详图视图或绘图视图中放置详图构件并添加注释记号，详图构件仅在该视图中可见。

📏 **【执行方式】**

功能区："注释"选项卡→"详图"面板→"构件"下拉菜单→"详图构件"

🖱 **【操作步骤】**

（1）将视图切换到需要放置详图构件的详图视图。

（2）按上述方式执行。

（3）选择详图构件类型并设置相关参数。

在属性框类型选择器下拉列表中，选择详图构件类型。

（4）放置详图构件。

将光标移动到绘图区域中，详图构件的平面图跟随光标移动，移动到放置点，按空格键可旋转详图构件，通过详图构件的捕捉点与其他图元连接，单击完成详图构件放置。

12.2.4　云线批注

云线批注工具用于将云线批注添加到当前视图或图纸中，指明已修改的设计区域。在项目中，除三维视图以外的视图中均可绘制云线批注。云线在视图和包含视图的图纸上可见。在输入修订信息之后，可将一个修订指定给一个或多个云线并将标记指定给云线的修订。

📏 **【执行方式】**

功能区："注释"选项卡→"详图"面板→"云线批注"

🖱 **【操作步骤】**

（1）切换到需要添加云线标注的视图或图纸。

（2）按上述方式执行，软件进入草图编辑模式。

（3）设置选项栏参数。

选项栏参数包括链、偏移量、半径，含义与详图线一致。

（4）绘制云线草图。

在上下文选项卡中选择云线草图绘制方式，并在绘图区域中绘制云线草图。

（5）设定属性标识数据。

"标识数据"面板，如图 12-24 所示。

标识数据		☆
修订	字列 1 - 修订 1	✓
修订编号	1	
修订日期	日期 1	
发布到		
发布者		
标记		
注释		

图 12-24 "标识数据"面板

单击"修订"后方的下拉按钮，在下拉列表中选择相应的修订指定给云线。然后在"标记"和"注释"栏输入相应的文字标识数据，完成后单击 ✔ 按钮完成编辑模式，如图 12-25 所示。

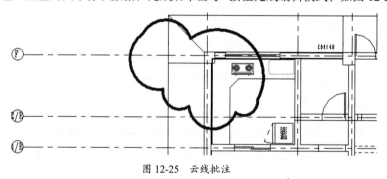

图 12-25 云线批注

12.2.5 详图组

详图组包含文字和填充区域等视图专有图元，不包括模型图元。

1）详图组的创建

详图组和模型组可通过两种方式进行创建，仅包含的图元性质不同。

📏 **【执行方式】**

功能区："注释"选项卡→"详图"面板→"详图组"下拉菜单→"创建组"

方式一

【操作步骤】

（1）在视图中先选定相关图元。

（2）单击"详图组"下拉列表中的"创建组"按钮，完成详图组的创建。

（3）在项目浏览器中，展开"组"目录下的详图组，可进行重命名、修改其他属性等操作。

方式二

【操作步骤】

（1）按上述方式执行，弹出"创建组"对话框，如图 12-26 所示。

在"名称"栏中输入名称，选择详图组类型，然后单击"确定"按钮，进入添加视图专有图元界面，通过软件左上角弹出的"编辑组"面板可进行组的编辑，如图 12-27 所示。

图 12-26 "创建组"对话框

图 12-27 "编辑组"面板

（2）选择详图组成员对象。

选择"添加"按钮，光标变为带有加号，将光标移动到绘图区域中，选择成组的视图专有图元、文字和填充区域等。选择"删除"按钮，光标变为带有减号，通过单击已选择的视图专有图元完成删除命令。单击"完成"按钮，完成详图组的创建。

2）放置详图组

完成详图组的创建后，可在视图中放置详图组实例。详图组的放置包括两种方式。

【执行方式】

功能区："注释"选项卡→"详图"面板→"详图组"下拉菜单→"放置详图组"

方式一

【操作步骤】

（1）按上述方式执行。

（2）选择详图组类型。

在属性框类型选择器下拉列表中选取将要放置的详图组。

（3）放置详图组。

将光标移动到绘图区域中的合适位置，单击完成详图组的放置。

方式二

【操作步骤】

（1）展开项目浏览器中组分支，如图 12-28 所示。

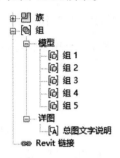

图 12-28　项目浏览器

（2）在详图目录下，选择将要放置的详图组，并将其拖曳到绘图区域中，单击完成放置。

12.2.6　隔热层

使用"隔热层"工具在详图视图或绘图视图中放置衬垫隔热层图形，可调整隔热层的宽度和长度，以及隔热层线之间的膨胀尺寸，如图 12-29 所示。

【执行方式】

功能区："注释"选项卡→"详图"面板→"隔热层"

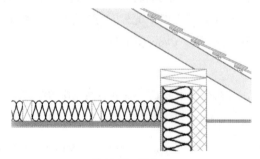

图 12-29　隔热层

【操作步骤】

（1）将视图切换至详图视图。

（2）按上述方式执行。

（3）设置选项栏参数。

- 隔热层宽度：指定隔热层宽度。
- 偏移量：指定隔热层路径与绘制路径之间的间距。
- 定位线：指定定位线，默认为中心线。

（4）设置隔热层属性参数，为"隔热层宽度"指定值，同选项栏参数一致。

在"属性"选项板中，为"隔热层膨胀与宽度的比率（1/x）"指定值。值越小膨胀率越大。

（5）绘制隔热层。绘制隔热层与绘制模型线的方法相同。

（6）更改隔热层的长度。

选择隔热层，通过拖曳隔热层端点处的蓝色控制柄可调整隔热层长度。

12.3　文字

使用文字工具将文字注释（注释）添加到视图或图纸中。

✎【预习重点】

◎ 文字的设置和添加。

12.3.1　文字的设置

将文字注释放置到视图中之前，需要对文字进行相关的参数设置。

📏【执行方式】

功能区："注释"选项卡→"文字"面板→" 文字 ↘ "

🖱【操作步骤】

（1）单击"注释"选项卡的"文字"面板中 文字 ↘ 后方的斜箭头符号，弹出文字类型属性对话框，如图 12-30 所示。

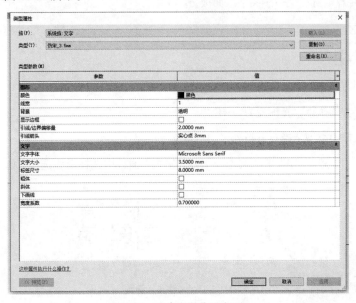

图 12-30　文字类型属性对话框

（2）设置文字属性参数。

部分参数说明如下：

- 颜色：设置文字和引线的颜色。
- 线宽：设置边框和引线的宽度。
- 背景：设置文字注释的背景及透明度。
- 显示边框：在文字周围显示边框。
- 引线/边界偏移量：设置引线/边界和文字之间的距离。
- 引线箭头：设置引线箭头的样式。
- 文字字体：设置文字的字体样式，默认字体为 Arial。
- 文字大小：设置字体的尺寸大小值。
- 标签尺寸：设置文字注释的标签卡间距。
- 粗体：将文字字体设置为粗体。
- 斜体：将文字字体设置为斜体。
- 下画线：在文字下加下画线。
- 宽度系数：常规文字宽度的默认值是 1.0。字体宽度随"宽度系数"成比例缩放。

设置完参数后，单击"确定"按钮，完成文字类型的设定。

12.3.2　文字的添加

将已完成设置的文字注释放置到项目视图中。

【执行方式】

功能区："注释"选项卡→"文字"面板→"文字"

快捷键：TX

【操作步骤】

（1）切换到需要添加文字的视图或图纸。

（2）按上述方式执行，光标变为 样式。

（3）在属性框中类型选择器下拉列表中选取文字类型。

（4）在"修改|放置 文字"上下文选项卡的"格式"面板中选择引线选项，如图 12-31 所示。

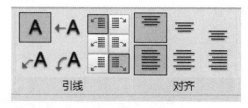

图 12-31　文字格式面板

部分选项工具使用说明如下：

- **A** 无引线：用于排除注释的引线。
- **←A** 一段引线：用于将一条直引线从文字注释添加到指定的位置。
- **✓A** 二段引线：用于添加由两条直线构成的一条引线。
- **⌒A** 曲线型：用于将一条弯曲引线从文字注释添加到指定的位置。
- **⬛** 左上引线：将引线附着到文字注释的左上方。
- **⬛** 右上引线：将引线附着到文字注释的右上方。
- **⬛** 左中引线：将引线附着到文字注释的左侧中间位置。
- **⬛** 右中引线：将引线附着到文字注释的右侧中间位置。
- **⬛** 左下引线：将引线附着到文字注释的左下方。
- **⬛** 右下引线：将引线附着到文字注释的右下方。

（5）输入文字内容。

参数设置完成后，在绘图区域单击并输入文字，或单击并拖曳矩形创建换行文字。输入文字后在视图中单击完成文字注释。

各种引线下创建的文字的样式，如图 12-32 所示。

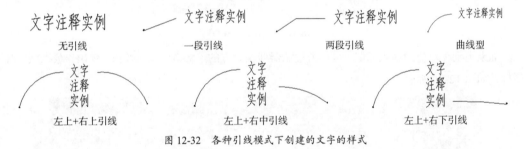

图 12-32　各种引线模式下创建的文字的样式

12.4　标记

使用"标记"工具在图纸中识别图元的注释，并将标记附着到选定的图元。

✏️【预习重点】

◎ 按类别标记和房间标记。

12.4.1　标记符号的载入

📏【执行方式】

功能区："注释"选项卡→"标记"面板→" 🏷 载入的标记和符号 "

🖱️【操作步骤】

（1）单击"注释"选项卡的 标记 ▼ 面板中的倒三角符号，展开下拉列表，如图 12-33 所示。

（2）单击"下拉"面板中的"载入的标记和符号"按钮，弹出"载入的标记和符号"对话框，如图 12-34 所示。

图 12-33　载入的标记和符号　　　　　　　图 12-34　"载入的标记和符号"对话框

（3）在过滤器列表中，选择标记所属的专业，在对应的下拉框中显示类别名称以及该类别对应的当前项目中载入的标记。单击选择框中已有的载入标记，如图 12-35 所示。

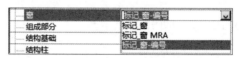

图 12-35　标记选择

如果类别无对应的载入标记，可单击过滤器列表后方的 载入族(L)... 按钮，弹出"载入族"对话框，如图 12-36 所示。

图 12-36　"载入族"对话框

在对话框中选择需要载入的族文件，单击打开，完成族的载入。

（4）载入完成后，从下拉列表中选择合适的标记族，单击"确定"按钮，完成类别的标记设置。

12.4.2　按类别标记

按类别标记可根据图元类别将标记附着到图元上。

【执行方式】

功能区:"注释"选项卡→"标记"面板→"按类别标记"

快捷键:TG

【操作步骤】

(1)将视图切换至相关二维视图。

(2)按上述方式执行。

(3)设置选项栏参数,如图 12-37 所示。

图 12-37　标记放置选项栏

- 标记方向:单击可选择"垂直"或"水平",也可在放置标记后,选择标记并按空格键调整方向。
- 标记类型:单击 标记... 按钮,弹出"载入的标记"对话框,可载入标记族及对应类别标记。
- 引线:如果希望标记带有引线,则勾选"引线"复选框,勾选后,可指定引线带有"附着端点"或"自由端点"。如果需要,可在"引线"复选框旁边的文本框中输入引线长度。

(4)放置标记。

将光标移至绘图区域,放在需要标注的图元上,软件高亮显示要标记的图元,单击以放置标记。

12.4.3　全部标记

如果视图中的图元没有标记,通过该工具一次操作可将标记应用于所有未标记的图元。

【执行方式】

功能区:"注释"选项卡→"标记"面板→"全部标记"

【操作步骤】

(1)切换到要进行标记的视图。

(2)按上述方式执行,弹出"标记所有未标记的对象"对话框,如图 12-38 所示。

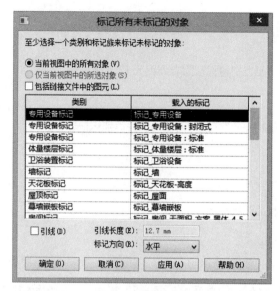

图 12-38 "标记所有未标记的对象"对话框

（3）指定标记对象。

在对话框中，指定要标记的图元。若要标记当前视图中未标记的所有可见图元，勾选"当前视图中的所有对象"选项；若要标记在视图中选定的图元，勾选"仅当前视图中的所选对象"选项；若要标记链接文件中的图元，勾选"包含链接文件中的图元"复选框。

在类别选择框中，可选择一个标记类别，也可以配合 Shift 键或 Ctrl 键选择多个类别。

（4）引线和标记方向的设置。

对于引线设置选项，若要将引线附着到各个标记，则勾选复选框，并设置引线长度。

（5）放置标记。

设置完成后单击"应用"按钮，完成视图中所有图元的标记。

12.4.4　梁注释

梁注释工具可将多个梁标记、注释和高程点放置在当前视图选定的梁上。

✎【执行方式】

功能区："注释"选项卡→"标记"面板→"梁注释"

🖱【操作步骤】

（1）按上述方式执行，软件弹出"梁注释"对话框，如图 12-39 所示。

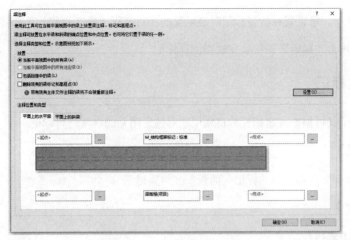

图 12-39 "梁注释"对话框

（2）设置梁注释。

若要标记链接模型中的梁，勾选"包括链接文件中的梁"复选框。

若要放置新注释并删除现有梁标记，则勾选"删除现有的梁标记和高程点"复选框。

单击"设置"按钮可打开"放置设置"对话框，如图 12-40 所示，在对话框中可调整标记和高程点相对于梁的偏移值。

"水平端点偏移"和"垂直偏移"可设置测量值调整标记和高程点与其附着的点之间的距离。设置完成后单击"确定"按钮返回"梁注释"对话框。

梁注释位置和类型对话框可定义特定于水平梁和斜梁的注释类型和位置。在"平面上的水平梁"选项卡中，分别单击 ⋯ 按钮，弹出"选择注释类型"对话框，如图 12-41 所示。

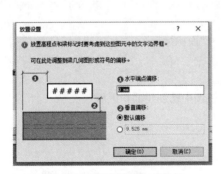

图 12-40 "放置设置"对话框

图 12-41 "选择注释类型"对话框

在对话框中进行定义和编辑标记。

"全部不选"选项，标记不会追踪梁上的任何特定点。

"结构框架标记"选项，可启用特定于梁上选定位置的下拉菜单。显示的标记由特定族参数确定。

"高程点"选项，可设置在放置标记时显示梁的相对高程或底部高程、顶部高程。

设置完成后单击"确定"按钮，完成梁注释标记。

12.4.5　材质标记

通过使用此工具可根据选定图元的材质说明对选定图元的材质进行标记。

【执行方式】

功能区："注释"选项卡→"标记"面板→"材质标记"

【操作步骤】

（1）按上述方式执行。

（2）在属性框类型选择器下拉列表中选择材质标记样式。

（3）选项栏设置，如图 12-42 所示。

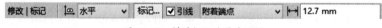

图 12-42　材质标记放置选项栏

（4）放置材质标记。

将光标移至绘图区域中，放在需要标注的图元上，软件高亮显示要进行材质标记的图元，单击鼠标放置材质标记。在放置材质标记后，可对其定位及引线、文字和标记头部箭头进行调整。

12.4.6　面积标记

面积和面积标记相互独立，面积标记是添加到面积平面视图中的注释图元。

【执行方式】

功能区："注释"选项卡→"标记"面板→"面积标记"

【操作步骤】

（1）切换至面积平面视图，确保面积平面视图中已创建面积区域。

（2）按上述方式执行。

（3）设置选项栏参数。

（4）选择面积标记类型。

（5）在面积平面中单击鼠标放置面积标记。

12.4.7　房间标记

房间标记可显示相关参数的值，例如房间编号、房间名称、计算的面积和体积等参数。房间标记可在平面视图和剖面视图中添加和显示。

在视图中创建或放置房间时勾选"在放置时进行标记"选项可以同步进行房间标记放置。如果放置房间时没有添加标记，可使用"标记房间"工具进行标记。也可使用"标记所有未标记的对象"工具同时对多个未标记的房间进行标记。

📏【执行方式】

功能区："注释"选项卡→"标记"面板→"房间标记"

🖱【操作步骤】

（1）切换至楼层平面视图，确保已创建房间区域。

（2）按上述方式执行。

（3）设置选项栏参数。

（4）选择房间标记类型。

（5）在房间上单击鼠标放置房间标记。

12.4.8　视图参照标记

如视图已包含在图纸中，视图参照可显示相应视图的视图编号和图纸编号。视图参照可放置在透视视图、明细表或图纸视图外的标准视图中。在三维视图中放置视图参照时，视图须处于锁定状态。

📏【执行方式】

功能区："注释"选项卡→"标记"面板→"视图参照"

🖱【操作步骤】

（1）打开要添加参照的视图。

（2）按上述方式执行。

（3）在"视图参照"面板"目标视图"列表中选择视图类型。

（4）在"视图参照"面板中选择"目标视图"。

（5）在绘图区域中单击鼠标放置参照。

12.4.9　踏板数量标记

对于基于构件的楼梯，可为平面、立面或剖面视图中的梯段标记踏板/踢面编号。

📏【执行方式】

功能区："注释"选项卡→"标记"面板→"踏板 数量"

【操作步骤】

（1）按上述方式执行。

（2）拾取构件式楼梯参照线，放置踏板数量标记。

（3）放置后可选择踏板/踢面修改注释。

在选项栏中，更改"起始编号"的值，在"属性"选项板中，修改实例属性，如图 12-43 所示。

图 12-43　踏板数量标记实例属性对话框

12.4.10　多钢筋标记

通过多钢筋注释可选择多个对齐的钢筋并显示钢筋参照之间的尺寸标注及相关参数。多钢筋标记包括"对齐多钢筋注释"和"线性多钢筋注释"。

【执行方式】

功能区："注释"选项卡→"标记"面板→"多钢筋"下拉菜单

【操作步骤】

（1）单击"注释"选项卡→"标记"面板→多钢筋→"❖（对齐多钢筋注释）"或"线性多钢筋注释"。

（2）在"类型选择器"中选择多钢筋注释类型。

（3）设置选项栏参数。

（4）选择要标记的钢筋集。

（5）在绘图区域中单击鼠标放置尺寸标注线。

（6）单击鼠标放置标记引线。

（7）单击鼠标放置标记头部，完成多钢筋注释的放置。

12.5　注释记号

使用"注释记号"工具为图元类型、材质等指定的注释记号标记选定图元。

✎【预习重点】

◎ 注释记号的特点和各记号的添加。

12.5.1　注释记号的特点

项目中所有模型图元（包括详图构件）和材质都可使用注释记号标记族标记。

若图元已包含注释记号的值，则该值将自动显示在标记中，否则可直接选择注释记号值。

在项目中指定的注释记号将被链接至源注释记号表，修改注释记号表后，重新打开项目，项目中的注释记号将反映此修改。

12.5.2　注释记号的设置

通过注释记号设置可指定注释记号表的位置，以及注释记号的编号方法。

📏【执行方式】

功能区："注释"选项卡→"注释记号"面板→"注释记号设置"

🖱【操作步骤】

（1）按上述方式执行，弹出"注释记号设置"对话框，如图 12-44 所示。

图 12-44　"注释记号设置"对话框

对话框中各项说明如下：

- 完整路径：显示注释记号文件的完整路径。
- 保存路径：显示载入的注释记号文件的文件名。

- 查看：单击打开"注释记号"对话框。该对话框不允许对注释记号表进行编辑。
- 重新载入：从当前文件中重新加载注释记号表。
- 绝对：确定位于本地计算机上或网络服务器上的特定文件夹。可以统一命名约定（UNC）格式存储路径。
- 相对：在项目文件或中心模型所在的位置查找注释记号文件。如果将该文件移动到一个新位置，则软件仍可在此新文件夹位置找到注释记号文件。
- 在库位置：找到指定单机安装或网络展开的注释记号文件。
- 按照注释记号：按存储在注释记号参数中的值，或按从注释记号表中选择的值确定注释记号值。该值将显示在注释记号中，并将填充注释记号参数。
- 按图纸：根据注释记号的创建顺序对其编号。如果已选择一个注释记号参数的值，则将一直存储该值。注释记号图例将根据注释记号的创建顺序来显示其编号。除非带有注释记号标记的视图放置在图纸视图中，否则标记中不显示任何编号。

（2）设置完成后单击"确定"按钮保存并返回。

12.5.3　图元注释记号的添加

通过使用此工具可为图元类型指定注释记号标记。

✐【执行方式】

功能区："注释"选项卡→"注释记号"面板→"图元注释记号"或"材质注释记号"或"用户注释记号"

👆【操作步骤】

（1）按上述方式执行。

（2）选择注释记号类型并设置相关属性参数。

在属性框类型选择器下拉列表中选择注释记号类型。单击"编辑类型"按钮进入注释记号类型属性对话框，如图 12-45 所示。

在对话框中设置引线箭头的有无，以及引线箭头的样式。通过勾选复选框设置注释记号文字为透明或不透明。完成设置后，单击"确定"按钮保存并返回当前视图。

（3）设置选项栏参数。

设置选项栏中的参数，如图 12-46 所示。

在选项栏中，单击下拉菜单可选择"垂直"或"水平"来设置图元注释记号的方向，也可在放置图元注释记号完成后，选择记号并通过空格键切换方向。如果希望注释记号带有引线，则勾选"引线"复选框，并指定引线的端点类型。

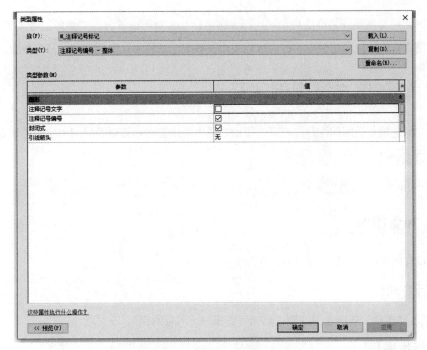

图 12-45　注释记号类型属性对话框

图 12-46　图元注释记号放置选项栏

（4）放置注释记号。

　　将光标移至绘图区域，放在需要放置注释记号的图元上，在软件高亮显示要进行放置注释记号的图元后单击，软件弹出"注释记号"对话框，如图 12-47 所示。

图 12-47　选择需放置注释记号的图元

根据图元的类型展开关键值目录，选择关键值标号，对话框下方的"注释记号文字"框中将显示该关键值对应的注释记号内容，完成后单击"确定"按钮完成图元注释记号的放置。

12.6　颜色填充类图例注释

使用"颜色填充类图例注释"工具为平面视图中的风管、水管以及房间创建颜色填充图例。

✎【预习重点】

◎　风管图例和管道图例。

12.6.1　风管图例

通过风管图例可对风管系统进行颜色填充。

📏【执行方式】

功能区："注释"选项卡→"颜色填充"面板→"风管图例"

🖱【操作步骤】

（1）在浏览器中将视图切换到 HVAC 平面视图。

（2）按上述方式执行。

（3）选择颜色填充图例类型并设置相关参数。

在绘图区域中创建管道颜色填充图例前，在属性框中类型选择器下拉列表中选择颜色填充图例类型，并对属性进行相关设置，如图 12-48 所示。

图 12-48　颜色填充图例类型选择器

单击"编辑类型"按钮进入颜色填充图例类型属性对话框，如图 12-49 所示。

设置图形、文字以及标题文字的相关参数。单击"确定"按钮返回当前视图。

（4）选择颜色方案并放置。

在绘图区域中的空白处单击，会弹出"选择颜色方案"对话框，如图 12-50 所示。

图 12-49　颜色填充图例类型属性对话框

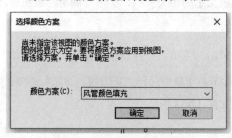

图 12-50　"选择颜色方案"对话框

根据对话框中的提示，在下拉菜单中选择"风管颜色填充-流量"或"风管颜色填充-速度"，分别表示按风管中流量大小范围等级创建颜色填充图例和按风管中流速大小范围创建颜色填充图例。

单击对话框中的"确定"按钮，并单击生成风管颜色填充图例，视图中的风管按颜色填充图例等级显示相应的颜色，如图 12-51 所示。

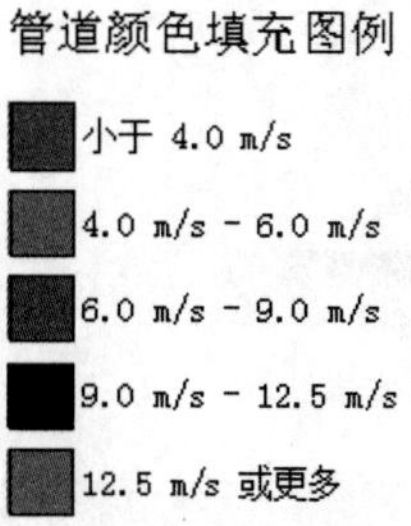

管道颜色填充图例

小于 4.0 m/s

4.0 m/s - 6.0 m/s

6.0 m/s - 9.0 m/s

9.0 m/s - 12.5 m/s

12.5 m/s 或更多

图 12-51　颜色填充图例

12.6.2 管道图例

通过管道图例可创建与管道系统关联的颜色填充。

【执行方式】

功能区："注释"选项卡→"颜色填充"面板→"管道图例"

【操作步骤】

（1）切换到给排水等相关管道平面视图。

（2）按上述方式执行。

（3）选择颜色填充图例类型并设置相关属性参数。

在绘图区域中创建管道颜色填充图例前，在属性框中类型选择器下拉列表中选择管道颜色填充图例类型。

单击"编辑类型"按钮进入颜色填充图例类型属性对话框。

设置图形、文字以及标题文字的相关参数，单击"确定"按钮返回当前视图。

（4）选择颜色方案并放置。

在绘图区域中的空白处单击，弹出"选择颜色方案"对话框，如图 12-52 所示。

根据对话框中的提示，在下拉菜单中选择"管道颜色填充"选项，并单击"确定"按钮，完成管道颜色填充图例的创建，如图 12-53 所示。

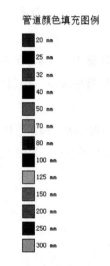

图 12-53　管道颜色填充图例

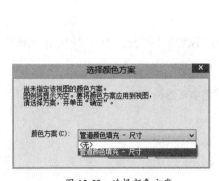

图 12-52　选择颜色方案

12.6.3 颜色填充图例

通过放置图例可根据房间、面积、空间创建颜色填充图例，以下以房间为例说明。

【执行方式】

功能区："注释"选项卡→"颜色填充"面板→"颜色填充图例"

【操作步骤】

（1）切换到平面视图，确保视图中已完成房间、空间等空间分配。

（2）按上述方式执行。

（3）定义颜色方案。

在放置颜色填充图例之前如果尚未将颜色方案分配到现有的视图中，软件会提示"没有向视图指定颜色方案"，应使用"颜色方案"工具创建颜色方案。

单击"建筑"选项下"房间和面积"后边的倒三角符号，在下拉菜单中单击"颜色方案"按钮弹出"编辑颜色方案"对话框，如图 12-54 所示。

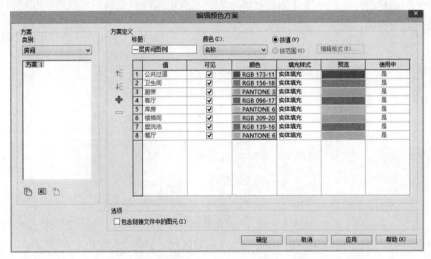

图 12-54 "编辑颜色方案"对话框

在"类别"选项卡中"房间"类别下"方案定义"框中，添加方案标题，在"颜色"下拉列表中选择填充依据，会弹出"不保留颜色"对话框，如图 12-55 所示，在对话框中单击"确定"按钮。

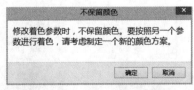

图 12-55 "不保留颜色"对话框

单击"确定"按钮保存设置并返回楼层平面视图。

（4）选择颜色图例类型，并设置相关属性参数。

在属性框中类型选择器下拉列表中选择颜色填充方案图例类型。

单击"编辑类型"按钮进入颜色填充图例类型属性对话框。

设置图形、文字以及标题文字的相关参数后单击"确定"按钮完成颜色方案图例设置。

（5）选择空间类型和颜色方案并放置。

在绘图区域中的空白处单击，弹出"选择空间类型和颜色方案"对话框，如图 12-56 所示。

图 1256 "选择空间类型和颜色方案"对话框

在菜单中选择空间类型并选择颜色方案，单击"确定"按钮返回当前视图。在空白处单击生成房间颜色填充图例，如图 12-57 所示。

图 12-57 房间颜色填充图例

当前视图中的房间将按照图例中的颜色填充房间区域，如图 12-58 所示。

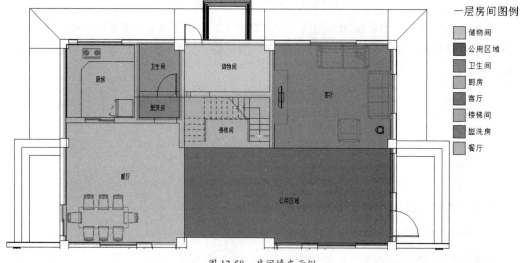

图 12-58 房间填充示例

12.7　符号添加

通过该工具可在项目中添加符号，且符号只在当前视图中可见。

✎【预习重点】

◎ 符号族的载入和添加。

12.7.1　符号族的载入

在放置符号前，需将二维注释符号族载入当前项目中。

📏【执行方式】

功能区："注释"选项卡→"符号"面板→"符号"

🖱【操作步骤】

（1）按上述方式执行。

（2）载入注释族。

在"修改|放置 符号"上下文选项卡中，单击"载入族"按钮，弹出"载入族"对话框，如图 12-59 所示。根据项目注释的实际需要，选择注释符号族并载入当前项目中。

图 12-59　"载入族"对话框

当注释符号无法通过此方式载入时，会弹出"无法载入族文件"对话框，如图 12-59 所示。可通过"插入"选项卡中的"载入族"工具，将需要的注释符号文件载入项目中。

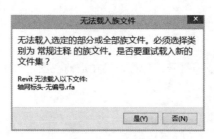

图 12-60 "无法载入族文件"对话框

12.7.2 符号的添加

本小节以放置二维注释符号指北针来说明符号添加的步骤。

✎【执行方式】

功能区："注释"选项卡→"符号"面板→"符号"

🖱【操作步骤】

（1）切换到标高楼层平面视图。

（2）按上述方式执行。

（3）在属性框中，展开类型选择器下拉列表，并选择"符号_指北针"，如图 12-61 所示。

图 12-61 符号类型选择器

单击属性框中的"编辑类型"按钮，会弹出符号类型属性对话框，如图 12-62 所示。

在该对话框中，分别设置框中参数项对应的选项或数值。

- 引线箭头：在放置指北针符号的同时为符号创建引线。单击可选择有无以及引线的箭头样式。

- 文字：表示指北针符号的文字标识，默认为"N"。

- 角度：在放置时，指北针的指北方向与水平线的夹角。

- 填充面域：表示指北针符号中是否创建填充面域，效果如图 12-63 所示。

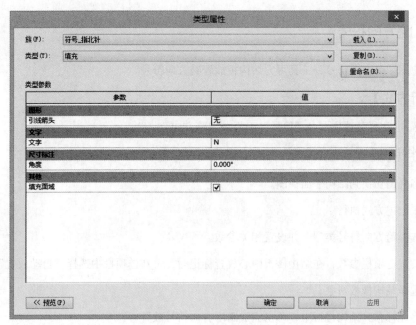

图 12-62　符号类型属性对话框

勾选效果　　　　　　　　　　　不勾选效果

图 12-63　符号填充效果

单击"确定"按钮完成设置。

（4）设置选项栏参数。

设置选项栏中的参数，如图 12-64 所示。

图 12-64　符号放置选项栏

- 引线数：在数值框中输入或单击数值框后方的 按钮调整数值设置放置符号时引线的数量。
- 放置后旋转：勾选"放置后旋转"复选框，可在放置的同时，通过旋转鼠标来对符号进行旋转。

（5）放置符号。

将光标移动到绘图区域中并单击，完成指北针符号放置，按 Esc 键退出当前命令。

12.7.3　跨方向符号

通过使用"跨方向符号"工具可为结构板放置跨方向符号。

✒️ **【执行方式】**

功能区："注释"选项卡→"符号"面板→"跨方向"

🖱️ **【操作步骤】**

（1）将视图切换到结构平面视图。

（2）按上述方式执行。

（3）选择跨方向符号类型，并设置相关参数。

（4）设置选项栏参数，在结构楼板中心放置标记时，可在选项栏中选择"自动放置"。

（5）选择结构楼板对象。

（6）将光标移到结构楼板上，单击完成跨度方向符号放置。

12.7.4　梁系统跨度符号

梁系统跨度标记仅适用于梁系统，标记显示为垂直于系统中已创建梁的跨度箭头。

✒️ **【执行方式】**

功能区："注释"选项卡→"符号"面板→"梁"

🖱️ **【操作步骤】**

（1）将视图切换到结构梁平面视图。

（2）按上述方式执行。

（3）选择结构梁系统标记类型。

（4）设置选项栏参数。

要在结构梁系统中心放置标记，可在选项栏中选择"自动放置"。

（5）选择结构梁系统。

（6）将光标移到梁系统所需的位置，单击鼠标放置梁系统标记，如图 12-65 所示。

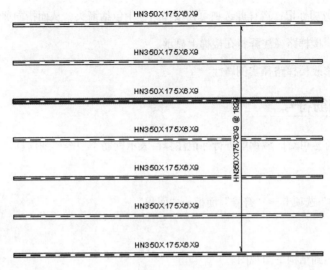

图 12-65 跨方向放置

12.7.5 楼梯路径符号

通过楼梯路径符号工具可注释楼梯的坡度方向和行走路径。

【执行方式】

功能区:"注释"选项卡→"符号"面板→"楼梯 路径"

【操作步骤】

(1)将视图切换到楼梯平面视图。

(2)按上述方式执行。

(3)选择楼梯路径类型并设置相关参数。

部分参数说明如下:

- 起点符号类型:指定符号以显示在楼梯路径的起点。
- 起点延伸:楼梯路径线的起点延伸到楼梯外的距离。
- 箭头类型:楼梯路径的终点使用的箭头样式。
- 全台阶箭头:选项可将箭头扩展到整个台阶的尺寸。
- 绘制每个梯段:选项可为每个梯段绘制单独的楼梯路径。勾选此项后,"拐角处的线形"属性不可用。
- 平台拐角处的线形:选择"直线"或"曲线"作为楼梯路径线在平台拐角处的形状。
- 从踢面开始:选择此选项可从第一个踢面而不是踏板开始楼梯路径。
- 踢面处结束:选择此选项可从最后一个踢面而不是踏板结束楼梯路径。
- 到剪切标记的距离:剪切标记符号两侧停止楼梯路径线的距离。

- 箭头显示到剪切标记：选择此选项可在楼梯路径中包括箭头，从而指向剪切标记符号。

（4）选择楼梯。楼梯路径注释将在楼梯上显示。

（5）根据需要修改楼梯路径实例属性。

12.7.6 区域钢筋符号

通过区域钢筋符号可对区域钢筋进行标记注释，表示钢筋类型等详细信息。

✎【执行方式】

功能区："注释"选项卡→"符号"面板→"面积"

🖱【操作步骤】

（1）将视图切换到结构平面视图。

（2）按上述方式执行。

（3）选择要放置符号的区域钢筋。

（4）单击以放置区域钢筋符号，如图 12-66 所示。

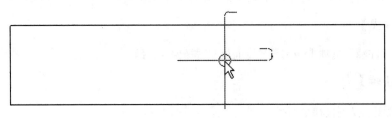

图 12-66　区域钢筋符号

12.7.7 路径钢筋符号

通过路径钢筋符号工具可使用自定义符号和标记对路径钢筋区域进行注释，标记与钢筋类型和特定边界详细信息有关的信息。

✎【执行方式】

功能区："注释"选项卡→"符号"面板→"路径"

🖱【操作步骤】

（1）将视图切换到结构平面视图。

（2）按上述方式执行。

（3）选择要放置符号的路径钢筋。

（4）单击以放置路径钢筋符号，如图 12-67 所示。

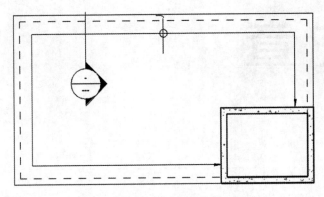

图 12-67　路径钢筋符号

12.7.8　钢筋网符号

通过钢筋网符号工具可使用自定义符号和标记来注释钢筋网片，以提供与钢筋类型和钢筋网特定详细信息有关的信息。

【执行方式】

功能区："注释"选项卡→"符号"面板→"钢筋网"

【操作步骤】

（1）将视图切换到结构平面视图。

（2）按上述方式执行。

（3）选择要放置符号的钢筋网。

（4）单击鼠标放置钢筋网符号，如图 12-68 所示。

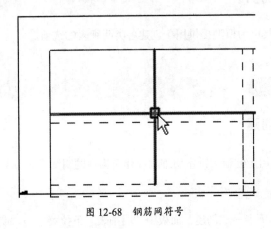

图 12-68　钢筋网符号

第13章

统计

📔 知识引导

　　本章主要讲解在 Revit 软件中对模型构件进行相关统计工作的实际应用操作，包括创建明细表统计、材质统计、图纸统计、注释块统计、视图统计等。

13.1　Revit 统计分类

　　Revit 软件根据统计对象类型的不同，分为明细表/数量、关键字明细表、材质提取明细表、注释块明细表、视图列表和图纸列表。

13.2　明细表的特点

　　明细表以表格或图形形式显示从项目中的图元属性中提取的信息，模型调整后明细表将自动更新。

13.3　明细表统计

　　通过使用明细表工具可为模型提供用于创建各类明细表的选项。

✎【预习重点】

◎ 明细表的特点和创建。

13.3.1　明细表的创建

　　明细表|数量的创建用于创建关键字明细表或建筑构件的明细表。

📐【执行方式】

　　功能区："视图"选项卡→"创建"面板→"明细表"下拉菜单→"明细表|数量"

🖱【操作步骤】

　　（1）按上述方式执行，弹出"新建明细表"对话框，如图 13-1 所示。

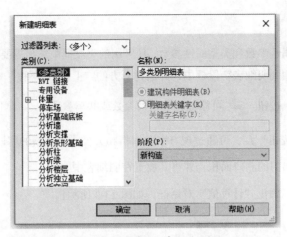

图 13-1　"新建明细表"对话框

（2）选择明细表统计类别。

单击过滤器下拉列表菜单，勾选要统计对象所属专业并选择统计类别。

（3）输入明细表名称。

输入明细表名称，并选择明细表类型，Revit 提供了"建筑构件明细表"和"明细表关键字"两种类型。

建筑构件明细表是软件根据当前所创建的建筑模型几何图形提取出来的信息。

关键字明细表用于统计含有该关键字的对象。

（4）选择统计阶段，并单击"确定"按钮。

（5）设置明细表属性。"明细表属性"对话框如图 13-2 所示。

图 13-2　"明细表属性"对话框

① 可用字段

字段来源于实例属性参数和类型属性参数,从可用的字段框中选择需要统计的字段,单击"添加"按钮将该字段添加到明细表字段框中,并通过下方的"上移""下移"按钮调整字段顺序。

单击"添加参数"按钮 ➡ 可添加新的项目参数或共享参数。

单击"计算值"按钮 f_x 可通过现有字段编辑相关公式生成新的字段。例如,统计门的宽度与高度后可计算得出门的洞口面积,并将其放置在明细表中。

单击 f_x 按钮,弹出"计算值"对话框,如图 13-3 所示。

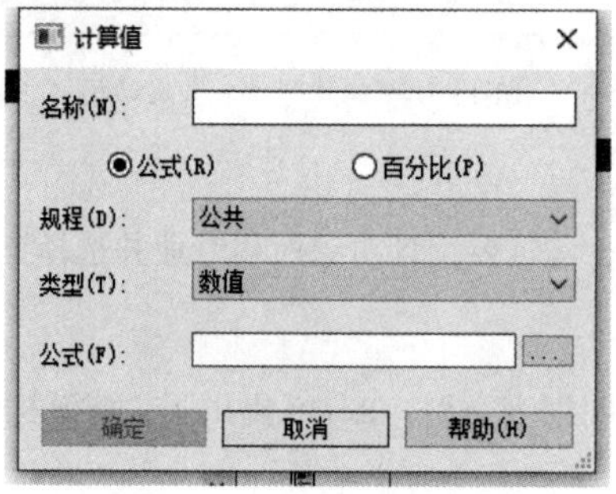

图 13-3 "计算值"对话框

输入名称为"洞口面积",选择"公式"选项,在"规程"下拉列表中选择"公共",在"类型"下拉列表中选择"面积"。单击"公式"后面的 ... 按钮,弹出如图 13-4 所示的"字段"对话框。

在该对话框中选择要添加到公式中的字段,选择完宽度字段,输入乘号,再次单击 ... 按钮,选择高度字段,完成后如 公式(F): 宽度*高度 ... 所示,单击"确定"按钮,完成洞口面积字段创建,如图 13-5 所示。

图 13-4 "字段"对话框

图 13-5 字段选择

② 排序/成组

单击"排序/成组"选项卡,选择排序方式,如图 13-6 所示。

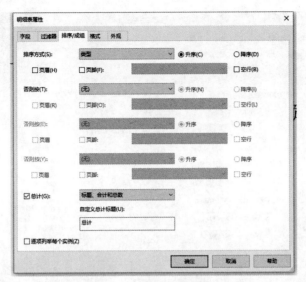

图 13-6　"排序/成组"选项卡

取消勾选下方的"逐项列举每个实例"复选框，可勾选"总计"复选框按类型进行统计。

③ 格式

单击"格式"选项卡，如图 13-7 所示。

图 13-7　"格式"选项卡

在该选项卡中，可逐一单击左边字段框中的每一个字段，然后在右侧设置字段的新标题，如图 13-7 所示，可将"类型"字段标题设置为"门编号"，"合计"字段标题设置为"橙数"。在下方的"标题方向"和"对齐"下拉列表中选择合适的选项，用来设置创建后的明细表数据对齐方式。

④ 外观

单击"外观"选项卡，如图 13-8 所示。

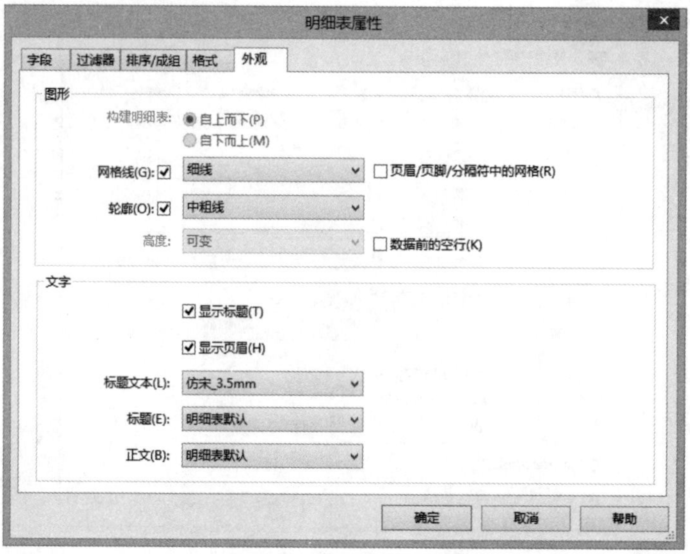

图 13-8 "外观"选项卡

在选项卡中，勾选"网格线"和"轮廓"前面的复选框，分别在下拉列表中选择相应的线型，取消勾选"数据前的空行"复选框，勾选"显示标题"和"显示页眉"复选框，逐一设置标题文本、标题、正文的文字样式和大小。

（6）创建明细表。

完成选项卡设置后，单击下方的"确定"按钮，软件自动生成门明细表，如图 13-9 所示。

〈门明细表〉					
A	B	C	D	E	F
门编号	宽度	高度	注释	合计	洞口面积
700 x 2100mm	700	2100		2	1.47
800 x 2100mm	800	2100		2	1.68
800 x 2100mm	800	2100		14	1.68
900 x 2100 mm	900	2100		4	1.89
1000 x 2100 m	1000	2100		4	2.10
1000 x 2100 m	1000	2100		2	2.10
1000 x 2100 m	1000	2100		10	2.10
1200 x 2100 m	1200	2100		4	2.52
1200 x 2100 m	1200	2100		2	2.52
1500 x 2100 m	1500	2100		6	3.15

图 13-9 门明细表

13.3.2 明细表的调整

在明细表创建完成后，可对其修改和调整。明细表的修改主要包括属性修改和修改工具修改。

👆 【操作步骤】

（1）打开需要调整的明细表。

单击展开项目浏览器下的明细表/数量一栏，在树状目录下找到需要修改的明细表，双击名称，会跳转到明细表界面。

（2）修改明细表属性。

属性框中的"其他"面板如图 13-10 所示。单击"编辑"按钮，进入"明细表属性"对话框，可调整明细表的格式、外观。

图 13-10　属性框中的"其他"面板

单击"过滤器"后面的"编辑"按钮，进入"明细表属性"对话框，如图 13-11 所示。

图 13-11　"明细表属性"对话框

分别在下拉列表中选择需要过滤的字段或内容，完成过滤条件的设置，完成后单击"确定"按钮。

（3）明细表修改工具的修改。

当视图处于明细表界面时，"明细表/数量"上下文选项卡列出修改工具，如图 13-12 所示。

图 13-12　"明细表/数量"上下文选项卡

各工具用途解释说明如下：

- **0.0** 格式单位：用于指定明细表中每列数据的单位显示格式。
- f_x 计算：将计算公式添加到明细表单元格式中。
- 合并参数：合并明细表中的参数。
- 插入：单击后打开"选择字段"对话框，可继续在明细表字段框中添加新的字段。

实操实练

- 删除：单击删除当前选定的列。
- 调整：调整当前列的表格宽度。
- 隐藏：单击隐藏当前指定的列。
- 取消全部隐藏：单击将显示明细表中所有的隐藏列。
- 插入：在当前选定的单元格或行的正上方或正下方插入一行。
- 合并参数：合并明细表中的参数。
- 插入数据行：将数据行添加到房间明细表、面积明细表、关键字明细表、空间明细表或图纸列表。
- 删除：指用于删除明细表中一个或多个选定的行。
- 调整：指调整当前指定行的表格高度。
- 合并/取消合并：将多个单元格合并为一个，或者将合并的单元格拆分为其原始状。
- 插入图像：指从文件中插入相关图像到指定的位置。
- 清除单元格：指删除选定页眉单元的文字和参数关联。
- 成组：用于为明细表中的选定几列的页眉创建新的标题。
- 解组：指删除在将两个或更多列标题组成一组时所添加的列标题。
- 着色：指为选定的单元格指定背景颜色。
- 边界：为选定的单元格范围指定线样式和边框。
- 重设：指用于删除与选定单元关联的所有格式。
- 字体：指修改选定单元格内文字的属性。
- 对齐水平：指修改选定单元格内文字在水平方向上的对齐样式，有左、中心、右三种。
- 对齐垂直：指修改选定单元格内文字在垂直方向的上对齐样式，有底部、中部、底部三种。
- 在模型中高亮显示：指用于在一个或多个项目视图中显示选定的图元。

实操实练-29　门窗明细表的创建

（1）打开"建筑-渲染图"项目，在项目浏览器下，展开楼层平面视图目录，双击 1F_±0.000 名称进入 1 层平面视图。

（2）单击"视图"选项卡中的"明细表"按钮。在下拉菜单中单击"明细表/数量"按钮。

（3）在左边的"类别"目录下选择门，在"名称"栏输入"别墅门明细表"，设置"阶段"为"新构造"，如图 13-13 所示，单击"确定"按钮。

（4）将族与类型、标高、宽度、高度、合计作为可用字段添加到明细表字段中，并通过上移、下移工具对字段的顺序进行调整，如图 13-14 所示。

（5）切换到"排序/成组"选项卡，如图 13-15 所示，设置"排序方式"为按标高升序，否则按族与类型升序排列。不勾选"总计"和"逐项列举每个实例"复选框。

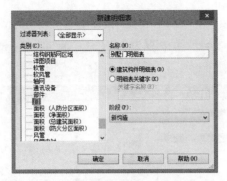

图 13-13　"新建明细表"对话框

图 13-14　字段设置

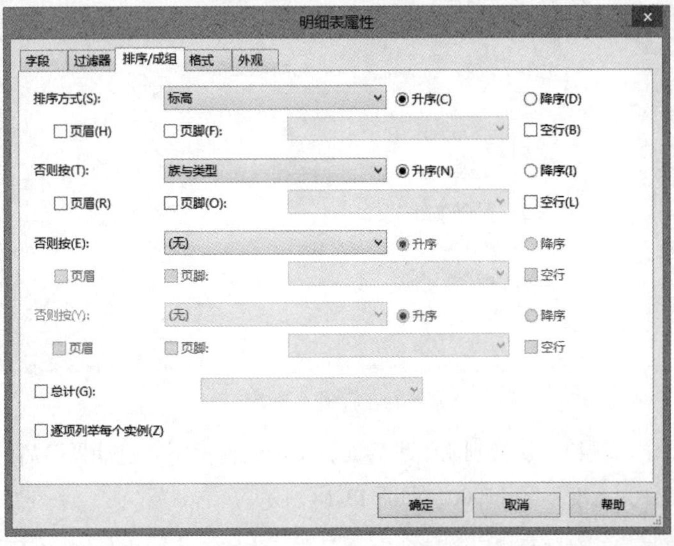

图 13-15　排序/成组设置

（6）切换到"格式"选项卡中，如图 13-16 所示，修改"族与类型"的标题为"门类型"，"标高"的标题为"放置楼层"，"合计"的标题为"樘数"。"族与类型"的对齐方式为"左"，其他均为"中心线"。

图 13-16　格式设置

（7）切换到"外观"选项卡中，如图 13-17 所示，取消勾选"数据前的空行"。其他值为默认设置。

图 13-17　外观设置

（8）单击"确定"按钮，切换到明细表界面，单击属性框下"过滤器"后的"编辑"按钮，在框中设置过滤条件为宽度不等于 900，如图 13-18 所示。

（9）按照上述步骤，对项目中已创建的窗图元进行数量统计，如图 13-19 所示。

（10）完成对该项目门窗数量的统计后将项目文件另存为"建筑-门窗统计表"。

图 13-18　过滤器设置

<别墅门明细表>

A	B	C	D	E
门类型	放置楼层	宽度	高度	楼数
单扇平开木门18-百叶窗式: BM082	1F_±0.000	800	2100	2
单扇平开格栅门: M1021	1F_±0.000	1000	2100	4
单扇平开镶玻璃门7: FDM1021	1F_±0.000	1000	2100	2
单扇平开镶玻璃门7: M0721	1F_±0.000	700	2100	2
双扇推拉门1: BM1221	1F_±0.000	1200	2100	2
双扇推拉门2: BM1221	1F_±0.000	1200	2100	1
双扇推拉门1: M1221	1F_±0.000	1200	2100	2
单扇平开木门12: M1021	2F_3.600	1000	2100	8
单扇平开木门18-百叶窗式: BM082	2F_3.600	800	2100	8
双扇推拉门1: RM1521	2F_3.600	1500	2100	2
单扇平开木门12: M1021	3F_6.600	1000	2100	4
单扇平开木门18-百叶窗式: BM082	3F_6.600	800	2100	4
单扇平开格栅门: M0821	3F_6.600	800	2100	2
双扇推拉门1: RM1521	3F_6.600	1500	2100	4

<别墅窗明细表>

A	B	C	D	E
窗类型	放置标高	宽度	高度	合计
推拉窗6: C0914B	1F_±0.000	900	1350	2
组合窗-双层单列(固定+推拉): C1519	1F_±0.000	1500	1950	4
组合窗-双层单列(固定+推拉): C1522	1F_±0.000	1500	2250	8
组合窗-双层单列(固定+推拉): C1822	1F_±0.000	1800	2250	4
推拉窗6: C0513B	2F_3.600	500	1300	4
推拉窗6: C0913B	2F_3.600	900	1300	4
组合窗-双层单列(固定+推拉): C1516	2F_3.600	1500	1650	4
组合窗-双层单列(固定+推拉): C1816	2F_3.600	1800	1650	2
推拉窗6: C0513B	3F_6.600	500	1300	4
推拉窗6: C0913B	3F_6.600	900	1300	2
组合窗-双层单列(固定+推拉): C1516	3F_6.600	1500	1650	2
组合窗-双层单列(固定+推拉): C1816	3F_6.600	1800	1650	1

图 13-19　门窗明细表

13.4　图形柱明细表

通过使用此工具可为项目创建图形柱明细表。

✎【预习重点】

◎ 图形柱明细表的特点和创建。

13.4.1　图形柱明细表的特点

结构柱将相交轴网及其顶部和底部的约束和偏移等相关标识放置到柱明细表中，形成图形柱明细表。通过图形柱明细表，可将包括不在轴网上的柱、过滤要查看的特定柱、将相似的柱位置分组，并将明细表应用到图纸上。

13.4.2　图形柱明细表的创建

📏【执行方式】

功能区："视图"选项卡→"创建"面板→"明细表"下拉菜单→"图形柱明细表"

【操作步骤】

按上述方式执行，软件将快速完成图形柱明细表的创建，如图 13-20 所示，在项目浏览器下生成图形柱明细表。

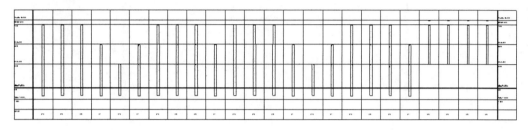

图 13-20　图形柱明细表

13.4.3　图形柱明细表的调整

图形柱明细表的调整主要集中于属性框中。

【操作步骤】

（1）打开图形柱明细表。

（2）设置图形柱明细表属性，如图 13-21 所示。

图 13-21　设置图形柱明细表属性

- 图形：在属性框中的"图形"面板下，设置明细表的视图比例、详细程度等。
- 文字：在"文字"面板中，单击"编辑"按钮，软件弹出"图形柱明细表属性"对话框，如图 13-22 所示。

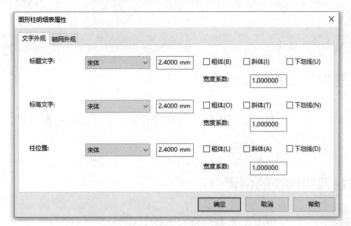

图 13-22　"图形柱明细表属性"对话框

在"文字外观"选项卡中，设置标题文字、标高文字、柱位置的字体类型、大小以及字体样式。

在"轴网外观"选项卡中，分别设置水平宽度和垂直高度中的各个参数值。

- 标识数据：在"标识数据"面板下，修改视图名称、图纸上的标题以及明细表标题内容。
- 阶段化：在"阶段化"面板下，调整阶段过滤器和相位，这是软件 4D 功能应用。
- 其他：在其他面板下，单击"隐藏标高"后的"编辑"按钮，弹出"隐藏在图形柱明细表中的标高"对话框，如图 13-23 所示，在该对话框中可将部分或全部的标高选择，确定后在图形柱明细表中进行隐藏。

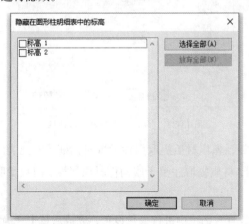

图 13-23　"隐藏在图形柱明细表中的标高"对话框

此外还可对柱的顶部标高、底部标高，以及柱位置起点、终点和材质类型进行重新设置。修改完成后，单击属性框中的"应用"按钮。

13.5　材质提取统计

通过使用此工具可创建所有 Revit 族类别的子构件的材质列表。

✎【预习重点】

◎ 明细表的特点和创建。

13.5.1　材质提取明细表的特点

材质提取明细表具有其他明细表视图的所有功能和特征，通过该功能可以获取组成构件部件的材质数量。

13.5.2　材质提取明细表的创建

材质提取明细表的创建与明细表/数量的创建方法一致。

📏【执行方式】

功能区："视图"选项卡→"创建"面板→"明细表"下拉菜单→"材质提取"

🖱【操作步骤】

（1）按上述方式执行，打开"新建材质提取"对话框，如图 13-24 所示。

图 13-24　"新建材质提取"对话框

（2）单击"确定"按钮，弹出材质提取属性设置对话框，明细表的属性与材质提取属性的不同在于可用字段的不同，材质提取注重于族构件材质属性，而数量明细表注重模型中构件的数量。

（3）在材质提取属性设置对话框中进行参数设置，完成后单击"确定"按钮，生成了对应的族构件材质提取明细表。

13.6　图纸列表

13.6.1　图纸明细表统计的特点

图纸列表也可称为图形索引或图纸索引，可将图纸列表用作施工图文档集的目录。

13.6.2　图纸明细表统计的创建

【执行方式】

功能区："视图"选项卡→"创建"面板→"明细表"下拉菜单→"图纸列表"

【操作步骤】

（1）按上述方式执行。

（2）在"图纸列表属性"对话框的"字段"选项卡中，选择要包含在图纸列表中的字段。

（3）在"图纸列表属性"的"字段"选项卡中，选择"包含链接中的图元"，单击"确定"按钮。

（4）使用"过滤""排序/成组""格式"和"外观"选项卡指定剩余的明细表属性。

（5）单击"确定"按钮，完成图纸列表的生成。

13.7　注释块明细表统计

13.7.1　注释块明细表的特点

注释块明细表列出可使用"符号"工具添加的全部注释实例。

13.7.2　注释块明细表的创建

【执行方式】

功能区："视图"选项卡→"创建"面板→"明细表"下拉菜单→"注释块"

【操作步骤】

（1）按上述方式执行，打开"新建注释块"对话框，如图 13-25 所示，选择需统计的注释族。

输入新建注释块的名称作为"注释块名称"，单击"确定"按钮。

（2）在"注释块属性"对话框中，选择要设置的参数作为"可用字段"，单击"添加"按钮将它们添加到"明细字段"列表中。

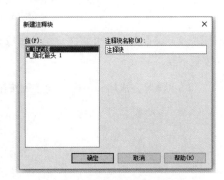

图 13-25　新建注释块参数设置

（3）在其他注释块属性选项卡中完成其他信息设置。

（4）单击"确定"按钮完成注释块明细表的创建。

13.8 视图统计

13.8.1 视图明细表的特点

视图列表是项目中视图的明细表。在视图列表中，可按类型、标高、图纸或其他参数对视图进行排序和分组。

13.8.2 视图明细表的创建

📏【执行方式】

功能区："视图"选项卡→"创建"面板→"明细表"下拉菜单→"视图列表"

🖱【操作步骤】

（1）按上述方式执行，弹出"视图列表属性"对话框，如图 13-26 所示。

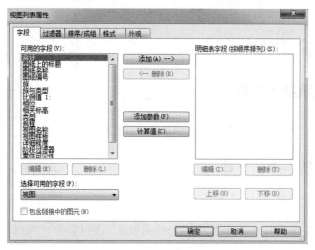

图 13-26 "视图列表属性"对话框

（2）设置视图列表属性，包括字段、过滤器、排序/成组、格式、外观，设置方法与明细表/数量一致。

（3）设置完成后，单击"确定"按钮，完成视图列表的创建工作。

第14章

建筑表现

知识引导

　　本章主要讲解在 Revit 软件中对建筑表现的实际应用操作，包括材质与建筑表现、透视图的创建、动画漫游的创建以及渲染图的创建。

14.1　材质与建筑表现

用于指定建筑模型中应用到图元的材质及关联特性。

【预习重点】

◎ Revit 材质设置和视图表现。

　　打开材质浏览器，可定义材质资源集，包括外观、物理、图形和热特性。可将材质应用于项目的外观渲染和能量分析。

【执行方式】

　　功能区："管理选项卡"→"设置"面板→"材质"

【操作步骤】

　　（1）按上述方式执行，软件弹出"材质浏览器"对话框，如图 14-1 所示。

　　（2）在对话框左侧选择项目中包含的材质，右侧显示材质的属性，可单击切换右侧上方的选项卡，对该材质标识、图形、外观、物理等属性进行修改。

　　（3）在现有材质上单击鼠标右键，对材质进行编辑、复制、重命名、删除和添加到收藏夹操作，如图 14-2 所示。

　　（4）当材质浏览器中的项目材质不符合要求时，可根据需要创建新的材质类型，并对新材质类型赋予新的实体材质。单击左侧下方的 按钮，从弹出的下拉菜单中选择"新建材质"。这时在项目材质浏览器中就会出现命名为"默认为新材质"的材质类型，选择后对其重命名，选择状态下，继续单击左侧下方的 按钮，打开资源浏览器，如图 14-3 所示。

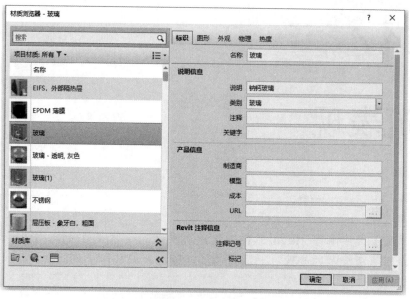

图 14-1　材质浏览器

图 14-2　复制材质

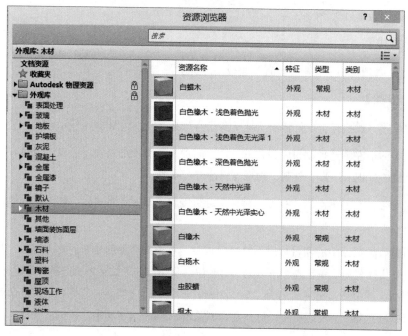

图 14-3　资源浏览器

（5）Revit 材质资源库分类多，展开左边树状目录，找到需要的资源后双击，材质资源就赋给材质浏览器中新建的材质，单击 ■×■ 关闭资源浏览器，返回材质浏览器界面。单击"确定"按钮，完成新材质的添加。

14.2　透视图的创建

通过在视图中放置相机来为项目模型创建透视图。

✎【预习重点】

◎ 透视图的特点和创建。

14.2.1　透视图的特点

透视图是通过放置在视图中的相机来创建的，放置相机的位置可以是视图中的任何位置。

14.2.2　透视图的创建与调整

📏【执行方式】

功能区："视图"→"创建"面板→"三维视图"下拉菜单→"相机"

🖱【操作步骤】

（1）将视图切换至相关平面视图。

（2）按上述方式执行。

（3）设置选项栏参数，如图 14-4 所示。

图 14-4　透视图创建选项栏

取消勾选"透视图"复选框，则创建的视图会是正交三维视图。

设置自标高的偏移量值，确定相机的位置高度。

（4）透视图的创建。

将鼠标光标移至绘图区域，相机随着光标移动，单击鼠标放置视点，移动鼠标鼠标，将观察的目标置于相机的视界范围内并单击，软件自动切换到新生成的透视视图。

（5）透视图的调整。

创建完成的透视图可进一步调整，以满足使用要求。在绘图区左下方的视图控制栏

透视图　⌗ ⬚ ⛝ ⛝ ⛝ ⛝ ⛝ ⛝ ⛝ ⛝ ⛝ ⛝ ⛝ ‹ 　中进行透视图的视图设置，如图 14-5 所示。

图 14-5　透视图

通过拖曳边界控制点 ⬤ 调整透视图范围，也可通过单击上下文选项卡的"尺寸裁剪"按钮 🔳 来完成透视图范围的设置，如图 14-6 所示。

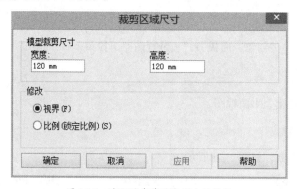

图 14-6　透视图裁剪区域尺寸的设置

在"裁剪区域尺寸"对话框中输入宽度和高度值，单击"确定"按钮完成设置。

↘ 实操实练-30　透视图的创建

（1）打开"建筑-详图"项目，在项目浏览器下，展开楼层平面视图目录，双击 1F_±0.000 名称进入 1 层平面视图。

（2）单击"视图"选项卡中的"三维视图"按钮，在下拉菜单中单击"相机"按钮。勾选选项栏中的"透视图"复选框，设置偏移量为 1750，自为 1F_±0.000，如图 14-7 所示。

图 14-7　透视图创建选项栏

（3）在绘图区域中，单击放置相机的位置，向前滑动鼠标，并将视图旋转到合适的位置，将需要创建透视图的图元放置到相机的视图范围中，再次单击，软件将自动切换到透视视图。

（4）通过拖曳边界框的控制点对透视图的显示范围进行设置。

（5）在视图控制栏中，设置详细程度为精细，视觉样式为真实，单击"隐藏裁剪区域"按钮。在三维视图属性框中，修改视图名称为一楼客厅。

（6）按照上述步骤，完成转角楼梯以及入户门透视图的创建。

（7）完成对该项目透视图的创建，如图 14-8 所示，将项目文件另存为"建筑-透视图"。

图 14-8　完成透视图的创建

14.3　动画漫游的创建

通过使用漫游工具可创建模型的三维漫游动画，以观察整个建筑模型的效果。

✎【预习重点】

◎ 动画漫游的特点和创建。

14.3.1　动画漫游的特点

动画漫游可将创建的漫游导出为视频文件或图像文件。将漫游导出为图像文件时，漫游的每帧都会保存为单个文件。

14.3.2　动画漫游的创建与调整

📏【执行方式】

功能区："视图"→"创建"面板→"三维视图"下拉菜单→"漫游"

🖱【操作步骤】

（1）打开要放置漫游路径的视图，通常为平面视图。

（2）按上述方式执行。

（3）设置选项栏参数，如图 14-9 所示。

图 14-9　漫游选项栏

取消勾选"透视图"，则漫游将作为正交三维视图创建，默认已勾选。

设置漫游相机位置的高度，即自标高的偏移量高度值。

（4）动画漫游的创建。

选项栏设置完成后将鼠标光标移至绘图区域中，单击可依次放置多个漫游关键帧。在路径创建过程中不能修改关键帧的位置，路径创建完成后，可编辑关键帧。

完成漫游路径的创建后，可单击上下文选项卡的"完成漫游"按钮完成路径创建。

（5）动画漫游的调整。

选择已创建完成的漫游路径，在上下文选项卡中单击"编辑漫游" 👣 按钮。在选项栏中，将控制编辑模式选为"活动相机"，路径如图 14-10 所示。

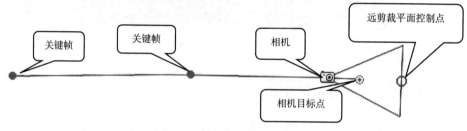

图 14-10　漫游路径

在相机处于活动状态且位于关键帧时，可拖曳相机的目标点和远剪裁平面。如果相机不在关键帧处，只能修改远剪裁平面。

若将选项栏中的控制编辑模式选为"路径"，则关键帧变为路径上的控制点，可通过拖曳调整关键帧位置。

若将选项栏中的控制编辑模式选为"添加关键帧"，则可沿路径单击添加新的关键帧。

若将选项栏中的控制编辑模式选为"删除关键帧"，则将光标放置在路径上的现有关键帧上，并单击删除关键帧。

设置完成漫游路径后，在漫游属性框中最下方的其他面板 漫游帧　　　　300 ，单击漫游帧后方的"数字"按钮，弹出"漫游帧"对话框，如图 14-11 所示。

默认情况下，相机沿整个漫游路径的移动速度保持不变。通过增加/减少帧总数或者增加/减少每秒帧数，可修改相机的移动速度。若要修改关键帧的速度值，可取消勾选"匀速"复选框并在加速器列中为所需关键帧输入值。加速器有效值介于 0.1 和 10 之间，完成后单击"确定"按钮返回。

图 14-11 "漫游帧"对话框

　　在项目浏览器中，找到漫游栏并展开后，选择漫游，在上下文选项卡中单击"编辑漫游"按钮。将选项栏中帧后面的边框中的数字修改为 1，按 Enter 键完成，单击"编辑漫游"选项卡，面板显示按钮如图 14-12 所示。

图 14-12 "漫游"面板

- 单击 ◄◄ 可将相机位置往回移动一关键帧。
- 单击 ◄ǁ 可将相机位置往回移动一帧。
- 单击 ǁ► 可将相机向前移动一帧。
- 单击 ►►ǁ 可将相机位置向前移动一关键帧。
- 单击 ▷ 可将相机从当前帧移动到最后一帧。

要停止播放，可单击进度条旁的"取消"按钮。

（6）导出漫游动画。

　　按照"🔺→导出→图像和动画→漫游"的顺序单击。"长度/格式"对话框如图 14-13 所示。

　　在"输出长度"框中，选择"全部帧"或"帧范围"。其中全部帧表示将所有帧包括在输出文件中；帧范围表示仅导出特定范围内的帧，选择"帧范围"后，分别输入起点帧和终点帧数值，并设置每帧的持续时间值。

　　在"格式"框下，设置视觉样式、尺寸标注、缩放值。

　　单击"确定"按钮，弹出"导出漫游"对话框，修改和调整输出文件名称和路径。在"文件类型选择"下拉列表中，选择保存的漫游格式类型，AVI 或图像文件（JPEG、TIFF、BMP 或 PNG）。

完成后单击"保存"按钮完成漫游动画的导出。

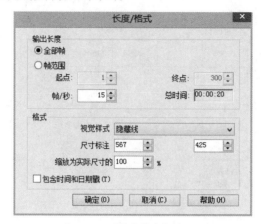

图 14-13 "长度/格式"对话框

14.4 渲染图的创建

通过使用渲染工具，可为建筑模型创建照片级真实感图像。

✎【预习重点】

◎ 渲染和云渲染的操作流程。

14.4.1 Revit 渲染的两种方式

Revit 根据渲染方式的不同可分为单机渲染与云渲染两种，其中单机渲染指的是通过本地计算机，设置相关渲染参数，进行独立渲染。云渲染也称为联机渲染，可使用 Autodesk 360 中的渲染从任何计算机上创建真实照片级的图像和全景。

14.4.2 渲染的操作流程

📏【执行方式】

功能区："视图"选项卡→"演示视图"面板→"渲染"

快捷键：RR

🖱️【操作步骤】

（1）双击打开需要创建渲染图像的视图。

（2）按上述方式执行，打开"渲染"对话框，如图 14-14 所示。

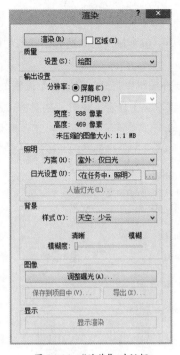

图 14-14 "渲染"对话框

（3）设置相关渲染参数。

在"渲染"对话框中设置渲染的相关参数，

- 区域：若勾选了"区域"复选框，表示渲染视图中的某一特定区域，勾选后，在三维视图中，Revit 会出现一个红色的边框用来显示渲染区域边界。单击选择渲染区域，此时边框由红色变为蓝色，并在每条边框线上出现一个蓝色圆形控制符号，拖曳该控制点来调整边框的尺寸，以确定渲染区域的边界。

- 质量：在"质量"一栏下，用来设置渲染质量，单击后方的下拉菜单，选择渲染质量，如图 14-15 所示。

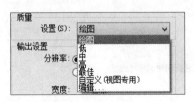

图 14-15 渲染质量选择框

各选项解释说明如下：

- 绘图：尽可能快地渲染以获得渲染图像的设置。该图像包含许多人造物品（渲染图像中的小的不准确或不完美）。相对渲染速度最快。

- 低：以较高水平的质量快速渲染，包含几个人造物品。相对渲染速度快。

- 中：以通常适合演示的质量渲染，包含较少的人造物品。相对渲染速度中等。

- 高：以适合大多数演示的高质量渲染，包含很少的人造物品。产生此渲染质量需要很长的时间。相对渲染速度慢。

- 最佳：以非常高的质量渲染，包含最少的人造物品。产生此渲染质量需要最长的时间。相对渲染速度最慢。
- 自定义（视图专用）：需要在编辑中打开"渲染质量设置"对话框，如图 14-16 所示，然后指定其相关设置。渲染速度取决于自定义设置。相对渲染速度是变化的。

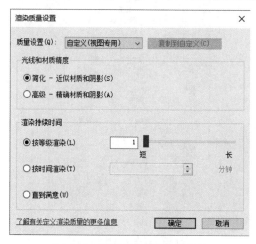

图 14-16　"渲染质量设置"对话框

- 输出设置：在输出设置一栏，设置渲染图像的分辨率。
- 照明：在照明栏，选择所需的设置作为方案。

  若在下拉列表中选择使用日光的照明方案，则需在下方的日光设置中选择所需的日光位置。单击 按钮进入"日光设置"对话框，如图 14-17 所示。设置完成后单击"确定"按钮返回"渲染"对话框。

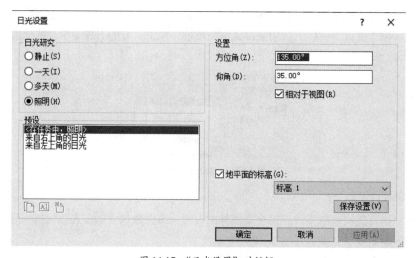

图 14-17　"日光设置"对话框

若选择使用人造灯光的照明方案，则单击下方激活的 人造灯光(L)... 按钮，进入"人造灯光"对话框，如图 14-18 所示。

　　在对话框中，可创建灯光组并将照明设备添加到灯光组中，设置完成后单击"确定"按钮返回"渲染"对话框。

图 14-18　"人造灯光"对话框

　　若选择照明方案为"室内：仅日光"或"室内：日光和人造光"，那么在渲染过程中，可自动实现日照效果。要在内部视图中获得高级照明质量，可启用采光口。通过采光口可提高渲染图像的质量。

- 背景：背景设置用于设置渲染的背景样式，大致可分为天空、颜色和图像三类。

　　若使用天空和云指定背景，在"样式"下拉列表中选择所需云量的天空选项作为样式。如图14-19 所示，拖动模糊度滑块来确定清晰程度。

图 14-19　背景天空设置

　　若使用颜色指定背景，如图 14-20 所示，选择颜色样例，在"颜色设置"对话框中，为渲染图像指定背景颜色，完成后单击"确定"按钮返回。

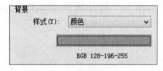

图 14-20　背景颜色设置

　　若使用图像指定背景，如图 14-21 所示，单击下方的"自定义图像"按钮，在"背景图像"对话框中，从计算机中选取图片，并在"背景图像"对话框中，指定"比例"和"偏移量"，单击"确定"按钮返回。

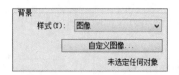

图 14-21　背景图像设置

- 图像：在图像一栏，单击 调整曝光(A)... 按钮，弹出"曝光控制"对话框，如图 14-22 所示。

图 14-22　曝光设置

在对话框中，指定所需的设置。如果要返回默认曝光设置，单击 重设为默认值 按钮，默认的曝光值已对选定的照明方案进行优化，其他曝光设置使用中性设置。完成设置后单击"确定"按钮。

（4）渲染。

在完成上述设置后，单击 渲染(R) 按钮开始渲染，视图渲染完成后生成对应的图像。

在渲染图像后，可将该图像另存为项目视图，保存到项目浏览器渲染栏项。

通过"导出"按钮可将图像文件导出到计算机中用于保存，Revit 支持保存的图像文件类型包括 BMP、JPEG、JPG、PNG 和 TIFF。

（5）显示。

在完成渲染后，可以通过"显示模型"按钮将视图切换至模型状态，通过"显示渲染"按钮切换回渲染状态。

14.4.3　云渲染的操作流程

【执行方式】

功能区："视图"→"演示视图"面板→"在云中渲染"

快捷键：RC

【操作步骤】

（1）登录 Autodesk 账户，如图 14-23 所示。

在对话框中输入用户名及密码，单击"登录"按钮完成登录操作，软件界面左上角用户信息中心栏会显示已登录成功的用户名。

图 14-23　登录界面

（2）软件弹出"在 Cloud 中渲染"对话框，如图 14-24 所示，根据对话框中提示的步骤进行，如果已熟悉云渲染操作步骤，可勾选"下次不再显示此消息"复选框。

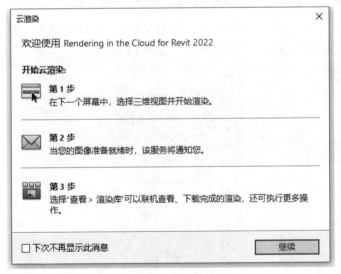

图 14-24　云渲染流程

单击"继续"按钮，进入下一步，如图 14-25 所示。

（3）在该对话框中进行相关的参数设置，包括从下拉列表中选择将要渲染的视图名称、输出类型、渲染质量、图像尺寸、曝光、文件格式等。

对话框提示预计的等待时间，以及是否在完成后向用户发送电子邮件。

（4）各项参数设置完成后，单击"渲染"按钮，软件开始上传数据进行渲染。

（5）完成渲染后，软件会有提示，用户可在网页中下载已渲染好的图像。

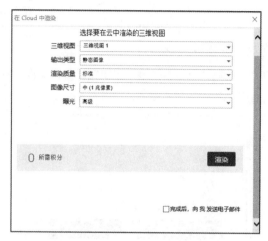

图 14-25 云渲染参数设置

➥ 实操实练-31 渲染视图的创建

（1）打开"建筑-透视图"项目，在快捷访问工具栏中，单击 按钮将视图切换到三维视图。

（2）单击"视图"选项卡中的"渲染"按钮，弹出"渲染"对话框。

（3）在"渲染"对话框中，设置质量为高，照明方案为"室外：仅日光"，背景样式为"天空：少云，"模糊度为"清晰"（在绘图下拉菜单中），如图 14-26 所示。

图 14-26 渲染参数设置

（4）单击"渲染"对话框顶端的"渲染"按钮开始进行渲染。

（5）渲染完成后，单击"显示渲染"按钮查看渲染效果。

（6）完成对该项目三维视图的渲染，如图 14-27 所示，将项目文件另存为"建筑-渲染图"。

图 14-27　渲染图

第15章

图纸

📓 知识引导

　　本章主要讲解在 Revit 软件中对模型图纸深化的实际应用操作，包括创建图纸、标题栏、拼接线视图的添加、修订、视口控制等。

　　使用"图纸"工具可为施工图文档集中的每张视图创建一个图纸视图，同时可在每个图纸上放置多个视图或明细表。

✏️【预习重点】

　　◎ 图纸的创建和视图的添加。

15.1　图纸的创建

　　在 Revit 软件中可基于模型创建各种图纸，包括平面施工图纸、剖面施工图纸以及大样节点详图等。

📐【执行方式】

　　功能区："视图"选项卡→"图纸组合"面板→"图纸"

🖱️【操作步骤】

　　（1）按上述方式执行完毕后，会弹出"新建图纸"对话框，如图 15-1 所示。

　　（2）选择图纸标题栏并创建图纸视图。

　　如图 15-1 所示，在"选择标题栏"列表框中，选择带有标题栏的图纸大小。例如"A0 公制""A1 公制""A2 公制"等，若没有需要的尺寸标题栏，可单击 载入(L)... 按钮将其他标题栏载入当前项目中。可选择"无"创建不带标题栏的图纸，以展示图纸的每一个操作环节。单击"选择占位符图纸"列表框下的"新建"按钮并单击"确定"按钮，软件的视图切换到图纸目录视图，如图 15-2 所示。

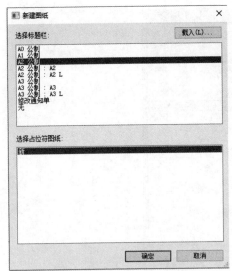

图 15-1 "新建图纸"对话框

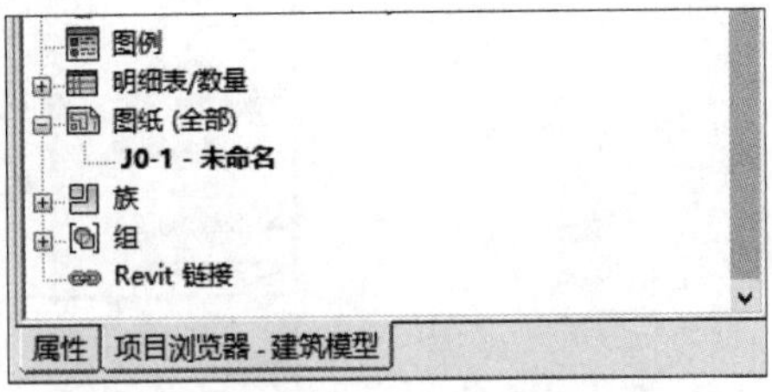

图 15-2 图纸目录

（3）修改图纸编号和名称。

单击鼠标右键新建图纸，选择"重命名"命令，弹出"图纸标题"对话框，如图 15-3 所示。

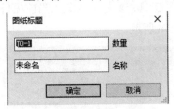

图 15-3 "图纸标题"对话框

修改图纸的编号以及名称，完成后单击"确定"按钮。图纸的命名有助于日后的图纸管理和出图。

15.2 标题栏的创建

使用此工具可在新建的图纸中创建标题栏图元。

【执行方式】

功能区："视图"选项卡→"图纸组合"面板→"标题栏"

【操作步骤】

（1）将视图切换至图纸视图，激活上述命令按钮。

（2）按上述方式执行。

（3）选择标题栏类型并设置相关参数。

在类型选择器下拉列表中选择将要放置的标题栏类型，如图 15-4 所示。

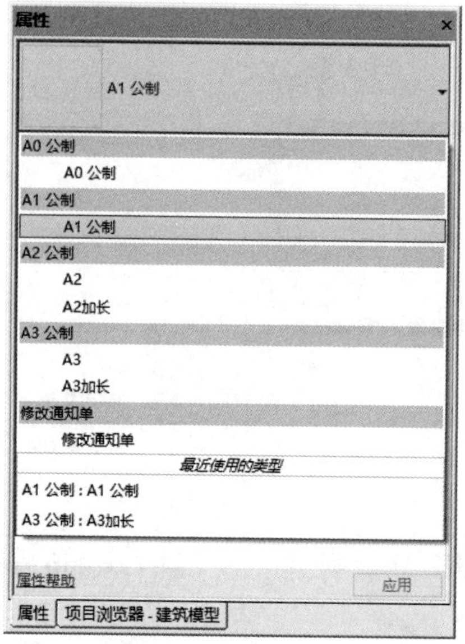

图 15-4 标题栏类型选择器

若下拉菜单中没有需要的标题栏类型,可单击选项栏中的 **载入...** 按钮,或者单击"修改|放置 放置标题栏"选项卡中的"载入族"工具,将标题族载入当前项目中。"载入族"对话框如图 15-5 所示,"类型属性"对话框如图 15-6 所示。

图 15-5 "载入族"对话框

将鼠标光标移动到绘图区域中,在图纸视图中单击鼠标放置,通过空格键可切换放置基点。

(4)标题栏的修改。

选择标题栏,在属性框中修改和调整标题栏中的信息,包括图纸信息以及相关人员的信息,如图 15-7 所示。单击"应用"按钮保存,相应的图纸中的标题栏同步更新。

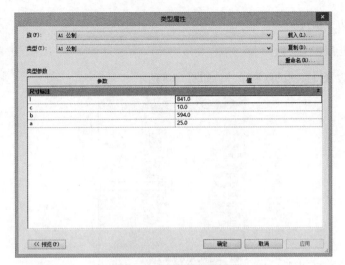

图 15-6 "类型属性"对话框

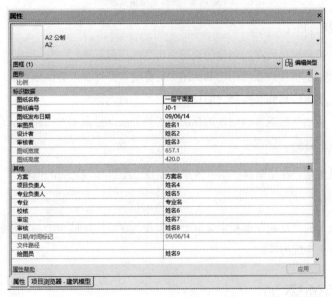

图 15-7 标题栏实例属性对话框

15.3 拼接线的创建

拼接线是绘制线,可将其添加到视图中表示视图拆分的位置。

【执行方式】

功能区:"视图"选项卡→"图纸组合"面板→"拼接线"

【操作步骤】

(1)在项目浏览器中打开需要创建拼接线的主视图。

（2）按上述方式执行。

（3）设置拼接线相关参数。

在属性框中设置拼接线的限制条件，如图 15-8 所示。

图 15-8　拼接线实例属性

各条件参数说明如下：

- 顶部约束：指定拼接线在所创建的视图中可见的顶部标高。
- 顶部偏移：指定拼接线在所创建的视图中可见的顶部标高上方的距离。
- 底部约束：指定拼接线在所创建的视图中可见的底部标高。
- 底部偏移：指定拼接线在所创建的视图中可见的底部标高上方的距离。

（4）设置选项栏参数。

在选项栏中设置是否在绘制时产生链效果，以及点与拼接线之间的偏移。

（5）绘制拼接线。

在上下文选项卡的"绘制"面板中选取绘制工具，在绘图区域中绘制拼接线，单击 ✔ 按钮退出编辑模式，完成拼接线的绘制。

15.4　视图的添加

通过该工具将项目浏览器中的视图添加到图纸中。一张图纸中可添加多个视图，每个视图仅可放置到一个图纸中。要在项目的多个图纸中添加特定视图，需创建视图副本。图例和明细表（包括视图列表和图纸列表）均可放置到图纸中。展开项目浏览器视图列表，选择视图，拖曳到图纸中完成放置，也可通过下列执行方式执行：

📏【执行方式】

功能区："视图"选项卡→"图纸组合"面板→"视图"

🖱【操作步骤】

（1）打开要放置视图的图纸。

（2）按上述方式执行，打开"视图"对话框，在"视图"对话框中选择视图，单击"在图纸中添加视图"按钮。

（3）在绘图区域的图纸中单击将视口放置在所需的位置。

（4）如有需要，可修改图纸中的视图：要修改图纸中显示的视图标题，可双击该标题，然后对其进行编辑。要将视图移到图纸中的某个新位置，可选择其视口，然后对其进行拖曳。可将视图与轴网线对齐以进行精确放置。

15.5 修订

使用修订工具可输入有关修订的信息，并控制图形中的每个修订的云线和标记的可见性。

📏【执行方式】

功能区："视图"选项卡→"图纸组合"面板→"修订"

🖱️【操作步骤】

（1）按上述方式执行，弹出"图纸发布/修订"对话框，如图 15-9 所示。

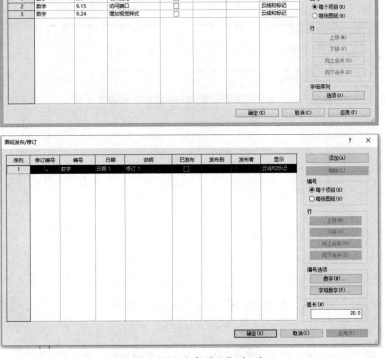

图 15-9 "图纸发布/修订"对话框

（2）添加修订信息。

单击"添加"按钮进行修订的添加，修改修订的信息。

- 日期：输入进行修订的日期或发送修订以供审阅的日期。
- 说明：输入要在图纸的修订明细表中显示的修订的说明。
- 已发布、发布到、发布者：如果已发布修订，则输入"发布到"和"发布者"的值，勾选"已发布"复选框。
- 显示：在下拉菜单中选择"无""标记""云线和标记"三项中的一项。"无"表示在图纸中不显示云线批注和修订标记；"标记"表示显示修订标记并绘制云线批注，但在图纸中不显示云线。云线和标记表示在图纸中显示云线批注和修订标记。默认选项为"云线和标记"。
- 修订信息合并：选择修订信息，在功能栏中单击"向上合并"或"向下合并"。弹出合并操作警示框，如图 15-10 所示，单击"确定"按钮，完成修订信息的合并。

图 15-10 合并操作提示

- 编号选项：单击"数字"或"字母数字"按钮，弹出"自定义编号选项"对话框，如图 15-11 所示。

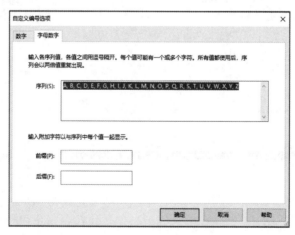

图 15-11 "序列选项"对话框

在对话框中的"序列"栏中，输入要使用的字母序列及前缀和后缀，并单击"确定"按钮返回"图纸发布/修订"对话框，单击"确定"按钮返回当前视图中。

（3）添加修订信息。

在除三维视图以外的所有视图中绘制云线批注，并将修订指定给云线。

大多数图纸的标题栏都包含修订明细表。若将视图放置在图纸中并且该视图包含修订云线，修订明细表将自动显示有关这些修订的信息。

15.6　视图参照

视图参照用于添加注释，表明选定视图的图纸编号和详图标号。视图参照族可包含视图编号和图纸编号参数值的线、填充面域、文字和标签。

若要在三维视图中放置视图参照，视图须处于锁定状态。

📏【执行方式】

功能区："视图"选项卡→"图纸组合"面板→"视图参照"

🖱️【操作步骤】

（1）展开项目浏览器，打开要向其添加参照的视图。

（2）单击"视图"选项卡中的"视图参照"按钮。

（3）在属性框类型选择器下拉列表中，选择视图参照类别，如图 15-12 所示。

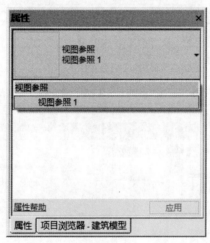

图 15-12　视图参照类型选择器

（4）选择视图类型和目标视图。

在"修改|视图参照"上下文选项卡的"视图参照"面板中，选择"视图类型"和"目标视图"，如图 15-13 所示。

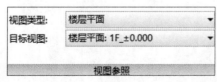

图 15-13　"视图参照"面板

在"视图类型"下为"目标视图"列表选择要显示的视图类型。

在"目标视图"面板中，选择相应的标高视图样式。

（5）放置视图参照。

将光标移动到绘图区域中，单击鼠标放置视图参照。

（6）隐藏参照视图。

放置在视图上的参照，可通过设置对其进行隐藏。单击"视图"选项卡中的"可见性/图形"按钮，弹出当前参照所在视图的"可见性/图形替换"对话框，如图 15-14 所示。

切换到"注释类别"选项卡，从列表中找到"视图参照"选项。取消勾选"视图参照"复选框，单击"确定"按钮，返回当前视图。

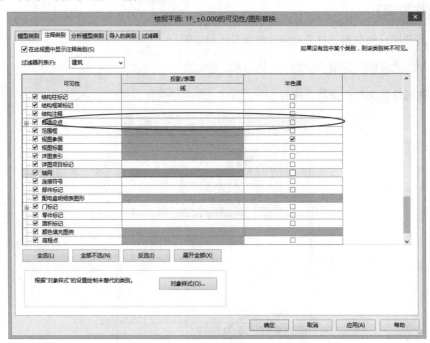

图 15-14　"可见性/图形替换"对话框

15.7　导向轴网

使用此工具可在图纸中添加轴网向导来对齐放置的视图，以便视图在不同的图纸中出现在相同位置。

【执行方式】

功能区："视图"选项卡→"图纸组合"面板→"导向轴网"

【操作步骤】

（1）打开相关图纸。

（2）按上述方式执行，弹出"指定导向轴网"对话框，如图 15-15 所示。

图 15-15 "指定导向轴网"对话框

（3）创建新的导向轴网。

首次在图纸视图中创建导向轴网，对话框中的"选择现有轴网"为只读状态。软件默认选择"创建新轴网"选项，在对应的"名称"文本框中，输入将要创建的导向轴网的名称，单击"确定"按钮返回图纸视图，软件在图纸中生成导向轴网，如图 15-16 所示。

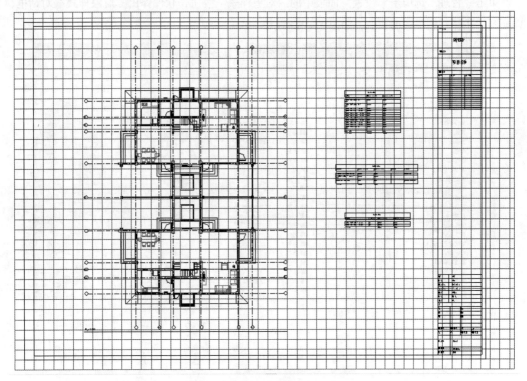

图 15-16 导向轴网

（4）定位导向轴网。

选择导向轴网，通过拖曳边线上的范围控制点指定轴网向导的范围，软件默认的导向轴网范围与图纸范围加上偏移值匹配。

选择所放置的视图，在"修改"面板中选择"移动"工具并选择视口中的裁剪区域或基准，单击开始移动并与导向轴网中的线对齐。

（5）修改导向轴网。

单击选择导向轴网，在属性框中对其参数进行修改，如图 15-17 所示。

图 15-17　导向轴网属性对话框

单击"管理"选项卡"设置"面板中的"对象样式"按钮，软件弹出"对象样式"对话框，切换到"注释对象"选项卡中，如图 15-18 所示。

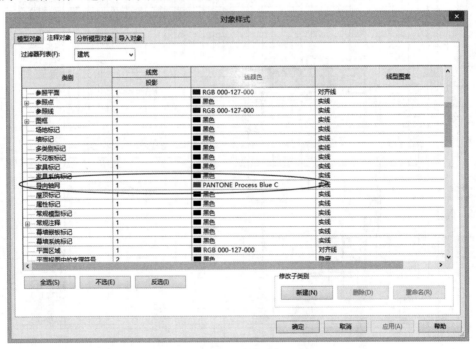

图 15-18　注释对象

在"类别"框中找到"导向轴网"类别一栏，分别设置"线宽""线颜色"和"线型图案"，完成后单击"确定"按钮返回当前视图。

（6）创建共享导向轴网。

展开项目浏览器下的图纸目录，双击图纸名称进入另一图纸视图。继续单击"视图"选项卡中的"导向轴网"按钮，弹出"指定导向轴网"对话框，如图 15-19 所示。

图 15-19 "指定导向轴网"对话框

在"选择现有轴网"栏下，单击选择项目中已创建的导向轴网名称，选择完成后单击"确定"按钮，选择的导向轴网就添加到新的图纸视图中。

15.8 视口控制

通过视口控制工具可在图纸中激活视图，从图纸中直接修改视图，完成后可取消激活，视图返回之前的状态。

【执行方式】

功能区："视图"选项卡→"图纸组合"面板→"视口"

【操作步骤】

（1）展开项目浏览器下图纸目录，双击图纸名称进入图纸视图。

（2）在绘图区域中，选择图纸中的视图。

（3）在"修改|视口"上下文选项卡的"视图"面板中出现"激活视图"按钮，如图 15-20 所示。

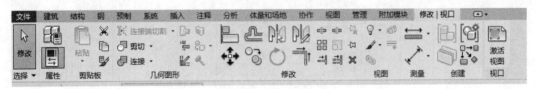

图 15-20 激活视图面板

（4）修改视图内容。

单击"激活视图"按钮激活当前图纸中的视图，软件会以半色调显示图纸标题栏及其内容，仅显示活动视图的内容，此时可根据需要编辑该视图。

根据具体需要修改视图，例如添加尺寸标注、添加文字注释、修改视图比例等。

（5）取消视图激活。

完成图纸中视图的修改后，单击"视图"选项卡中"视口"下拉列表中的"取消激活"按钮。

↘ **实操实练-32　图纸的创建**

（1）打开"建筑-平面图标注"项目，在项目浏览器下，展开楼层平面视图目录，双击 1F_±0.000 名称进入 1 层平面视图。

（2）单击视图控制栏中的显示裁剪区域，通过拖曳裁剪边线上的控制点，裁剪出需要显示的图纸内容边界。

（3）单击"视图"选项卡的图纸组合中的"图纸"按钮，在"新建图纸"对话框中选择 A0 公制，如图 15-21 所示，单击"确定"按钮打开图纸。

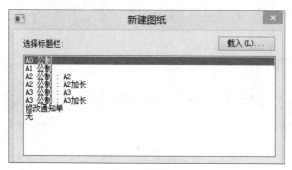

图 15-21　新建图纸

（4）切换到图纸界面，在项目浏览器中，选择 1F_±0.000 名称并拖曳到图纸中，调整到合适的位置时单击鼠标放置视图。

（5）在视口属性框中，勾选"裁剪视图"复选框，取消勾选"裁剪区域可见"复选框，如图 15-22 所示，单击"应用"按钮。

图 15-22　视口范围设置

（6）拖动图纸的标题至图纸中的合适位置，并在"视口属性"框下的图纸中的"标题"一栏后方输入一层平面图，单击"应用"按钮。

（7）按照同样的方式，完成门窗明细表的图纸布置。

（8）按照上述步骤，对项目中其他楼层平面进行图纸的创建和布置。

（9）将项目文件另存为"建筑-图纸"，完成对该项目图纸的创建。

第16章

协作

📑 知识引导

　　本章主要讲解在 Revit 软件中创建模型时各专业模型之间协作的实际应用操作，包括模型链接协作、创建工作集进行协作。

16.1 Revit 协作模式

Revit 的协作模式主要包括两类：

- 模型链接

  在一个 Revit 项目文件中引用其他 Revit 文件的相关数据，与 AutoCAD 的外部引用功能相同。

- 工作集

  通过使用工作共享，设计者可操作自己的本地文件，并通过中心文件与其他工作者共享工作成果，形成完整的项目成果。

16.2 模型链接

✏️ 【预习重点】

◎ Revit 链接、复制/监视功能、碰撞检查。

16.2.1 模型链接协作模式的特点

模型链接协作模式的特点有：

- 模型链接协作模式主要应用于专业间协作。
- 将模型链接到项目中时，软件会打开链接模型并将其保存到内存中。项目包含的链接越多，打开链接模型所需的时间就越长。
- 在链接时可将链接的 Revit 模型转换为组，也可将组转换为链接的 Revit 模型，可镜像链接的 Revit 模型。

16.2.2 模型链接的创建

模型链接的创建，即将外部 Revit 模型链接到当前项目中，具体链接步骤参照第 4 章的内容。

16.2.3 复制与监视功能

使用"复制/监视"工具可监视跨多个规程的项目对图元的修改，执行协调查阅以标识潜在的问题。

【执行方式】

功能区："协作"选项卡→"坐标"面板→"复制/监视"

【操作步骤】

（1）链接相关文件。

根据第 4 章介绍的步骤，将外部 Revit 文件链接到当前项目中，链接文件时可使用"自动-原点-原点"对齐方式。对于链接的模型，在当前状态下无法对其进行编辑，光标移动到上面后，可显示虚拟边框。

（2）按上述方式执行。

单击"协作"选项卡的"复制/监视"下拉列表中的"选择链接"按钮，如图 16-1 所示。

图 16-1 "复制/监视"下拉列表

（3）选择链接文件，切换到"复制/监视"上下文选项卡，如图 16-2 所示。

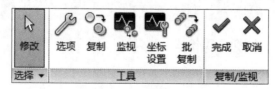

图 16-2 "复制/监视"上下文选项卡

部分工具使用说明如下：

- 修改：单击进入选择模式，以此可选择要修改的图元。
- 选项：用于定义"复制/监视"工具的设置。
- 复制：将指定图元从链接项目复制到主体项目中。

- 监视：可在对应的成对图元之间建立关系。
- 坐标设置：指定在将系统装置从链接模型复制到当前项目时的映射行为。
- 批复制：复制尚未从链接模型复制到当前项目中的装置。

（4）复制链接文件中的相关图元。

单击"复制"按钮，在选项栏中出现如图 16-3 所示的参数设置项。

图 16-3　"复制/监视"面板

复制创建多个对象时，可在该选项栏中勾选"多个"复选框。

选择需要复制的对象，在选项栏单击"过滤器"按钮 <img>，弹出"过滤器"对话框，如图 16-4 所示。在"类别"框中勾选需要复制的类别，单击"确定"按钮。

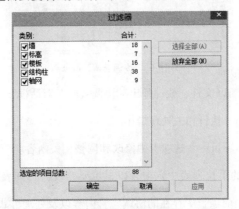

图 16-4　"过滤器"对话框

单击选项栏中的"完成"按钮，单击"复制/监视"上下文选项卡的"复制/监视"面板中的"完成"按钮 <img>，可将链接项目中相关图元复制到当前项目中。

（5）复制/监视图元。

当原始原件中图元发生变化时，软件会弹出协调监视警报对话框，如图 16-5 所示。

图 16-5　协调监视警报

当链接文件删除后，监视功能就会消失。

16.2.4　协调查阅功能

"协调查阅"工具用来查阅对受监视的图元进行的更改，便于团队沟通协调。当受监视图元发生变化时，软件出现协调监视警告。未及时处理警告，可通过协调查阅工具，查阅未处理警告。

📏**【执行方式】**

功能区："协作"选项卡→"坐标"面板→"协调查阅"

🖱**【操作步骤】**

（1）打开链接文件，并修改复制/监视相关图元，保存文件。

（2）打开当前文件，文件提示链接文件改变，需要进行协调查阅操作。

（3）按上述方式执行。

单击"协作"选项卡的"协调查阅"下拉列表中的"选择链接"按钮，如图 16-6 所示。

图 16-6 "协调查阅"面板

（4）拾取被监视的链接.rvt 文件，软件弹出"协调查阅"对话框，如图 16-7 所示。

（5）查阅监视文件状态并执行相关处理操作。

在该对话框中"在主体项目中"选项卡中修改和调整相关内容。

单击"成组条件"后的下拉列表中选项，以显示要修改警告列表的排序方式。

在消息框中，可看到当前项目中存在的协调警告内容以及处理方式。单击右下角的"图元"按钮，可展开或收起与每条警告相关的图元的信息。

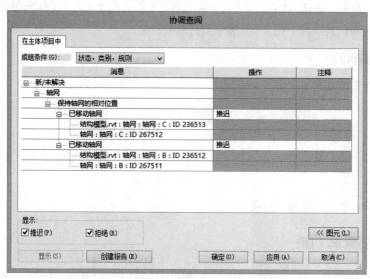

图 16-7 "协调查阅"对话框

在警告后的"操作"栏中，选取对当前警告的处理方式。

- 推迟：表示推迟处理当前消息，不采取任何操作，可在以后再解决修改。
- 拒绝：表示拒绝更改。
- 接受差值：表示指明对受监视的图元进行的修改是可接受的，并可更新相应的关系。
- 修改：更改当前项目中的相应图元。

在"注释"栏中，添加对于协调警告的相关注释信息。

单击"创建报告"可创建 HTML 报告以保存修改、操作和相关注释的记录，还可在电子表格应用程序中打开 HTML 文件以组织或增强信息，如图 16-8 所示。

图 16-8　"导出 Revit 协调报告"对话框

在该对话框中输入保存的文件名以及保存类型，单击"保存"按钮完成 HTML 文件的生成。

16.2.5　协调主体

通过使用协调主体工具，列出以链接模型为主体并因链接模型的修改而需要调整的标记和图元，并将这些图元重新指定主体。

【执行方式】

功能区："协作"选项卡→"坐标"面板→"协调主体"

【操作步骤】

（1）按上述方式执行，弹出"协调主体"浏览器，如图 16-9 所示。

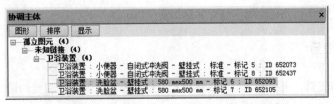

图 16-9　协调主体

（2）设置孤立图元显示形式。

在浏览器中，展开待修改图元的信息，选择图元，单击浏览器上方的"图形"按钮，弹出"图形"对话框，如图 16-10 所示。

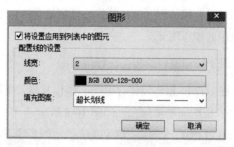

图 16-10　孤立图元显示设置

勾选"将设置应用到列表中的图元"复选框，在配置线的设置框中，指定配置线的"线宽""颜色"和"填充图案"，项目将显示待修改图元。完成设置后单击"确定"按钮返回浏览器。

（3）设置孤立图元排序方式。

待修改图元类别和数量较多时，可通过"排序"按钮，为孤立图元选择排序规则，如图 16-11 所示。

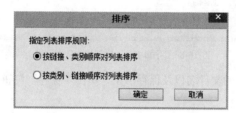

图 16-11　孤立图元排序方式设置

在对话框中指定列表排序顺序，单击"确定"按钮返回浏览器。

（4）显示待修改图元。

在"协调主体"浏览器中，选择需要定位的待修改图元，单击浏览器上方的"显示"按钮，软件将显示待修改图元。

（5）修改待修改图元。

若要删除不再需要的孤立图元，在浏览器中选择图元，单击鼠标右键，选择"删除"命令。

若要更改当前图元的主体，在浏览器中选择图元，单击鼠标右键，然后从弹出的快捷菜单中选择"拾取主体"命令，并在绘图区域重新选择新主体。

16.2.6　碰撞检查

通过碰撞检查工具，可检测项目中主体模型与链接模型之间图元相交的情况，并能生成相应的碰撞检查报告，以此来进行各专业间的协调与讨论修改方案，以解决冲突。

【执行方式】

功能区："协作"选项卡→"坐标"面板→"碰撞检查"下拉菜单→"运行碰撞检查"

【操作步骤】

（1）按上述方式执行，软件弹出"碰撞检查"对话框，如图 16-12 所示。

图 16-12　"碰撞检查"对话框

（2）设置碰撞检查图元类别并进行碰撞检查。

（3）查看碰撞检查结果。

执行碰撞检查，完成后弹出如图 16-13 所示的"冲突报告"对话框。

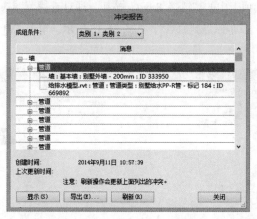

图 16-13　"冲突报告"对话框

单击"成组条件"，在下拉列表中选择显示碰撞的主体。

（4）修改碰撞对象并更新碰撞检查结果。

单击展开碰撞的具体信息，包括碰撞对象的详细信息。选择某个具体信息，单击下方的"显示"按钮，软件会自动切换到模型中发生碰撞的位置，可对碰撞进行冲突修改。完成修改后，单击"刷新"按钮，冲突信息更新。

（5）导出碰撞检查报告。

单击"导出"按钮，弹出"将冲突报告导出为文件"对话框，修改文件名，选择保存类型，指定保存路径，单击"保存"按钮完成冲突报告的导出，如图 16-14 所示。

图 16-14 "将冲突报告导出为文件"对话框

冲突报告以 HTML 文档的形式保存到计算机中，使用者可双击打开该文档。

➘ 实操实练-33 建筑专业轴网和标高的调用

（1）新建结构项目，在项目浏览器下，展开立面视图目录，切换到东立面视图。

（2）单击"插入"选项卡中的"链接 Revit"按钮，通过查找范围找到建筑 rvt 文件并单击选中，在"定位"栏选择"自动-原点到原点"，如图 16-15 所示。单击"打开"按钮，完成建筑模型的链接。

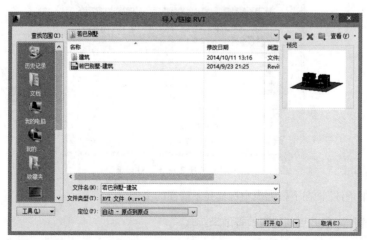

图 16-15 "导入/链接 RVT"对话框

（3）删除项目中自带的标高 2，如图 16-16 所示。

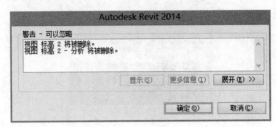

图 16-16　删除标高

（4）单击"协作"选项卡中的"复制/监视"按钮，在下拉菜单中选择"链接"按钮，将光标移动到绘图区域中，高亮显示链接边框时单击选中。

（5）在上下文选项卡的"工具"面板中单击"复制"按钮，勾选选项栏中的"多个"复选框，如图 16-17 所示。

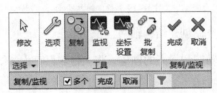

图 16-17　复制监视工具面板

（6）框选标高 1 以外的标高所在的图元，单击选项栏中的过滤器 按钮，在"过滤器"对话框中保留标高类别。单击"确定"按钮，如图 16-18 所示。

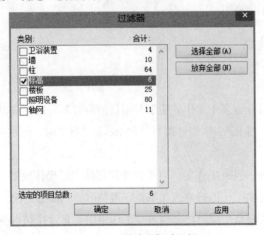

图 16-18　"过滤器"对话框

（7）单击选项栏中的"完成"按钮，并单击上下文选项卡中的 按钮。

（8）对复制完成的标高加以调整，包括样式或属性参数等。

（9）在"视图"选项卡的"平面视图"下拉列表中选择结构平面，选择出现的所有标高，单击"确定"按钮，为其他标高创建结构平面，如图 16-19 所示。

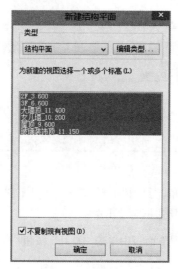

图 16-19 新建结构平面

（10）按照上述步骤继续复制创建结构轴网。

（11）完成项目结构专业轴网和标高的创建，将文件名保存为"结构-轴线"。

16.3 工作集

使用工作集功能可为团队项目启用工作共享，并将图元组织到集合中，便于对工作集中的图元进行管理，从而进行工作协同。

16.3.1 工作集的特点

工作集的特点如下：

- 便于编辑：将项目分为多个工作集便于对项目的所有部分进行编辑。
- 可见性控制性强：将 Revit 模型链接到其他 Revit 项目中时，可在可见性设置中对工作集进行控制。
- 避免图元随意更改：通过工作集，可控制操作者的实际操作权限，只有拥有实际操作权的操作者才有权限对该图元进行修改和调整，避免图元的随意更改。
- 项目大小控制：可将整个项目划分到若干工作集中，有效控制当前编辑操作模型大小。
- 任务分配协调：通过工作集划分各设计者的图元控制权，实现设计者以工作组形式协同工作。
- 工作集和样板文件关系：工作集不能包含在样板文件中。

16.3.2 工作集中心文件的创建与管理

工作集中心模型用于存储项目中所有工作集和图元的所有权信息。

【执行方式】

功能区："协作"选项卡→"管理协作"面板→"工作集"

【操作步骤】

（1）打开要用作中心模型的项目文件。

（2）按上述方式执行，软件打开"工作共享"对话框，如图 16-20 所示，包含默认的用户创建的工作集"共享标高和轴网"和"工作集 1"，单击"确定"按钮。

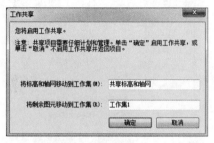

图 16-20　"工作共享"对话框

（3）设置"工作集"对话框，如图 16-21 所示。

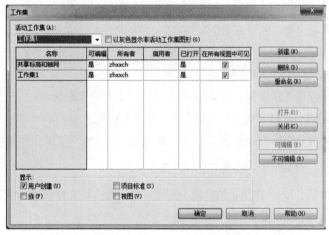

图 16-21　"工作集"对话框

其中部分参数含义如下：

- 共享标高和轴网：包含所有现有标高、轴网和参照平面。
- 工作集 1：包含项目中所有现有的模型图元。创建工作集时，可重新将"工作集 1"中的图元重新指定给相应的工作集。
- 项目标准：包含为项目定义的所有项目范围内的设置。不能重命名或删除项目标准工作集。
- 族：项目中载入的每个族都被指定给各个工作集。不可重命名或删除族工作集。
- 视图：包含所有项目视图工作集。不能将视图专有图元从某个视图工作集重新指定给其他工作集。不能重命名或删除视图工作集。

（4）单击 ![revit icon]→"另存为"→![icon]（项目）。

（5）在"另存为"对话框中，指定中心模型的文件名和目录位置。

（6）在"另存为"对话框中，单击"选项"按钮，弹出"文件保存选项"对话框，如图 16-22 所示，勾选"保存后将此作为中心模型"复选框。当启用工作共享后首次进行保存时，该选项默认勾选。

图 16-22　"文件保存选项"对话框

（7）为本地副本选择默认工具集，包括如下选项。

- 全部：打开中心模型中的所有工作集。在较大的项目中，打开所有工作集会显著降低性能。

- 可编辑：打开所有可编辑的工作集。根据中心模型中可编辑的工作集的数目，该选项可能会显著降低较大项目中的性能。

- 上次查看的：根据工作集在上次 Revit 任务中的状态打开工作集。仅打开上次任务中打开的工作集。如果是首次打开该文件，则将打开所有工作集。

- 指定：打开指定的工作集。单击"打开"按钮时，将显示"打开的工作集"对话框。

（8）在"另存为"对话框中，单击"保存"按钮。

中心模型创建好后，Revit 在指定的目录中创建文件，并为该文件创建一个备份文件夹。备份文件夹包含中心模型的备份信息和编辑权限信息。

16.3.3　工作集的修改

工作集创建好后，可对工作集进行重命名或删除操作。只有工作集的所有者才能对其进行重命名，无法删除工作集 1、项目标准、族或视图工作。

✎【执行方式】

功能区："协作"选项卡→"管理协作"面板→"工作集"

🖱【操作步骤】

（1）打开包含工作集的项目文件。

（2）按上述方式执行，打开"工作集"对话框。

（3）在"工作集"对话框中，选择工作集的名称，然后单击"重命名"按钮。

（4）在"重命名"对话框中，输入新名称，并单击"确定"按钮，完成工作集的重命名。

（5）在"工作集"对话框中，选择要删除的工作集的名称，然后单击"删除"按钮。

（6）在"删除工作集"对话框中，选择删除工作集中的图元或将其移动到其他工作集。

（7）单击"确定"按钮两次，完成工作集的删除。

16.3.4 工作集本地副本的创建

中心模型的本地副本用于在本地进行编辑，然后与中心模型进行同步，将所做的更改发布到中心模型中，实现不同操作者之间的成果共享。

📏【执行方式】

功能区："协作"选项卡→"管理协作"面板→"工作集"

🖱️【操作步骤】

（1）打开中心模型的本地副本。

（2）单击"协作"选项卡→"管理协作"面板→🗂️（工作集）。

（3）创建工作集。

在"工作集"对话框中，单击"新建"按钮，打开"新建工作集"对话框，如图 16-23 所示，输入新工作集的名称。勾选"在所有视图中可见"复选框，可在所有项目视图中显示该工作集。如果希望工作集仅在特定视图中显示，则不勾选该选项。单击"确定"按钮。

图 16-23 "新建工作集"对话框

（4）指定工作集所有者。

新工作集将显示在工作集列表中，并处于可编辑状态，"所有者"显示为当前用户。

如果需要为团队设置一个工作共享的模型，并且想要为每个工作集指定所有者，则每位团队成员必须打开中心模型的本地副本，在"工作集"对话框中选择工作集，"可编辑"列选择"是"。

（5）创建工作集完成后，单击"确定"按钮关闭"工作集"对话框。

（6）保存本地副本文件，完成操作。

16.3.5 工作集的协同操作

中心模型文件和本地副本创建完成后，可通过以下方式完成工作集的协同操作。

1）保存本地副本文件

保存本地副本文件可将对副本文件的修改保存到本地模型中，保存后所有者拥有对已修改的图元的操作权限。

🖱️ **【操作步骤】**

（1）项目团队成员打开包含工作集的本地副本文件。

（2）对本地副本文件进行相关操作。

（3）保存本地文件，弹出图16-24所示的对话框，选择权限处理选项，完成本地副本的保存。

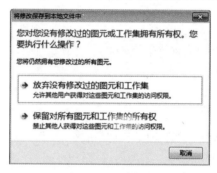

图 16-24　保存提示

- 放弃没有修改过的图元和工作集：将放弃未修改的可编辑图元和工作集，并保存本地模型。本地副本操作者仍然是可编辑工作集中任何已修改的图元的借用者，其他人只能获得对没有修改过的图元和工作集的访问权限。

- 保留对所有图元和工作集的所有权：保留所有编辑权限。

2）更新工作集

通过更新工作集，可从中心模型载入并更新本地文件。

📏 **【执行方式】**

功能区："协作"选项卡→"同步"面板→"重新载入最新工作集"

快捷键：RL

🖱️ **【操作步骤】**

（1）打开包含工作集的本地副本文件。

（2）按上述方式执行。

3）与中心文件同步

【执行方式】

功能区："协作"选项卡→"同步"面板→"与中心文件同步"下拉菜单

【操作步骤】

（1）按上述方式执行，选择同步并修改设置，如图 16-25 所示。

图 16-25 "同步"面板

（2）弹出"与中心文件同步"对话框，如图 16-26 所示。

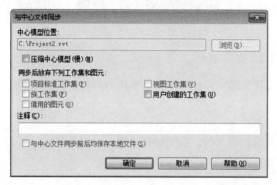

图 16-26 与中心文件同步设置

（3）设置相关选项，并完成与中心文件的同步。

各选项说明如下：

● 中心模型位置：可单击"浏览"按钮来指定不同的中心模型路径。

● 压缩中心模型：可压缩文件大小但会增加保存所需的时间。

● 同步后放弃下列工作集和图元：可勾选同步后放弃的工作集和图元对象类别。

● 注释：可输入将保存到中心模型的注释。

● 与中心文件同步前后均保存本地文件：设置后当与中心文件同步前后均会自动保存本地文件。

4）借用其他工作集图元

通过借用其他工作集图元可申请其他成员对图元的临时授权，以修改其他成员所有的图元。

【操作步骤】

（1）在绘图区域选择不可编辑的图元时，图元将显示"使图元可编辑"图标，如图 16-27 所示。

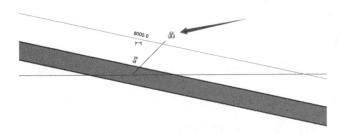

图 16-27　使图元可编辑

（2）单击绘图区域中的 ![icon]（使图元可编辑），提交借用该图元的请求并在"错误"对话框中，单击"放置请求"按钮，显示"已发出编辑请求"对话框。

（3）图元所有者将收到请求的自动通知。

（4）当请求被批准或拒绝时，将收到一条通知消息。要检查请求的状态，可在状态栏中单击 ![icon]（编辑请求）或单击"协作"选项卡 ➤ "同步"面板 ➤ ![icon]（编辑请求），以便打开"编辑请求"对话框。

5）授权其他人员借用工作集图元

通过授权他人借用工作集图元可授权团队其他成员对自己所有图元的临时授权。

🖱 【操作步骤】

（1）当团队成员提出编辑请求时，收到处理请求。

（2）单击"显示"按钮，高亮显示图元。

（3）单击"通知"对话框中的"授权"或"拒绝"。

6）查看历史记录信息

通过该功能可查看工作共享项目的所有保存操作的时间和保存人的列表，查看在"与中心文件同步"对话框中输入的任何注释。

📏 【执行方式】

功能区："协作"选项卡→"同步"面板→"显示历史记录"

🖱 【操作步骤】

（1）按上述方式执行，弹出"显示历史记录"对话框。

（2）在"显示历史记录"对话框中，定位到共享文件并选择，单击"打开"按钮。

（3）在"历史记录"对话框中，单击列标题以便按字母或时间顺序进行排序。

（4）如果需要，可单击"导出"按钮将历史记录表作为分隔符文本导出。

（5）操作完成后，单击"关闭"按钮。

7）放弃备份

通过放弃备份可放弃对工作集所做的修改。

【执行方式】

功能区："协作"选项卡→"同步"面板→"放弃备份"

【操作步骤】

（1）按上述方式执行。

（2）在"浏览"文件夹中选择备份文件，单击"打开"按钮，完成恢复备份工作。

第17章

概念体量

知识引导

本章主要讲解在 Revit 软件中创建概念体量的实际应用操作，包括新建体量、内置体量、放置体量以及基于体量的幕墙系统、屋顶、墙体、楼板等。

在 Revit 软件中，通过概念体量可实现类似 Sketchup 的功能，直接操纵设计中的点、边和面，创建形状以研究建筑概念。同时能以概念体量为基础，通过应用墙、屋顶、楼板和幕墙系统来创建详细的建筑结构，并通过创建楼层面积的明细表，进行初步的空间分析。

17.1 概念体量的基础

概念体量的形状由点、线、面组成，可通过三维形状操纵控件进行任意操纵。

17.1.1 概念体量项目文件的创建

通过该功能可创建概念体量项目文件，并打开概念体量操作界面。概念体量为一种特殊的族文件，文件扩展名为".rfa"。

【执行方式】

功能区："应用菜单栏 "→"新建"→"概念体量"

【操作步骤】

（1）按上述方式执行，打开"新建概念体量"对话框。

（2）在"新建概念体量"对话框中，选择"公制体量.rft"，单击"打开"按钮。

17.1.2 概念体量的形式

概念体量包括实心和空心两种形式，空心形式几何图形的作用为剪切实心几何图形。空心形式和实心形式可通过实例属性相互转换。

【操作步骤】

（1）选择绘制好的草图线。

（2）选择"修改|线"选项卡→"形状"面板→"创建形状"下拉菜单→实心形状或空心形状命令。

17.1.3　概念体量草图创建工具

概念体量草图包括模型线和参照线两种形式，两种草图工具创建图形样式及修改行为不同。

基于模型线的图形显示为实线，可直接编辑边、表面和顶点，且无须依赖参照形状或参照类型。

基于参照线的图形显示线为参照平面，只能通过编辑参照图元来进行编辑，依赖于其他参照，其依赖的参照发生变化时，基于参照的形状也随之变化。

【执行方式】

功能区："创建"选项卡→"绘制面板"

图 17-1 所示为概念体量草图绘制工具面板。

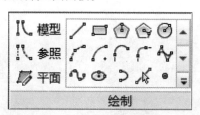

图 17-1　概念体量草图绘制工具面板

17.2　几种概念体量的形式的创建

下面介绍几种概念体量的形式的创建方法，包括拉伸、旋转、放样、放样融合等。

17.2.1　拉伸形状

【操作步骤】

（1）设置工作平面。

执行"修改"菜单→"工作平面"面板→"设置"命令，并拾取相关面作为工作平面。

（2）绘制草图，草图为线或者闭合环，如图 17-2 所示。

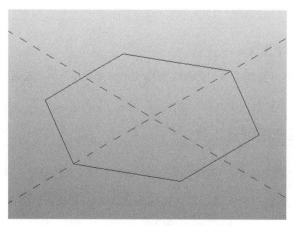

图 17-2　拉伸形状草图

当勾选 □根据闭合的环生成表面 复选框时，绘制的草图会自动形成面。

（3）创建形状。

选择草图，执行"修改|线"选项卡→"形状"面板→创建形状命令。

（4）设置拉伸高度，完成拉伸形状的绘制，如图 17-3 所示。

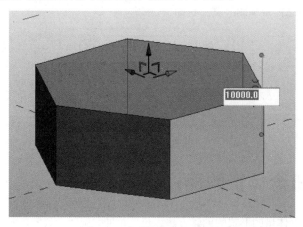

图 17-3　完成拉伸形状的绘制

17.2.2　旋转形状

🖱【操作步骤】

（1）设置工作平面。

执行"修改"菜单→"工作平面"面板→"设置"命令，拾取相关面作为工作平面。

（2）绘制旋转截面，如图 17-4 所示。

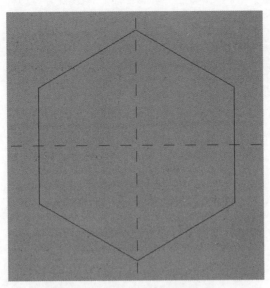

图 17-4 绘制旋转截面

（3）绘制旋转轴，如图 17-5 所示。

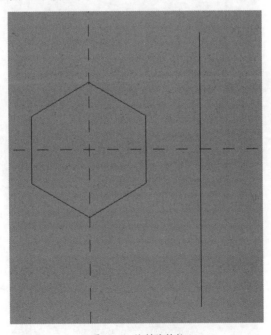

图 17-5 绘制旋转轴

（4）创建形状。

选择旋转截面和旋转轴，执行"修改|线"选项卡→"形状"面板→（创建形状）命令，单击"创建形状-实心形式"，系统将创建角度为 360° 的旋转形状，如图 17-6 所示。

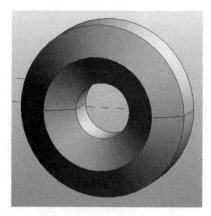

图 17-6　旋转形状

（5）设置旋转属性。

选择旋转形式，在"属性"对话框中调整旋转角度，如图 17-7 所示。

图 17-7　旋转形状实例参数

将角度调整为 180°～360°时，如图 17-8 所示。

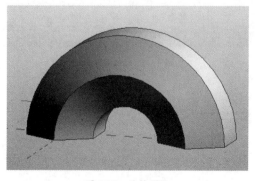

图 17-8　旋转形状

17.2.3 融合形状

🖱️【操作步骤】

（1）绘制截面。

分别设置截面 1 和截面 2 的工作平面，并绘制相应截面，如图 17-9 所示。

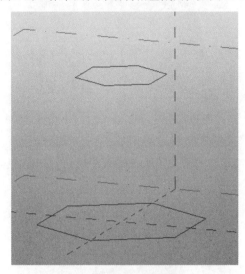

图 17-9 融合形状草图

（2）创建融合形状。

选择草图，执行"修改|线"选项卡→"形状"面板→创建形状命令，完成融合形状的创建，如图 17-10 所示。

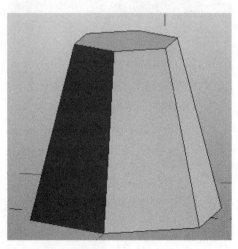

图 17-10 融合形状

（3）选择相关面，调整角度，如图 17-11 所示。

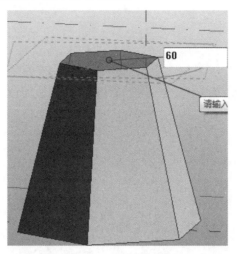

图 17-11　调整截面角度

绘制完成，如图 17-12 所示。

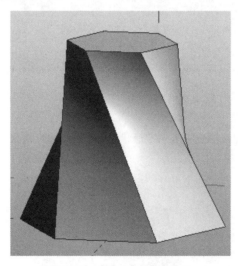

图 17-12　完成融合形状的绘制

17.2.4　放样形状

【操作步骤】

（1）设置放样路径工作平面。

执行"修改"菜单→"工作平面"面板→"设置"命令，拾取相关面作为工作平面。

（2）绘制放样路径，如图 17-13 所示。

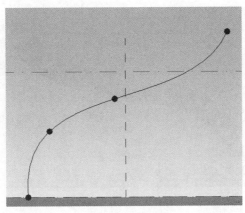

图 17-13 放样路径

（3）设置放样截面工作平面，如图 17-14 所示。

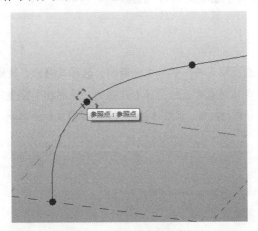

图 17-14 设置放样截面工作平面

（4）绘制截面，如图 17-15 所示。

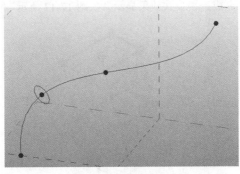

图 17-15 绘制截面

（5）创建放样形状。

选择绘制的草图，执行"修改|线"选项卡→"形状"面板→创建形状命令，完成放样形状的创建，如图 17-16 所示。

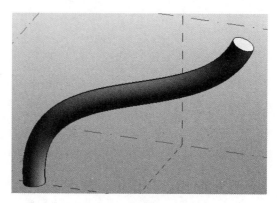

图 17-16 完成放样形状的创建

17.3 概念体量的修改和调整

17.3.1 透视模式

在概念设计环境中，透视模式将形状显示为透明，显示其路径、轮廓和系统生成的引导。透视模式显示所选形状的基本几何骨架，包括显示其路径、轮廓和系统生成的引导，通过透视模式可选择形状图元的特定部分进行操纵，调整体量形式。透视模式显示形状的可编辑图元包括轮廓、路径、轴线、各控制节点。

【执行方式】

功能区："修改|形式"选项卡→"形状图元"面板→"透视"

【操作步骤】

（1）选择已经创建的形式。

（2）按上述方式执行，完成透视模式效果显示，如图 17-17 所示。

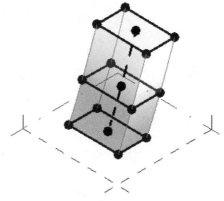

图 17-17 透视模式效果

（3）再次执行上述命令可退出透视模式。

17.3.2　为体量形式添加边

边是概念体量的基本组成元素，在概念设计环境中，可通过为体量形式添加边，形成控制形式形状的关键节点。

【执行方式】

功能区："修改|形式"选项卡→"形状图元"面板→"添加边"

【操作步骤】

（1）选择已经创建的形式。

（2）按上述方式执行。

（3）将光标移动到形状相关面上，软件显示添加的边的预览图像，单击完成边的添加。

（4）选择添加的边或相关节点，可通过拖曳方式改变当前形状。

17.3.3　为体量形式添加轮廓

轮廓是概念体量图形形状基本组成形状，在概念设计环境中，可通过为体量形式添加轮廓，形成控制形式形状的关键节点。生成的轮廓平行于形状的初始轮廓，垂直于拉伸的轨迹中心线。

【执行方式】

功能区："修改|形式"选项卡→"形状图元"面板→"添加轮廓"

【操作步骤】

（1）选择已经创建的形式。

（2）将形状图元切换到透视模式。

（3）按上述方式执行。

（4）将光标移动到形状相关表面上，可预览轮廓的位置，单击完成轮廓的放置。

（5）通过修改轮廓形状改变三维体量形式形状。

（6）退出透视模式。

17.3.4　融合形状

在概念设计中，通过融合形状可删除当前体量形状，只保留相关曲线，以便通过修改后的曲线重建体量形状。

【执行方式】

功能区："修改|形式"选项卡→"形状图元"面板→"融合"

【操作步骤】

（1）选择已经创建的形式。

（2）按上述方式执行。

17.3.5　使用实心形状剪切形状几何图形

通过实心剪切几何图形，对相交形状进行布尔运算，可剪去另一形状与现有形状的公共部分。

【执行方式】

功能区："修改"选项卡→"几何图形"面板→"剪切"

【操作步骤】

（1）按上述方式执行，如图 17-18 所示。

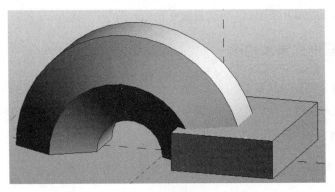

图 17-18　剪切前

（2）选择要被剪切的实心形状，如图 17-19 所示。

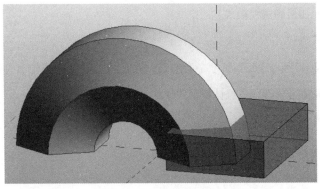

图 17-19　拾取被剪切对象

（3）选择用来进行剪切的实心形状，如图 17-20 所示。

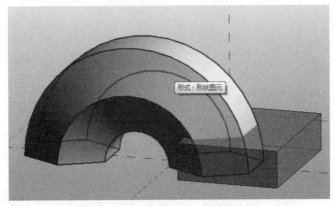

图 17-20 拾取剪切对象

（4）完成体量形式的剪切，如图 17-21 所示。

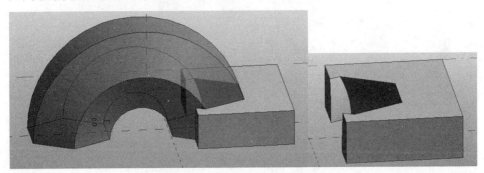

图 17-21 完成体量形式的剪切

17.4 概念体量表面有理化

通过概念体量表面有理化，可在体量形状表面按照一定规则创建分割，并可对分割后的表面进行表面填充等操作，以满足表达概念设计的效果，如图 17-22 所示。

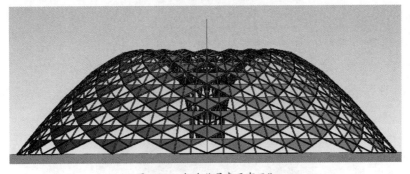

图 17-22 概念体量表面有理化

【执行方式】

功能区："修改"选项卡→"分割"面板→"分割表面"

【操作步骤】

（1）选择要分割的表面。

（2）按上述方式执行。

（3）实例属性对话框中设置 UV 方向网格布局参数，如图 17-23 所示。

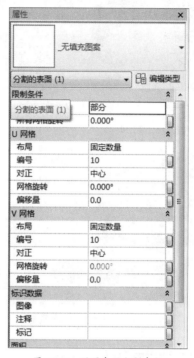

图 17-23 设置表面分割参数

（4）完成体量形状表面分割，默认情况下表面分割用"无填充图案"，如图 17-24 所示。

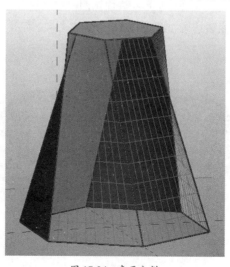

图 17-24 表面分割

（5）表面填充图案的替换。

选择分割表面，在实例属性类型选择器中选择填充图案类型，如图 17-25 所示。

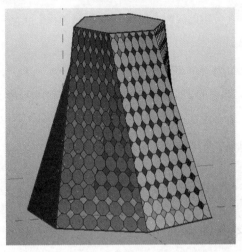

图 17-25　表面填充图案

选择表面填充图案，在"修改|分割表面"选项卡中可对表面特定图元进行控制，如控制其可见性，如图 17-26 所示。

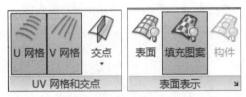

图 17-26　"分割表面"选项卡

单击"表面表示"后的箭头，弹出"表面表示"对话框，可对表面、填充图案、构件的表示方法进行设置，如图 17-27 所示。

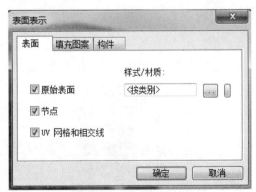

图 17-27　"表面"选项卡

① "表面"选项卡

● 原始表面：显示已被分割的原始表面。单击 （浏览）以更改表面材质。

- 节点：显示 UV 网格交点处的节点。默认情况下，不启用节点。

注意，当选择对话框中的复选框时，表面会立即更新。

- UV 网格和相交线：在分割的表面上显示 UV 网格和相交线。

② "填充图案" 选项卡

- 填充图案线：显示填充图案形状的轮廓。
- 图案填充：显示填充图案的表面填充。单击 ⬚ （浏览），以修改表面材质。

③ "构件" 选项卡

填充图案构件：显示表面应用的填充图案构件。

17.5　概念体量的调用和建筑构件转化

17.5.1　项目中概念体量的调用

概念体量创建完成后，可载入项目中，并基于概念体量创建建筑构件。

📏【执行方式】

功能区："体量和场地"选项卡→"概念体量"面板→"放置体量"

🖱️【操作步骤】

（1）新建 Revit 项目文件。

（2）载入概念体量族.rfa 文件。

（3）将视图切换至相关楼层平面。

（4）按上述方式执行。

（5）选择载入概念体量族文件。

（6）设置放置面。

在"修改|放置 放置体量"选项卡中选择放置面或工作平面，如图 17-28 所示。

图 17-28　"体量放置"上下文选项卡

（7）在绘图区域相应位置单击，完成体量的放置。

17.5.2　体量楼层的创建

概念体量放置后，通过该功能可对体量进行楼层划分。

⟋ 【执行方式】

功能区："修改|体量"选项卡→"模型"面板→"体量楼层"

🖱 【操作步骤】

（1）创建相关项目标高。

（2）选择项目中已放置的体量，如图 17-29 所示。

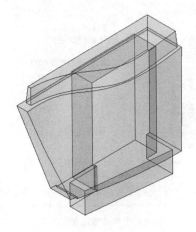

图 17-29　体量

（3）按上述方式执行，弹出"体量楼层"对话框。

（4）在"体量楼层"对话框中选择需要进行楼层划分的标高后单击"确定"按钮，完成体量楼层的划分，如图 17-30 所示。

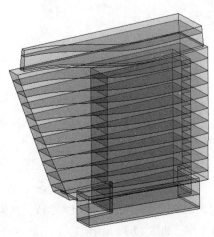

图 17-30　体量楼层

17.5.3 体量楼层的相关统计

通过该功能可对体量楼层进行相关统计，在概念阶段为设计提供相关统计数据。

【执行方式】

功能区："视图"选项卡→"创建"面板→"明细表"下拉菜单→"明细表/数量"

【操作步骤】

（1）按上述方式执行，弹出"新建明细表"对话框，如图 17-31 所示。

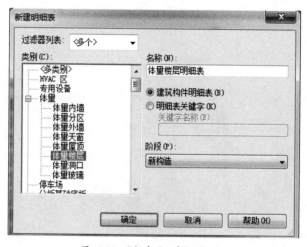

图 17-31 "新建明细表"对话框

（2）在"类别"栏选择体量楼层，切换到"明细表属性"对话框，如图 17-32 所示。

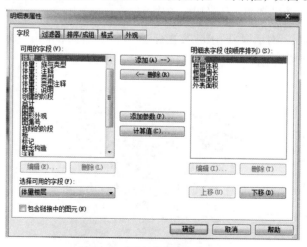

图 17-32 "明细表属性"对话框

（3）在"明细表属性"对话框中选择需要统计的相关字段，其他设置详见明细表章节介绍。单击"确定"按钮后完成统计工作，如图 17-33 所示。

		〈体量楼层明细表〉		
A	**B**	**C**	**D**	**E**
标高	楼层体积	楼层周长	楼层面积	外表面积
F1	1153.69 m³	95536	384.56 m²	286.61 m²
F2	1153.68 m³	95536	384.56 m²	286.61 m²
F3	1443.40 m³	95536	384.56 m²	450.87 m²
F4	1602.95 m³	109994	528.11 m²	334.64 m²
F5	1638.94 m³	112037	540.43 m²	340.67 m²
F6	1672.75 m³	114068	552.08 m²	346.65 m²
F7	1704.65 m³	116103	563.02 m²	352.73 m²
F8	1734.19 m³	118165	573.25 m²	358.94 m²
F9	1761.63 m³	120275	582.75 m²	365.25 m²
F10	1787.35 m³	122453	591.60 m²	371.86 m²
F11	1622.12 m³	124714	599.91 m²	519.42 m²
F12	1345.57 m³	107791	444.72 m²	328.16 m²
F13	1334.50 m³	110242	452.28 m²	425.42 m²
F14	1056.34 m³	102140	362.77 m²	304.68 m²
F15	522.74 m³	100485	341.52 m²	486.65 m²

图 17-33　体量楼层明细表

17.5.4　基于体量的楼板

体量楼层创建完成后，通过该功能可为体量楼层添加楼板。

【执行方式】

功能区："体量和场地"选项卡→"面模型"面板→"楼板"

【操作步骤】

（1）按上述方式执行。

（2）在实例属性类型选择器中选择需要添加的楼板类型。

（3）在"修改|放置面楼板"选项卡中选择"选择多个"选项，如图 17-34 所示。

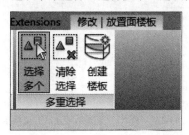

图 17-34　"修改|放置面楼板"选项卡

（4）选择需要添加楼板的体量楼层。

（5）在"修改|放置面楼板"选项卡中执行"创建楼板"命令，完成楼板的生成，如图 17-35 所示。

图 17-35 完成楼板的生成

17.5.5 基于体量的幕墙系统

通过该功能可将体量形状表面转化为幕墙系统。

✎ 【执行方式】

功能区："体量和场地"选项卡→"面模型"面板→"幕墙系统"

🖱 【操作步骤】

（1）按上述方式执行。

（2）在幕墙系统实例属性类型选择器中选择相应类型，并设置好相关参数。

（3）在"修改|放置面幕墙系统"选项卡中，选择"选择多个"选项，如图 17-36 所示。

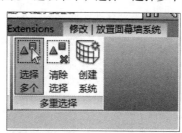

图 17-36 "修改|放置面幕墙系统"选项卡

（4）拾取体量相关表面。

（5）在"修改|放置面幕墙系统"选项卡中，执行"创建系统"命令完成幕墙系统的创建，如图 17-37 所示。

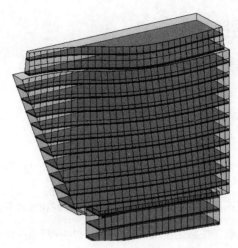

图 17-37　幕墙系统

17.5.6　基于体量的屋顶

通过该功能可将体量形状表面转化为建筑屋顶。

【执行方式】

功能区："体量和场地"选项卡→"面模型"面板→"屋顶"

【操作步骤】

（1）按上述方式执行。

（2）在屋顶实例属性类型选择器中选择相应类型，并设置好相关参数。

（3）在"修改|放置面屋顶"选项卡中，选择"选择多个"选项，如图 17-38 所示。

（4）拾取体量相关表面。

（5）在"修改|放置面屋顶"选项卡中，执行"创建屋顶"命令完成面屋顶的创建。

图 17-38　"修改|放置面屋顶"选项卡

📖 提示

若不选择"选择多个"选项，则直接拾取体量相关表面即可自动生成面屋顶。

17.5.7 基于体量的墙体

通过该功能可将体量形状表面转化为建筑面墙。

【执行方式】

功能区："体量和场地"选项卡→"面模型"面板→"墙"

【操作步骤】

（1）按上述方式执行。

（2）在墙实例属性类型选择器中选择相应类型，并设置好相关参数。

（3）设置选项栏相关参数，注意定位线设置，如图 17-39 所示。

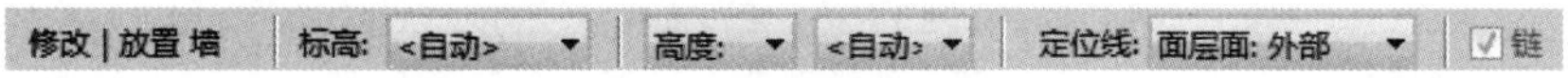

| 修改 \| 放置 墙 | 标高: <自动> ▼ | 高度: ▼ <自动> ▼ | 定位线: 面层面: 外部 ▼ | ☑链 |

图 17-39　放置面墙选项栏

（4）拾取体量相关表面自动生成面墙，如图 17-40 所示。

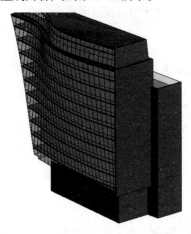

图 17-40　面墙

第18章

自定义族

知识引导

　　本章主要讲解在 Revit 软件中创建自定义族的实际应用操作，包括注释类族、基于对象族、基于线的族、轮廓族等几种主要类型，由于 Revit 族类型较多，本书不能列举所有族类型创建。

18.1 族概述

　　族是 Revit 中非常重要的概念，借助参数化族，可像 AutoCAD 软件中的块一样，在工程设计中重复调用，以提高三维设计效率。

　　族是一个包含通用参数和相关图形表示的图元组。属于一个族的不同图元的部分或全部参数可能有不同的值，但是参数的集合是相同的。族中的这种变体称作族类型或类型。

18.2 族类别

　　根据族的定义方式不同可分为系统、标准族和内建族。

　　系统族是在 Revit 软件预定义的，不能将其从外部文件中载入项目中，也不能将其保存到项目之外的位置，如墙、屋顶、楼板等。标准族是 Revit 中最常创建和修改的族，文件格式为 rfa，可载入项目中，如窗、门、家具、卫浴装置等。内建族是根据当前项目的实际要求来创建的独特图元。

18.3 族参数

【预习重点】

◎ 类型参数和实例参数的特点及实例。

18.3.1 族参数分类

　　通过族参数可对族实例或类型中的信息进行控制。族参数可分为类型参数和实例参数两类。

18.3.2 类型参数的特点

同一族类型创建的实例，其类型参数值相同，修改族类型参数值后，该族类型的所有实例均同步更新。类型参数值在"类型属性"对话框中设置。

18.3.3 实例参数的特点及实例

实例参数应用于族类型所创建的某一特定族实例。修改实例参数的值只更新当前实例。实例参数值在"属性"选项板中设置。

18.4 族的创建

本节主要介绍族的创建过程，包括族创建的操作界面、族三维模型的创建、族参数的添加、族二维表达的处理等内容。

18.4.1 操作界面

族创建的操作界面与项目创建的操作界面相似，如图 18-1 所示。

1）"创建"选项卡

图 18-1　族创建界面

2）"属性"面板

- 族类别和族参数：用于执行当前正在创建的族的族类别和相关族参数，如图 18-2 所示。

图 18-2　族类别和族参数设置

- 族类型：通过该功能可为族文件添加族类型并在类型下添加类型参数，以控制族类型的形状、材质等特性，如图 18-3 所示。

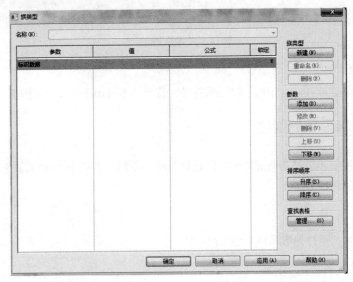

图 18-3 "族类型"对话框

3）"形状"面板

用于创建族的几何形状，包括实心和空心两种形式，创建方法包括拉伸、融合、旋转、放样、放样融合，上述几种方法将在后续章节中详细介绍。

4）"控件"面板

- 控件：添加翻转箭头，用于在项目中控制构件的方向，如图 18-4 所示。

图 18-4 "控件"面板

5）"连接件"面板

- 电气连接件：用于在构件中添加电气连接件。
- 风管连接件：用于在构件中添加风管连接件。
- 管道连接件：用于在构件中添加管道连接件。
- 桥架连接件：用于在构件中添加桥架连接件。
- 线管连接件：用于在构件中添加线管连接件。

6）"注释"选项卡

图 18-5 所示为"注释"选项卡。

图 18-5 "注释"选项卡

7）详图面板

● 符号线：创建族在项目中的二维表示符号，符号线不可用于创建几何图形。

18.4.2 族三维形状的创建

族三维模型的创建思路与概念体量的创建思路基本相同，本节主要介绍拉伸、融合、旋转、放样等几种形式的创建方法。

1）拉伸

通过该功能可创建拉伸形式族三维几何形状。

📏【执行方式】

功能区："创建"选项卡→"形状"面板→"拉伸"

🖱【操作步骤】

（1）将视图切换至相关平面，如参照标高。

（2）按上述方式执行。

（3）绘制拉伸截面草图。

（4）设置选项栏参数。

（5）单击完成，完成拉伸体创建。

2）融合

通过该功能可创建融合形式族三维几何形状。

📏【执行方式】

功能区："创建"选项卡→"形状"面板→"融合"

🖱【操作步骤】

（1）将视图切换至相关平面，如参照标高。

（2）按上述方式执行。

（3）绘制几何形状底部截面草图。

（4）在上下文选项卡中单击"编辑顶部"，切换至顶部截面。

（5）绘制融合顶部截面。

（6）设置选项栏参数。

（7）单击完成，完成融合体创建。

3）旋转

通过该功能可创建旋转形式族三维模型。

✎ 【执行方式】

功能区："创建"选项卡→"形状"面板→"旋转"

🖱 【操作步骤】

（1）将视图切换至相关平面，如参照标高。

（2）按上述方式执行。

（3）使用边界线绘制旋转体截面。

（4）在上下文选项卡中单击"轴"，绘制旋转轴线。

（5）在属性栏中设置旋转起始点角度和终点角度。

（6）单击完成，完成旋转体的创建。

4）放样

通过该功能可创建放样形式族三维几何形状。

✎ 【执行方式】

功能区："创建"选项卡→"形状"面板→"放样"

🖱 【操作步骤】

（1）将视图切换至相关平面，如参照标高。

（2）按上述方式执行。

（3）在上下文选项卡中单击"绘制路径"或"拾取路径"，进入路径创建工作界面。

（4）使用上下文选项卡中的绘制工具绘制放样路径草图，单击完成放样路径的创建。

（5）创建放样轮廓。

在轮廓选择器中选择轮廓族文件，如图 18-6 所示。如果族文件中没有轮廓族可载入轮廓族或单击"编辑轮廓"进入轮廓编辑界面，绘制轮廓草图。

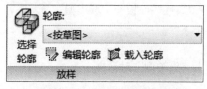

图 18-6　放样轮廓选择器

（6）单击两次"完成"按钮，完成放样几何形状的创建。

5）放样融合

通过该功能可创建放样融合形式族三维几何形状。

📏 【执行方式】

功能区："创建"选项卡→"形状"面板→"放样融合"

🖱 【操作步骤】

（1）将视图切换至相关平面，如参照标高。

（2）按上述方式执行。

（3）在上下文选项卡中单击"绘制路径"或"拾取路径"，进入路径创建工作界面。

（4）使用上下文选项卡中的绘制工具绘制放样路径草图，单击完成放样路径的创建。

（5）分别选择或创建轮廓一和轮廓二形状，选择和创建方法与放样相同。

（6）单击"完成"按钮，完成放样融合体的创建。

18.4.3 族类型和族参数的添加及应用

族参数的添加是族创建过程中的重要步骤，本节简单介绍族参数的添加步骤，更多内容可参考族实操实练内容。

1）族类型的添加

📏 【执行方式】

功能区："修改"选项卡→"属性"面板→"族类型"

🖱 【操作步骤】

（1）按上述方式执行，软件弹出"族类型"对话框。

（2）单击族类型栏中的"新建"按钮，弹出"名称"对话框。

（3）在"名称"对话框中输入族类型名称，单击"确定"按钮，完成族类型的创建。

2）族参数的添加

📏 【执行方式】

功能区："修改"选项卡→"属性"面板→"族类型"

🖱 【操作步骤】

（1）按上述方式执行，弹出"族类型"对话框。

（2）单击族参数栏中的"新建"按钮，弹出"参数属性"对话框，如图18-7所示。

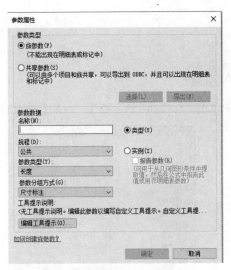

图 18-7　"参数属性"对话框

（3）在"参数类型"栏中选择参数类型，默认为"族参数"，如需使用共享参数，可勾选"共享参数"，并单击"选择"按钮，在对话框中选择相关共享参数文件。

（4）在"参数数据"栏中设置其他参数数据。

- 名称：输入族参数名称。
- 规程：设置族参数所属规程。
- 参数类型：设置族参数类型。
- 参数分组方式：设置族参数分组方式。
- 类型：将族参数设置为类型参数。
- 实例：将族参数设置为实例参数。
- 报告参数：报告参数是一种参数类型，可从几何图形条件中提取值，然后使用它向公式报告数据或用作明细表参数。勾选后可将实例参数设置为报告参数。

3）族参数的应用

（1）尺寸参数的应用。

【操作步骤】

① 选择尺寸标注。

② 在"修改"选项卡中设置尺寸标注的关联参数标签，如图 18-8 所示。如未设置尺寸标注参数，可使新建族参数。

图 18-8　尺寸标注选项栏

（2）材质参数的应用。

🖱【操作步骤】

① 选择已创建的三维几何形状。

② 在实例属性对话框中单击"材质和装饰"栏下"材质"选项后的按钮，如图18-9所示。

图 18-9　形状实例属性对话框

③ 弹出"关联族参数"对话框，在该对话框中选择已设置好的材质参数，单击"确定"按钮。

18.4.4　族二维表达处理

族三维几何形状无法满足二维图纸表达时，需要使用族二维表达以满足图纸要求。

下面介绍族二维表达处理的一般操作步骤。实际操作步骤因族类别的不同而不同。

🖱【操作步骤】

（1）控制三维模型在各视图的表达。

（2）绘制相应符号线。

（3）控制各符号线的显示。

↘ 实操实练-34　单扇平开防火门族的创建

（1）新建族文件，选择"公制门.rft"为族模板。

新建文件后，族文件默认情况下包括墙和基于墙体的门洞。

（2）绘制门套相关参照平面。

以墙面为基准，分别在两侧绘制参照平面作为门套贴脸厚度参照平面。

以门洞为基准，分别在两侧绘制参照平面作为门套贴脸宽度参照平面和门套厚度参照平面，如图 18-10 所示。

（3）设置门套尺寸相关参数，包括：门套厚度、门套贴脸宽度和门套贴脸厚度。

（4）标注相关参照平面，并使用标签命令将门套参数与尺寸关联，如图 18-11 所示。

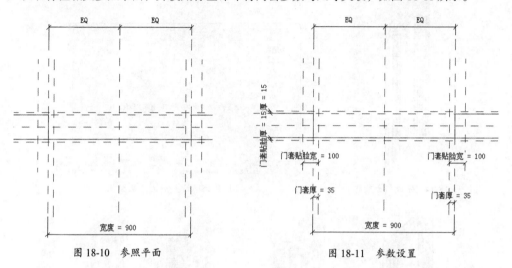

图 18-10 参照平面　　　　　　　　　图 18-11 参数设置

（5）使用放样工具依次创建门套放样路径、门套放样轮廓，并生成放样三维模型。

- 门套放样路径：沿门洞参照平面绘制，如图 18-12 所示，可将路径草图与门洞轮廓锁定。

- 门套放样轮廓：相关草图应参照平面保持锁定状态，如图 18-13 所示。

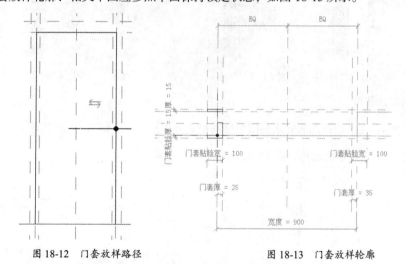

图 18-12 门套放样路径　　　　　　　图 18-13 门套放样轮廓

完成门套放样后，如图 18-14 所示。

（6）选择放样模型，进行可见性设置，如图 18-15 所示，完成门套的绘制。

（7）同理，使用放样绘制门框，并设置相关参数，如图 18-16 所示。

（8）使用拉伸命令绘制门扇，并设置相关参数，如图 18-17 所示。

（9）使用拉伸命令绘制玻璃，并设置相关参数，如图 18-18 所示。

（10）载入门锁族文件，切换到平面视图，放置门锁，锁定门锁与门扇，如图 18-19 所示。

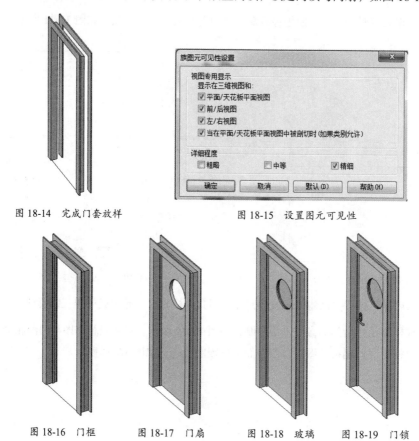

图 18-14　完成门套放样　　　　　　　　　　图 18-15　设置图元可见性

图 18-16　门框　　　图 18-17　门扇　　　图 18-18　玻璃　　　图 18-19　门锁

（11）门表达处理。

使用符号线，在平面视图和立面视图中绘制相关表达符号线，如图 18-20 所示。

图 18-21 所示为门平面表达，图 18-22 所示为门立面表达。

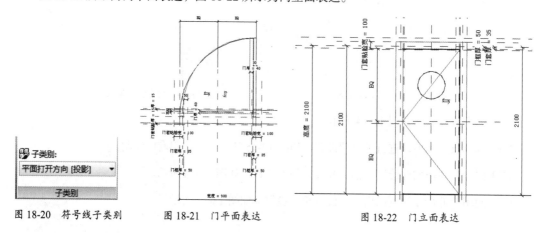

图 18-20　符号线子类别　　　图 18-21　门平面表达　　　图 18-22　门立面表达

（12）将族文件保存为"单扇平开防火门"。

↘ 实操实练-35 散水轮廓族的创建

（1）新建族文件，选择"公制轮廓.rft"为族模板。

（2）绘制相关参照平面，如图 18-23 所示。

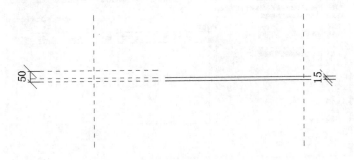

图 18-23 参照平面

（3）设置散水宽参数，对散水宽度进行标注，并使用标签功能使参数与标注关联，如图 18-24 所示。

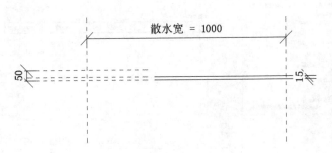

图 18-24 设置散水尺寸参数

（4）绘制散水轮廓，将轮廓线与相关平面锁定，如图 18-25 所示。

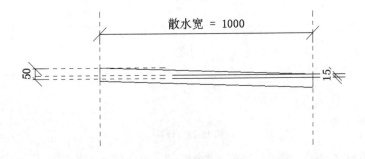

图 18-25 散水轮廓

（5）完成散水轮廓族的绘制，将文件保存为散水。

↘ 实操实练-36 窗标记的创建

（1）新建族文件，选择"窗标记.rft"为族模板。

（2）使用"创建"选项卡→"文字"面板→"标签"命令，在绘图区放置标签，软件弹出"编辑标签"对话框，如图 18-26 所示。

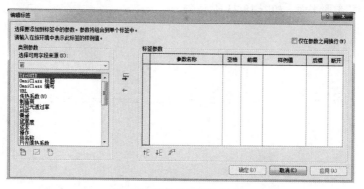

图 18-26 "编辑标签"对话框

（3）在"类别参数"中选择"类型标记"参数，并将其添加到标签参数栏，如图 18-27 所示。

图 18-27 添加标签参数

（4）单击"确定"按钮，并在绘图区域适当位置单击鼠标放置该标签，如图 18-28 所示。

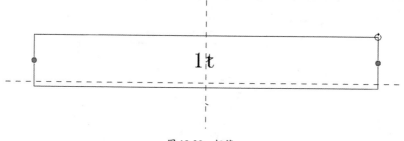

图 18-28 标签

（5）完成窗标记的创建，将文件保存为"窗标记"。

第19章 设计和施工阶段的BIM应用

知识引导

本章主要设计和施工阶段BIM的应用趋势、相关应用点和应用流程。

19.1 设计和施工阶段的BIM应用趋势

在当前的经济环境下，设计和施工企业面临诸多挑战。面对激烈的竞争，企业必须证明其能够提供业主期望的价值才能够赢得新的业务。这就意味着企业必须重新审视原有的工作方式，在交付项目的过程中提高整体效率。从大型总包商到施工管理专家，再到业主、咨询顾问和施工行业从业人员，他们都希望采用各种新方法来提高工作效率，同时最大限度地降低设计和施工流程的成本。他们正在利用基于模型的设计和施工方法以及建筑信息模型来改进原有工作方式。

与此同时，越来越多的业主方也在项目招投标过程中提出BIM技术应用要求，他们不但要求在设计阶段实施BIM技术，更希望BIM技术在整个项目的全生命周期得到应用并发挥作用。

随着BIM的不断普及，对BIM标准化的需求也越来越强。在国外已有多种BIM标准的版本。如图19-1所示，住房和城乡建设部《关于印发2012年工程建设标准规范制订修订计划的通知》，宣告了中国BIM标准制定工作的正式启动，该计划中包含五项与BIM有关的标准。

关于印发2012年工程建设标准规范制订修订计划的通知

国务院有关部门，各省、自治区住房和城乡建设厅，直辖市建委（建交委）及有关部门，计划单列市建委（建设局），新疆生产建设兵团建设局，国家人防办，总后基建营房部，有关行业协会，有关单位：

为适应加快转变经济发展方式的需要，贯彻落实国家节能减排、资源节约与利用、环境保护等要求，保障工程质量安全，促进工程建设领域技术进步，根据《工程建设国家标准管理办法》和《工程建设行业标准管理办法》的规定，结合工程建设、工业发展和城乡建设实际，经与有关部门、单位充分协商，我部组织制定了《2012年工程建设标准规范制订修订计划》，现印发给你们，请抓紧安排落实。

附件：2012年工程建设标准规范制订修订计划

中华人民共和国住房和城乡建设部

二〇一二年一月十七日

图19-1 《关于印发2012年工程建设标准规范制订修订计划的通知》

19.2 设计阶段的 BIM 应用点

BIM 技术独特的设计模式，将在工程项目的不同阶段，体现其不同的价值，如图 19-2 所示。

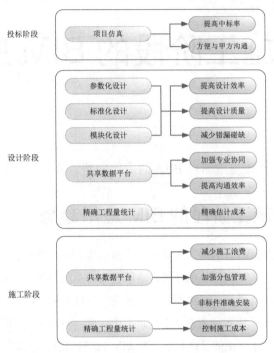

图 19-2　各阶段 BIM 应用点

在设计阶段还包括如下应用要点。

19.2.1 可视化

BIM 技术可通过三维模型，更加直观、清晰地表达设计意图，如图 19-3 所示。

图 19-3　三维可视化

19.2.2　建筑性能分析

在设计前期通过 BIM 技术可对建筑周边环境进行分析，同时，在设计过程的不同阶段，可对设计对象进行分析，这些分析包括地形分析、日照分析、风环境模拟、室内舒适度分析等，如图 19-4 ~ 图 19-7 所示。

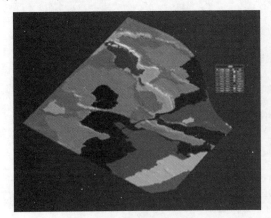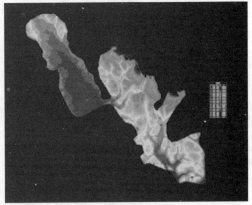

图 19-4　地形分析

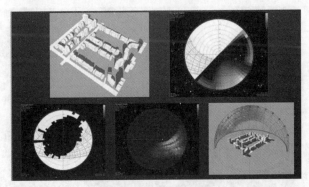

图 19-5　日照分析

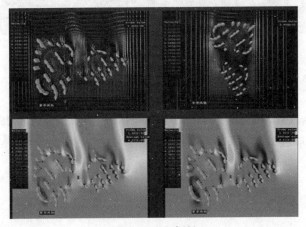

图 19-6　风环境模拟

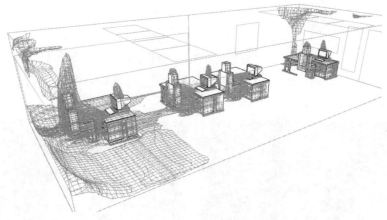

图 19-7 室内舒适度分析

19.2.3 碰撞检查及净高分析

通过直观的三维模型，可优化各专业设计，在设计阶段将错、漏、碰、缺降到最低，如图 19-8 所示。

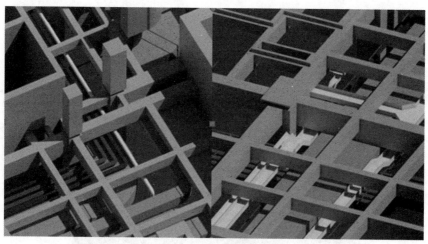

图 19-8 碰撞检查

19.2.4 基于 BIM 的施工图绘制

在 BIM 模型的基础上，可很容易得到所需要的平面图、立面图及任意剖面图，同时，这些视图是相互关联的，可最大限度消除图纸的错改和漏改的发生。图 19-9、图 19-10 分别为平面图、大样图。

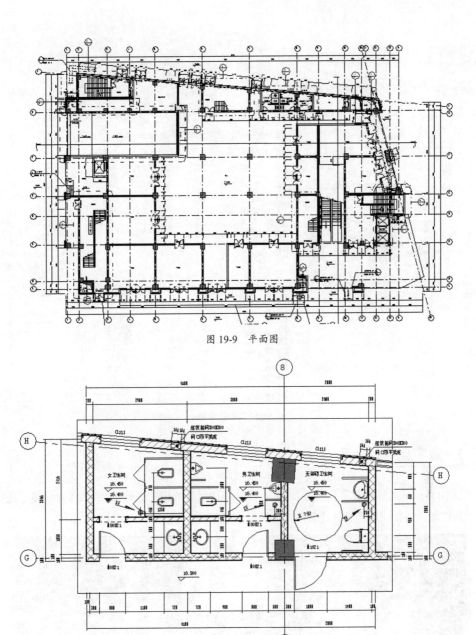

图 19-9　平面图

图 19-10　大样图

19.3　施工阶段的 BIM 应用点

19.3.1　3D 线管深化设计

通过 3D 线管深化设计提高深化设计质量，大大缩短施工协调的时间。

19.3.2　成本估算控制

通过 BIM 技术可自动处理烦琐的数量计算工作，帮助预算员利用节约下来的时间从事项目中更具价值的工作，如确定施工方案、套价、评估风险等。如图 19-11 所示为成本控制。

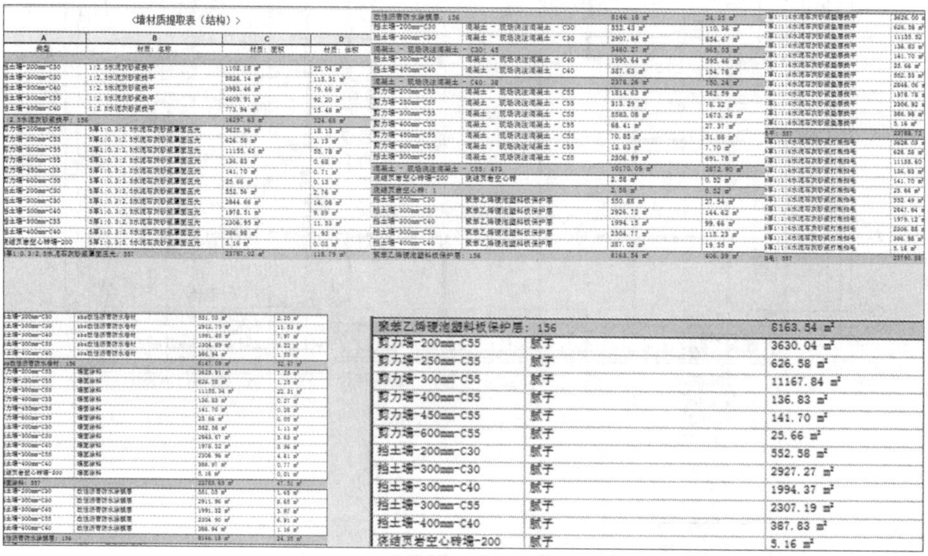

窦类乙烯硬泡塑料板保护层: 156		6163.54 ㎡
剪力墙-200mm-C55	腻子	3630.04 ㎡
剪力墙-250mm-C55	腻子	626.58 ㎡
剪力墙-300mm-C55	腻子	11167.84 ㎡
剪力墙-400mm-C55	腻子	136.83 ㎡
剪力墙-450mm-C55	腻子	141.70 ㎡
剪力墙-600mm-C55	腻子	25.66 ㎡
挡土墙-200mm-C30	腻子	552.58 ㎡
挡土墙-300mm-C30	腻子	2927.27 ㎡
挡土墙-300mm-C40	腻子	1994.37 ㎡
挡土墙-300mm-C40	腻子	2307.19 ㎡
挡土墙-400mm-C40	腻子	387.83 ㎡
绕绣贡岩空心特墙-200	腻子	3.16 ㎡

图 19-11　成本控制

19.3.3　数字化构件加工

通过 BIM 技术可实现数字化构件加工，直接使用加工好的构件进行安装，从而加快施工进度。数字化构件加工主要应用于异形建筑表皮和特殊设备管件，如图 19-12 所示。

图 19-12　数字化构件加工

19.3.4　4D 施工模拟及现场管理

通过 BIM 技术，可进行施工进度的 4D 模拟，同时可通过使用 BIM 模型与施工现场进行对比等手段对施工现场进行管理。图 19-13 所示为 4D 施工模拟及现场管理。

图 19-13　4D 施工模拟及现场管理

19.3.5　设施资产管理

在施工过程中不断对施工阶段的 BIM 模型进行调整，竣工时可得到三维竣工模型，有利于后期的物业运营管理。图 19-14 所示为设施资产管理。

图 19-14　设施资产管理

附录 A

Autodesk Revit 2022 初级工程师认证考试大纲

【试题说明】

考题数量：选择题 50 题

考试通过答对题目数：30 题

考试时间：180 分钟

试题种类：单选题

【考试知识点】

- （10%）Revit 基础 （5题）
- （ 4%）体量 （2题）
- （ 4%）轴网和标高 （2题）
- （10%）尺寸标注和注释 （5题）
- （10%）建筑模型创建 （5题）
- （ 8%）结构模型创建 （4题）
- （ 4%）预制钢结构模型创建 （2题）
- （ 8%）设备模型创建 （4题）
- （ 2%）场地 （1题）
- （ 8%）族 （4题）
- （ 8%）视图 （4题）
- （ 6%）详图 （3题）
- （ 2%）建筑表现 （1题）
- （ 2%）分析应用 （1题）
- （ 2%）明细表应用 （1题）
- （ 6%）协同设计 （3题）
- （ 6%）图纸创建 （3题）

一、Revit 基础[5 题]

1. 熟悉 Revit 软件工作界面；

2. 掌握 Revit 软件系统设置；

3. 掌握项目文件和族文件的创建、保存和应用样板文件的方法；

4. 掌握材质、填充样式、对象样式的设置方法；

5. 熟悉修改导入/导出设置及导出为外部格式的方法；

6. 了解常规系统、图形、默认文件位置、捕捉、快捷键的设置方法；

7. 了解线型样式、注释、项目单位和浏览器组织的设置和管理方法；

8. 了解创建、修改和应用视图样板及临时视图样板的方法；

9. 熟悉导航工具（ViewCube 及 SteeringWheels）的使用方法；

10. 掌握应用移动、复制、旋转、阵列、镜像、对齐、拆分、修剪、偏移等方法；

11. 掌握 Revit 多监视器的设置与应用；

12. 熟悉 Revit 窗口固定和分组的基本操作；

13. 掌握选项卡视图的特点和基本应用；

14. 掌握 Revit 模型发布到云的方法；

15. 熟悉 Autodesk 在线族库/本地族库的加载。

二、体量[2 题]

1. 掌握应用概念体量族和内建体量的方式创建概念体量；

2. 掌握通过实心和空心形状创建概念体量的方法；

3. 掌握概念体量模型的基本修改、编辑方法；

4. 使用表面细分及有理化体量表面的方法，掌握表面分割的设置、修改及表达方法；

5. 掌握楼层面积和体积等体量分析工具；

6. 熟悉放置体量族和修改参数的方法；

7. 熟悉在项目中调用体量族及体量转换为构件的方法。

三、轴网和标高[2 题]

1. 掌握轴网和标高样式的设定方法；

2. 掌握三维视图模式下标高的应用；

3. 熟悉轴网和标高关系。

四、尺寸标注和注释[5 题]

1. 掌握尺寸标注和各种注释符号样式的设置；

2. 掌握临时尺寸标注的设置和使用；

3. 掌握应用尺寸标注工具，创建线性、半径、角度和弧长尺寸标注；

4. 掌握尺寸标注锁定的方法；

5. 掌握尺寸相等驱动的方法；

6. 掌握绘制和编辑高程点标注、标记、符号和文字等注释的方法；

7. 熟悉云线批注方法；

8. 掌握 Revit 全局参数的作用及使用方法；

9. 熟悉尺寸标注中前后缀的设置方法。

五、建筑模型创建[5 题]

1. 掌握墙体分类及各种墙体的构造设置；

2. 掌握墙体创建、轮廓编辑、连接关系；

3. 掌握幕墙的构造设置和创建；

4. 墙饰条、分隔缝的样式设置及创建方法；

5. 掌握柱分类、构造、布置方法及柱与其他图元对象关系处理方法；

6. 掌握门窗族的参数设置及创建方法；

7. 掌握幕墙的门窗添加方法；

8. 掌握屋顶的构造设置及创建调整方法；

9. 掌握天花板的构造和创建方法；

10. 掌握楼板分类、构造、创建方法；

11. 熟悉不同洞口类型特点和创建方法；

12. 掌握老虎窗的绘制方法；

13. 掌握楼梯相关参数的设定和楼梯的创建方法；

14. 掌握坡道参数设定及创建方法；

15. 掌握栏杆扶手的设置、绘制方法；

16. 熟悉模型文字和模型线的特性和绘制方法；

17. 掌握房间创建、房间分割线的添加。

六、结构模型创建[4 题]

1. 了解结构样板、结构设置选项、结构基础种类；

2. 熟悉结构柱的布置方法和拆分柱功能的使用；

3. 熟悉结构墙的构造设置、绘制和修改方法；

4. 熟悉结构对象关系的处理，如梁柱链接、墙连接等；

5. 熟悉常用结构钢筋布置及自由形式钢筋形状匹配。

七、预制钢结构模型创建[2 题]

1. 熟悉预制钢图元的连接操作；

2. 熟悉预制钢图元板、螺栓、焊缝的特点和基本操作；

3. 熟悉预制钢图元修改器的特点和基本操作；

4. 熟悉预制钢参数化切割工具的特点和基本操作。

八、设备模型创建[4 题]

1. 掌握 Revit 系统工作原理；

2. 了解风管管道系统配置；

3. 掌握风管系统的绘制方法和修改方法；

4. 掌握机械设备、风道末端等构件的特性和添加方法；

5. 掌握管道系统的特点和相关配置；

6. 掌握管道系统的绘制和修改方法；

7. 掌握给排水构件的添加；

8. 掌握电气设备的添加；

9. 掌握电气桥架的配置方法；

10. 掌握电气桥架、线管等构件的绘制和修改方法；

11. 熟悉设备相关支架的绘制；

12. 了解 Revit 预制构件特点和功能；

13. 掌握设备预制构件的布置方法；

14. 掌握支架的特点和绘制方法；

15. 掌握设备预制构件优化方法；

16. 掌握预制构件标记的应用方法。

九、场地[1 题]

1. 熟悉场地设置选项的修改方法；

2. 熟悉拾取点和导入地形表面两种方式创建地形表面的方法；

3. 熟悉应用"拆分表面""合并表面""平整区域"和"地坪"命令编辑地形；

4. 了解建筑红线的两种绘制方法；

5. 熟悉场地构件、停车场构件和等高线标签的绘制办法。

十、族[4 题]

1. 了解系统族、标准构件族、内建族的概念和之间的区别；

2. 掌握族、类型、实例之间的关系；

3. 掌握族类型参数和实例参数之间的区别；

4. 了解参照平面、定义原点和参照线的概念；

5. 掌握创建标准构件族的常规步骤；

6. 掌握如何使用族编辑器创建建筑构件、注释构件的方法。

十一、视图[4 题]

1. 掌握对象选择和过滤方法；

2. 掌握项目浏览器中搜索对象的方法；

3. 掌握查看模型的 6 种视觉样式；

4. 掌握应用"可见性/图形""图形显示选项""视图范围"等命令的使用方法；

5. 熟悉如何动态查看建筑模型的方法；

6. 掌握视图类型的创建、设置和应用方法；

7. 掌握创建透视图、修改相机的各项参数的方法；

8. 掌握创建立面、剖面和阶梯剖面视图的方法；

9. 熟悉创建视图平面区域的方法；

10. 掌握创建平立剖面的阴影显示的方法；

11. 掌握为视图添加注释的方法；

12. 掌握使用"剖面框"创建三维剖切图的方法，并能通过鼠标调整剖面框的位置；

13. 掌握"视图属性"命令中"裁剪区域可见""隐藏剖面框显示"等参数的设置；

14. 掌握三维视图的锁定、解锁和标记注释的方法；

15. 了解点云可见性相关应用。

十二、详图[3 题]

1. 掌握详图索引视图的创建；

2. 掌握应用详图线、详图构件、重复详图、隔热层、填充面域、文字等命令创建详图内容；

3. 掌握在详图视图中修改构件顺序和可见性设置的方法；

4. 掌握创建图纸详图的方法；

5. 熟悉 Revit 软件中部件和零件的概念及创建方法；

6. 熟悉前景填充图案和背景填充图案的应用。

十三、建筑表现[1 题]

1. 掌握材质库的使用，材质创建、编辑和使用方法；

2. 掌握"图像尺寸""保存渲染""导出图像"等命令的使用；

3. 熟悉"渲染场景设置"对话框中各参数的使用方法；

4. 掌握动画漫游制作流程；

5. 熟悉漫游的创建和调整方法；

6. 掌握"静态图像"的云渲染方法；

7. 掌握"交互式全景"的云渲染方法；

8. 了解在 Revit 软件中飞行模式的操作方法。

十四、分析应用[1 题]

1. 掌握颜色填充面积平面的方法，以及如何编辑颜色方案；

2. 了解链接模型房间面积及房间标记方法；

3. 掌握剖面图颜色填充创建方法；

4. 掌握日照分析基本流程；

5. 掌握静态日照分析和动态日照分析方法；

6. 掌握行径路径的特点和操作方法；

7. 了解能量模型的创建和分析方法；

8. 掌握行进路径分析方法。

十五、明细表应用[1 题]

1. 掌握应用"明细表/数量"命令创建实例和类型明细表的方法；

2. 熟悉"明细表/数量"的各选项卡的设置，关键字明细表的创建；

3. 掌握合并明细表参数的方法；

4. 了解生成统一格式部件代码和说明明细表的方法；

5. 了解创建共享参数明细表的方法；

6. 了解如何使用 ODBC 导出项目信息；

7. 了解 Revit 软件对大型明细表的处理方法。

十六、协同设计[3 题]

1. 熟悉链接模型的方法；

2. 了解 IFC 文件的链接和管理方法；

3. 了解 NWD 文化版的链接和管理方法；

4. 熟悉如何控制链接模型的可见性以及如何管理链接；

5. 熟悉如何设置、保存、修改链接模型的位置；

6. 掌握链接建筑和 Revit 组的转换方法；

7. 了解复制\监视、协调\查阅的应用方法；

8. 了解协调主体的作用和操作方法；

9. 了解碰撞检查的操作方法；

10. 了解启用和设置工作集的方法，包括创建、细分、创建中心文件和签入工作集；

11. 了解如何使用工作集备份和工作集修改历史记录；

12. 了解工作集的可见性设置；

13. 熟悉 Revit 软件基于云的协同方法；

14. 熟悉组的创建、放置、修改、保存和载入方法；

15. 了解创建和修改嵌套组的方法；

16. 了解创建和修改详图组和附加详图组的方法；

17. 了解创建设计选项的方法，包括创建选项集、添加已有模型或新建模型到选项集；

18. 了解编辑、查看和确定设计选项的方法。

十七、图纸创建[3 题]

1. 掌握创建图纸、添加视口的方法；

2. 掌握移动视图位置、修改视图比例、修改视图标题的位置和内容的方法；

3. 掌握创建视图列表和图纸列表的方法；

4. 掌握如何在图纸中修改建筑模型；

5. 掌握将明细表添加到图纸中并进行编辑的方法；

6.　掌握符号图例和建筑构件图例的创建；

7.　了解如何利用图例视图匹配类型；

8.　了解标题栏（即图框）的制作和放置方法；

9.　了解对项目的修订进行跟踪的方法，包括创建修订，绘制修订云线，使用修订标记等；

10.　了解根据视图查找图纸的方法；

11.　了解通过上下文相关打开图纸视图的方法；

12.　熟悉 Revit 跨图纸复制对象的特点和方法；

13.　掌握创建未被遮挡的视图的方法。

附录 B

Autodesk Revit 2022 工程师认证考试大纲

【试题说明】

考题数量：选择题 50 题

考试通过答对题目数：30 题

考试时间：180 分钟

试题种类：单选题

【考试知识点】

- （ 4%）Revit 基础 （2 题）
- （ 4%）体量 （2 题）
- （ 4%）轴网和标高 （2 题）
- （ 8%）尺寸标注和注释 （4 题）
- （10%）建筑模型创建 （5 题）
- （10%）结构模型创建 （5 题）
- （ 4%）预制钢结构模型创建 （2 题）
- （10%）设备模型创建 （5 题）
- （ 2%）场地 （1 题）
- （10%）族 （5 题）
- （ 8%）视图 （4 题）
- （ 4%）详图 （2 题）
- （ 2%）建筑表现 （1 题）
- （ 4%）明细表 （2 题）
- （ 6%）工作协同 （3 题）
- （ 2%）分析 （1 题）
- （ 8%）创建图纸 （4 题）

一、Revit 基础[2 题]

1. 熟悉 Revit 软件工作界面，掌握软件系统设置；

2. 掌握填充样式、对象样式的相关设置；

3. 熟悉线型样式、注释、项目单位和浏览器组织的设置方法；

4. 熟悉创建、修改和应用视图样板的方法；

5. 掌握应用移动、复制、旋转、阵列、镜像、对齐、拆分、修剪、偏移等方法；

6. 掌握深度提示的作用和操作方法；

7. 了解基于 Revit 软件的 Dynamo 程序基本功能；

8. 掌握 Revit 多监视器的设置及 Revit 窗口固定和分组的基本操作；

9. 掌握视图的平铺与切换操作；

10. 掌握 Revit 模型为 IFC、P&ID 等外部格式的转换方法；

11. 掌握 Revit 模型发布到云的方法；

12. 掌握本地族库和云族库的使用方法。

二、体量[2 题]

1. 掌握使用体量工具建立体量模型的方法；

2. 掌握概念体量的建模方法，形状编辑修改方法，表面的分割方法，表面分割 UV 网格的调整方法；

3. 掌握体量楼层等体量工具提取面积、周长、体积等数据的方法；

4. 掌握从概念体量创建建筑图元的方法。

三、轴网和标高[2 题]

1. 掌握轴网和标高类型的设定方法；

2. 掌握三维视图模式下标高的应用；

3. 掌握应用复制、阵列、镜像等修改命令创建轴网、标高的方法；

4. 掌握轴网和标高尺寸驱动的方法；

5. 掌握轴网和标高标头位置调整和显示的方法；

6. 掌握轴网和标高标头偏移的方法；

7. 掌握轴网和标高关系。

四、尺寸标注和注释[4 题]

1. 掌握尺寸标注和各种注释符号样式的设置；

2. 掌握临时尺寸标注的设置调整和使用；

3. 掌握应用尺寸标注工具，创建线性、半径、角度和弧长尺寸标注；

4. 掌握应用"图元属性"和"编辑尺寸界线"命令编辑尺寸标注的方法；

5. 掌握尺寸标注锁定、相等驱动的方法；

6. 掌握绘制和编辑高程点标注、标记、符号和文字等注释的方法；

7. 掌握基线尺寸标注和同基准尺寸标注的设置和创建方法；

8. 掌握换算尺寸标注单位，尺寸标注文字的替换及前后缀等设置方法；

9. 掌握云线批注方法；

10. 掌握 Revit 全局参数的作用及使用方法；

11. 掌握尺寸标注中前缀和后缀的添加方法。

五、建筑模型创建[5 题]

1. 掌握墙体分类、构造设置、墙体创建、墙体轮廓编辑、墙体连接关系调整方法；

2. 掌握基于墙体的墙饰条、分隔缝的创建及样式调整方法；

3. 掌握非常规墙体，如锥形墙、倾斜墙的创建；

4. 掌握柱分类、构造、布置方式、柱与其他图元对象关系处理方法；

5. 掌握门窗族的载入、创建、及门窗相关参数的调整方法；

6. 掌握幕墙的设置和创建方法；

7. 掌握幕墙门窗等相关构件的添加方法；

8. 掌握屋顶的构造调整、屋顶的创建和调整方法；

9. 掌握楼板分类、构造、创建方法及楼板相关图元创建修改方法；

10. 掌握不同洞口类型特点和创建方法、熟悉老虎窗的绘制方法；

11. 掌握楼梯相关参数的设定和楼梯的创建方法，特别是多层楼梯的创建方法；

12. 掌握坡道绘制方法，及相关参数的设定；

13. 掌握栏杆扶手的设置、和绘制方法及栏杆拆分方法；

14. 熟悉模型文字和模型线的特性和绘制方法；

15. 掌握房间创建、房间分割线的添加方法；

16. 掌握零件和部件的创建、分割方法和显示控制方法。

六、结构模型创建[5 题]

1. 了解结构样板和结构设置选项的修改；

2. 熟悉各种结构构件样式的设置；

3. 熟悉结构柱的布置和修改方法；

4. 熟悉结构墙的构造设置、绘制和修改方法；

5. 熟悉梁、梁系统、支撑的设置和绘制方式方法；

6. 熟悉桁架的设置、创建、和修改方法；

7. 熟悉结构洞口的几种创建和修改方法；

8. 熟悉钢筋的几种布置方法；

9. 熟悉钢筋的两点布置方法和钢筋集中钢筋的移动方法；

10. 熟悉结构对象关系的处理，如梁柱链接、墙连接、结构柱和结构框架的拆分等；

11. 熟练掌握钢筋明细表的创建；

12. 掌握受约束钢筋放置、图形钢筋约束编辑、变量钢筋分布；

13. 了解 Revit 钢筋连接的设置和连接件的创建；

14. 自由形式钢筋形状匹配；

15. 掌握结构预制件的创建方法。

七、预制钢结构模型创建[2 题]

1. 掌握预制钢图元的连接操作；

2. 掌握预制钢图元板、螺栓、焊缝的特点和基本操作；

3. 掌握预制钢图元修改器的特点和基本操作；

4. 掌握预制钢参数化切割工具的特点和基本操作。

八、设备模型创建[5 题]

1. 掌握设备系统工作原理；

2. 掌握风管系统的绘制和修改方法；

3. 掌握机械设备、风道末端等构件的特性和添加方法；

4. 掌握管道系统的配置；

5. 掌握管道系统的绘制和修改方法；

6. 掌握给排水构件的添加；

7. 掌握电气设备的添加；

8. 掌握电气桥架的配置方法；

9. 掌握电气桥架、线管等构件的绘制和修改方法；

10. 了解材料规格的定义；

11. 熟练掌握管段长度的设置；

12. 了解 Revit 设备预制构件特点和功能；

13. 熟悉设备预制构件的设置方法；

14. 掌握设备预制构件的布置方法；

15. 掌握支架的特点和绘制方法；

16. 掌握设备预制构件优化方法；

17. 掌握设备预制构件标记的应用方法；

18. 掌握 Revit 中风管、管道和电气保护层系统升降符号的应用。

九、场地[1 题]

1. 熟悉应用拾取点和导入地形表面两种方式来创建地形表面，熟悉创建子面域的方法；

2. 熟悉应用"拆分表面""合并表面""平整区域"和"地坪"命令编辑地形；

3. 熟悉场地构件、停车场构件和等高线标签的绘制办法；

4. 掌握倾斜地坪的创建方法；

5. 掌握 Revit 与 Civil3D 共享场地的特点和操作方法。

十、族[5 题]

1. 掌握族、类型、实例之间的关系；

2. 掌握族类型参数和实例参数之间的差别；

3. 了解参照平面、定义原点和参照线等概念；

4. 掌握族创建过程中切线锁和锁定标记的应用

5. 掌握族注释标记中计算值的应用；

6. 掌握将族添加到项目中的方法和族替换方法；

7. 掌握创建标准构件族的常规步骤；

8. 掌握使用族编辑器创建构件、控制对象可见性、添加符号的方法；

9. 了解并掌握族参数查找表格的概念和应用，以及导入/导出查找表格数据的方法；

10. 掌握报告参数的应用。

十一、视图[4 题]

1. 掌握对象选择的各种方法，过滤器和基于选择的过滤器的使用方法；

2. 掌握项目浏览器中视图的查看方式；

3.　掌握项目浏览器中对象搜索方法；

4.　掌握查看模型的 6 种视觉样式；

5.　掌握勾绘线和反走样线的应用；

6.　掌握隐藏线在三维视图中的设置应用；

7.　掌握应用"可见性/图形""图形显示选项""视图范围"等命令的方法；

8.　掌握平面视图基线的特点和设置方法；

9.　掌握视图类型的创建、设置和应用方法；

10.　掌握创建透视图、修改相机的各项参数的方法；

11.　掌握创建立面、剖面和阶梯剖面视图的方法；

12.　掌握视图属性中参数的设置方法，及视图样板、临时视图样板的设置和应用；

13.　熟悉创建视图平面区域的方法；

14.　掌握创建平立剖面的阴影显示的方法；

15.　掌握使用"剖面框"创建三维剖切图的方法；

16.　掌握"视图属性"命令中"裁剪区域可见""隐藏剖面框显示"等参数的设置方法；

17.　掌握三维视图的锁定、解锁和标记注释的方法；

18.　掌握三维视图中网格的设置方法。

十二、详图[2 题]

1.　掌握详图索引视图的创建；

2.　掌握应用详图线、详图构件、重复详图、隔热层、填充面域、文字创建详图的方法；

3.　掌握在详图视图中修改构件顺序和可见性的设置方法；

4.　掌握创建图纸详图的方法；

5.　掌握部件和零件的创建方法；

6.　掌握前景填充图案和背景填充图案的应用。

十三、建筑表现[1 题]

1.　掌握材质库的使用，材质创建、编辑和使用的方法；

2.　掌握"图像尺寸""保存渲染""导出图像"等命令的使用；

3.　熟悉漫游的创建和调整方法；

4.　掌握"静态图像"的云渲染方法；

5.　掌握"交互式全景"的云渲染方法；

6. 了解在 Revit 软件中飞行模式的操作方法。

十四、明细表[2 题]

1. 掌握应用"明细表/数量"命令创建实例和类型明细表的方法；

2. 熟悉"明细表/数量"的各选项卡的设置，关键字明细表的创建；

3. 掌握合并明细表参数的方法；

4. 了解生成统一格式部件代码和说明明细表的方法；

5. 了解创建共享参数明细表的方法；

6. 了解如何使用 ODBC 导出项目信息；

7. 了解 Revit 软件对大型明细表的处理方法。

十五、工作协同[3 题]

1. 熟悉链接模型的方法；

2. 熟悉 NWD 文件连接和管理方法；

3. 熟悉如何控制链接模型的可见性以及如何管理链接；

4. 熟悉获取、发布、查看、报告共享坐标的方法；

5. 熟悉如何设置、保存、修改链接模型的位置；

6. 熟悉重新定位共享原点的方法；

7. 熟悉地理坐标的使用方法；

8. 掌握链接建筑和 Revit 组的转换方法；

9. 掌握复制\监视的应用方法；

10. 掌握协调\查阅的功能和操作方法；

11. 掌握协调主体的作用和操作方法；

12. 掌握碰撞检查的操作方法；

13. 了解启用和设置工作集的方法，包括工作集创建、细分、创建中心文件和签入工作集；

14. 了解如何使用工作集备份和工作集修改历史记录；

15. 了解工作集的可见性设置；

16. 了解 Revit 模型导出 IFC 的相关设置及交互方法；

17. 熟悉 Revit 软件基于云的协同方法；

18. 熟悉组的创建、放置、修改、保存和载入方法；

19. 了解创建和修改嵌套组的方法；

20. 了解创建和修改详图组和附加详图组的方法；

21. 了解创建设计选项的方法，包括创建选项集、添加已有模型或新建模型到选项集；

22. 了解编辑、查看和确定设计选项的方法。

十六、分析[1 题]

1. 掌握颜色填充面积平面的方法，以及如何编辑颜色方案；

2. 了解链接模型房间面积及房间标记方法；

3. 掌握剖面图颜色填充创建方法；

4. 掌握日照分析基本流程；

5. 掌握静态日照分析和动态日照分析方法；

6. 了解基于 IFC 的图元房间边界定义方法；

7. 掌握行径路径的特点和操作方法；

8. 了解能量模型的创建和分析方法。

十七、创建图纸[4 题]

1. 掌握创建图纸、添加视口的方法；

2. 了解根据视图查找图纸的方法；

3. 了解通过上下文相关打开图纸视图；

4. 掌握移动视图位置、修改视图比例、修改视图标题的位置和内容的方法；

5. 掌握创建视图列表和图纸列表的方法；

6. 掌握如何在图纸中修改建筑模型；

7. 掌握将明细表添加到图纸中并进行编辑的方法；

8. 掌握符号图例和建筑构件图例的创建；

9. 掌握如何利用图例视图匹配类型；

10. 熟悉标题栏的制作和放置方法；

11. 熟悉对项目的修订进行跟踪的方法，包括创建修订，绘制修订云线，使用修订标记等；

12. 熟悉修订明细表的创建方法；

13. 熟悉 Revit 跨图纸复制粘贴对象的特点和方法。